纺织服装类"十四五"部委级规划教材

CorelDRAW 服装设计

江汝南 董金华 编著

(新形态教材)

東華大學出版社·上海

图书在版编目(CIP)数据

CorelDRAW 服装设计 / 江汝南，董金华编著．—上海：东华大学出版社，2022.8
新形态教材
ISBN 978-7-5669-2107-9

Ⅰ．① C… Ⅱ．①江… ②董… Ⅲ．①服装设计－计算机辅助设计－图形软件－高等学校－教材 Ⅳ．① TS941.26

中国版本图书馆 CIP 数据核字 (2022) 第 156749 号

责任编辑：谭　英
封面设计：张林楠　Marquis

纺织服装类“十四五”部委级规划教材
CorelDRAW 服装设计（新形态教材）
CorelDRAW Fuzhuang Sheji
江汝南　董金华　编著

东华大学出版社出版
上海市延安西路 1882 号
邮政编码：200051　电话：（021）62193056
出版社官网：http://dhupress.dhu.edu.cn
出版社邮箱：dhupress@dhu.edu.cn
印刷：上海四维数字图文有限公司
开本：889 mm×1194 mm　1/16　印张：8.75　字数：308 千字
2022 年 8 月第 1 版　2024 年 1 月第 2 次印刷
ISBN 978-7-5669-2107-9
定价：45.00 元

前言

电脑服装设计是科学技术与艺术设计有机融合的产物。当前，电脑绘画水平高低已经成为了服装设计能力的重要组成部份。与传统手工服装画相比，电脑服装画无论是在商业观念还是在创作形式上都进入了一个崭新时期。它改变了人们对服装画的审美习惯、时尚现象的交流方式以及服装创作的思维模式。它将设计师的双手从单调重复的劳动中解放出来，使创意和灵感得到空前释放。

电脑服装画具有表现的多样、组合的任意、流程的规范、现实的虚拟等技术特征。同时，画稿数据存储、传输模式的革命，带来了新的创作观念和手段。此外，技术与艺术的联姻，使得服装画在绘画技法和表现力度方面也取得了极大的进展。电脑服装画采用所见即所得的绘图方式，能够将任意素材融入画面，反复利用剪切、复制、粘贴、合成等技术，将常规的视觉元素单位进行分解、重组，从而生成多变的新图形。只要能够传递观念或意味，抽出、混合、复制、拼贴、挪用、合成等折衷主义手法和具有戏谑、调侃的绘画语言都可以大胆地运用，极大地拓展了服装画的艺术表现力。

电脑服装画不仅可以仿真几乎所有传统风格的服装画，而且还可以带来全新的“数码风格”(包括对设计元素的科幻感或整体创作随机感的风格表现)，这一点，实际上是传统服装画在艺术风格表现上无法逾越的技术鸿沟。电脑服装画具有丰富的艺术表现力，如运笔的力度分寸感、符号的节奏律动感、主体的表面材质感、构图的空间纵深感、画面的光影渲染感、色彩的层次渐变感，都能够视需要而被淋漓尽致地表现出来。它可以模拟几十种绘画工具，产生几百种笔触效果；可以随意绘出各种流畅的几何形和不规则形；可以把物象分成多个层次来描绘、修改、组合，表现逼真或复杂的画面效果，提升画作的表现力度；还可以通过贴图、置换以及调整高光、反光、折射、反射、透明等参数，来表现极具真实感的材质，强化作品的艺术感染力。此外，色彩过渡也非常自然、细腻，色彩渐变和自由填充可自如运用。在服装绘画的具体创作中，既可以趋向统一、消除笔触、弱化形态、减少层次，从而反映技术的理性与秩序之美；又可以在没有颜料、纸张、画笔的物质形式下，达到自然、随意的手绘效果，同时还能刻画出逼真的材料质感、肌理纹路。

CorelDRAW、Adobe Illustrator、Adobe PhotoShop 是常见的电脑辅助服装设计通用软件。因此，系列丛书《CorelDRAW 服装设计》《Illustrator 服装设计》《PhotoShop 服装设计》分别针对服装产品开发过程中的不同模块内容而展开编排，既可以配合单个软件的学习，又可以将多个软件融汇贯通，全面提升电脑服装设计的综合能力。

本书运用 CorelDRAW X7 软件，围绕服装企业产品开发过程中各种款式图的电脑辅助服装设计而展开的案例教学，内容全面、案例丰富，且各个案例尽量采用不同工具和技术手段，在注重技术广度的同时加强内容深度的挖掘，力求拓展学生的实际应用能力。全书共七章，按照“案例效果展示→案例操作步骤→小结→思考练习”的模式进行编排，语言文字简洁，操作重点突出，图片标注明晰；同时书中相应章节里备有重点案例视频教学，可通过扫描二维码进入观看。

在本书的编写过程中，得到了东华大学出版社的大力支持与帮助。第一章内容参考了 Corel 公司的官方网站 http://www.corel.com/cn/；罗海军、张庆乔、黄小祺、刘慧樱、周毅锋、黎晓珊、张勇等同志为本书提供了作品支持。在此一并致谢。

由于作者水平有限，书中难免有不足和疏漏之处，敬请专家和读者批评指正。

作者

目录

第一章

CorelDRAW X7 服装设计绘图基本工具

CorelDRAW 作为优秀的矢量图形处理和编辑软件，是服装行业最通用的软件之一，深受服装设计师们的喜爱。利用 CorelDRAW 软件的图形绘制、形状变换、对齐分布和填充式样等功能可以快速完成各种类型的服装款式图绘制，包括绘制平面款式线稿图、不同质感的上色与填充、图案的表现与处理、服装画的设计与表现等方面的内容。

第一节 基本概念

一、位图与矢量图

图像有两种：位图图像和矢量图图像。位图又称为点阵图，是由许多称之为“像素”的点组成，每个像素都能够记录图像的色彩信息，因此可以精确地表现出丰富的色彩图像。但图像色彩越丰富，图像的像素就越多（即分辨率越高），文件也就越大，对计算机的配置要求也就越高。同时由于位图本身点阵图的特点，图像在放大的过程中会出现“马赛克”的现象。

矢量图是相对于位图而言，也称之为向量图，它是由称作矢量的数学对象定义的直线和曲线构成。矢量图形与分辨率无关。因此，调整矢量图形的大小，或将矢量图形导入到基于矢量的图形应用程序中时，矢量图形都将保持清晰的边缘。矢量图形文件占用的内存空间较小，但不足之处是色彩处理不如位图绚丽，很难精确表现色彩丰富的图像。

位图和矢量图各具特色、各有优缺点，但两者之间有很好的互补性。在 CorelDRAW 图像处理和绘制的过程中，将这两种图像交互使用、取长补短，能达到意想不到的效果。

二、色彩模式

（一）RGB 颜色模式（显示模式）

RGB 颜色模式是一种最基本、使用最为广泛的颜色模式。它的组成颜色是 R（Red）红色、G（Green）绿色、B（Blue）蓝色（图 1－1－2）。RGB 模式是一种光色模式，起源于有色光的三原色理论，即任何一种颜色都可以用红、绿、蓝这三种本颜色的不同比例和强度混合而成，由于 RGB 颜色合成可以产生白色，因此也称它们为加色。RGB 模式应用最广泛的就属计算机的显示器了，因为它是通过把红色、绿色和蓝色的光组合起来产生颜色的。

通过 RGB 这三种颜色叠加，可以产生许多不同的颜色，它可以是每个通道中 256 个数值的任何一个，由此可以算出 256×256×256＝16777216，即 RGB 图像通过三种颜色或通道，可以在屏幕上重新生成多达 1670 万种颜色。

操作方法：执行菜单【窗口／泊坞窗／勾选彩色】，界面左边弹出颜色泊坞窗（图 1－1－2）；或者按住【Shift＋F11】，弹出“编辑填充”对话框，在“模型”下拉菜单中选择“RGB”颜色模式（图 1－1－3），在对话框中设置 RGB 的颜色数值即可。

原稿

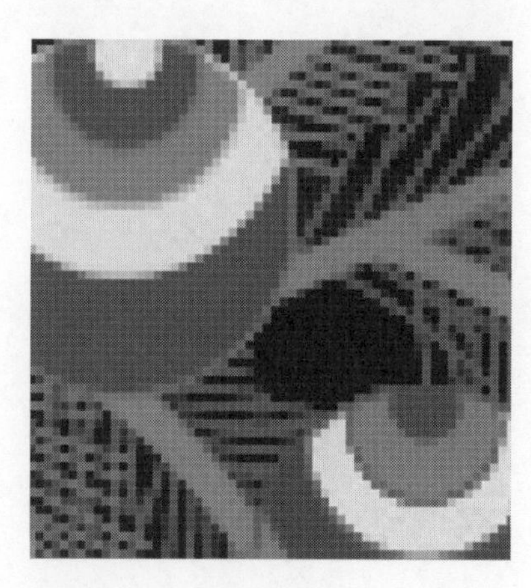

位图放大后

矢量图放大后

图 1－1－1 位图与矢量图的比较

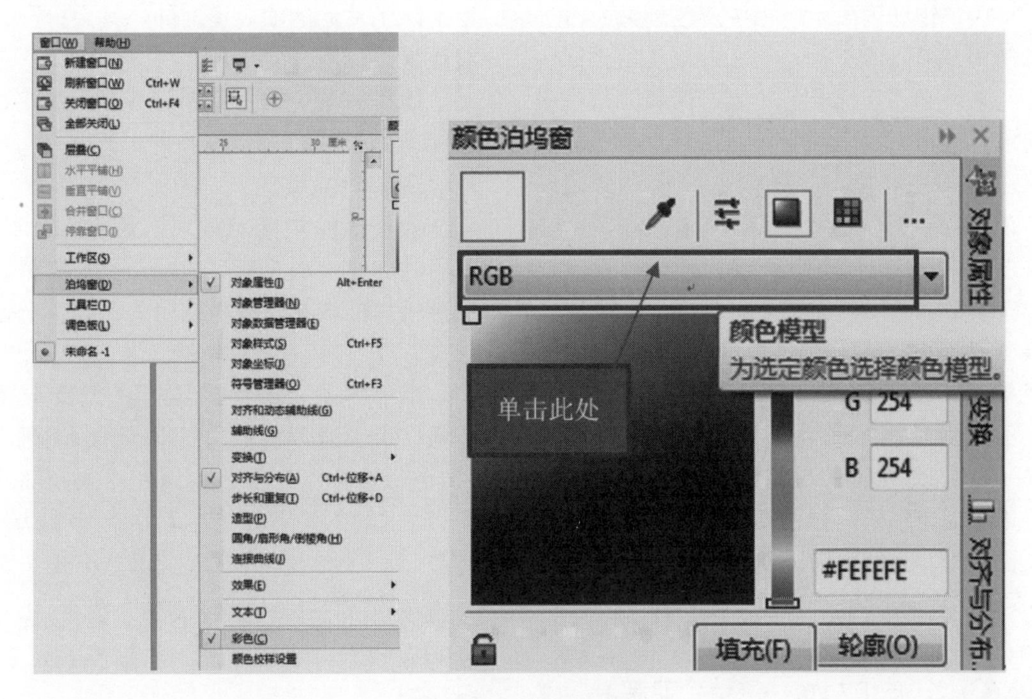

图 1-1-2　颜色泊坞窗

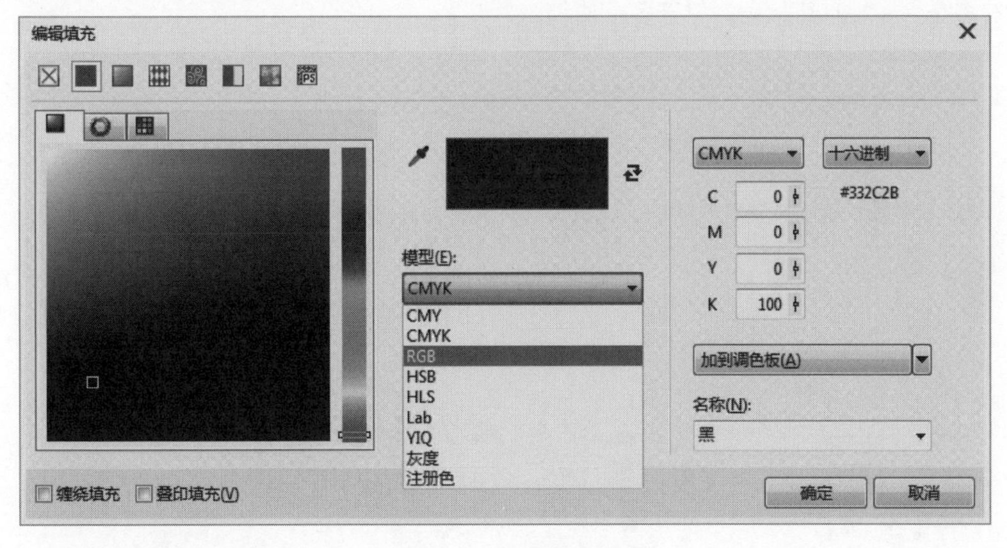

图 1-1-3　编辑填充对话框

（二）CMYK 模式（打印模式印刷色）

屏幕使用 RGB 模式显示颜色，但是若需把显示器上看到的颜色再现到纸上，将使用墨色来调配而不是光色。在纸上再现颜色的常用方法是把青色、品红色、黄色和黑色的油墨组合起来，根据各种原色的百分比值调配出不同的颜色，这也就是印刷业普遍采用的颜色模型 CMYK。其中 C（Cyan）代表青色、M（Magenta）代表品红色、Y（Yellow）代表黄色、K（Black）代表黑色。用 K 代表黑色，是因为若用 B（Black）来代表黑色，将和 RGB 中的 B（Blue）重复，为避免混淆，所以用 K 表示黑色。操作方法同 RGB 模式。

（三）HSB 模式

HSB 模式以人类对颜色的感觉为基础，描述了颜色的三种基本特性，操作方法同 RGB 模式。

H（Hues）色相——反射物体或投射物体的颜色。在 0 到 360°的标准色轮上，按位置度量色相。在使用过程中，通常由颜色名称标识，如红色、橙色或绿色。

S（Saturation）饱和度——颜色的强度或纯度

（有时称为色度）。饱和度表示色相中灰色分量所占的比例，它使用从 0%（灰色）至 100%（完全饱和）的百分比来度量。在标准色轮上，饱和度从中心到边缘递增。

B（Brightness）亮度——是颜色的相对明暗程度，通常使用从 0%（黑色）至 100%（白色）的百分比来度量。

（四）灰度模式

灰度模式像黑白照片一样，只有明暗值，没有色相和饱和度。当彩色文件被转换成灰度模式文件时，所有的颜色信息都将从文件中丢失。尽管 CorelDRAW X7 允许将灰度文件转换为彩色模式文件，但不可能将原来的颜色完全还原，所以当要转换灰度模式是，一定要做好备份文件。操作方法同 RGB 模式。

三、泊坞窗

CorelDRAW X7 的泊坞窗，是一个非常有特色的窗口，它停靠在绘图界面的边缘。泊坞窗的子菜单列表中有多个命令，且可以同时打开多个泊坞窗。除了活动的泊坞窗之外，其余打开的泊坞窗沿着边缘以标签形式出现。

操作方法：执行菜单【窗口/泊坞窗/选择相应的命令】（图 1－1－4）即可打开。

四、对象填充

对象填充包括对象内部填充和外轮廓线条填充。在 CorelDRAW 中，只有封闭的图形对象才可以进行内部填充，非封闭对象只能进行轮廓线条的填充。

操作方法：选中对象，执行菜单【窗口/调色板/默认调色板】打开调色板，鼠标左键单击【调色板】中任意颜色块填充对象内部（图 1－1－5），右键单击【调色板】中颜色块填充轮廓线（图 1－1－6）。左键单击☒去掉对象内部填充，右键单击☒去掉轮廓线填充（图 1－1－7）。按住【F11】打开“编辑填充”对话框，可以对填充进行编辑。

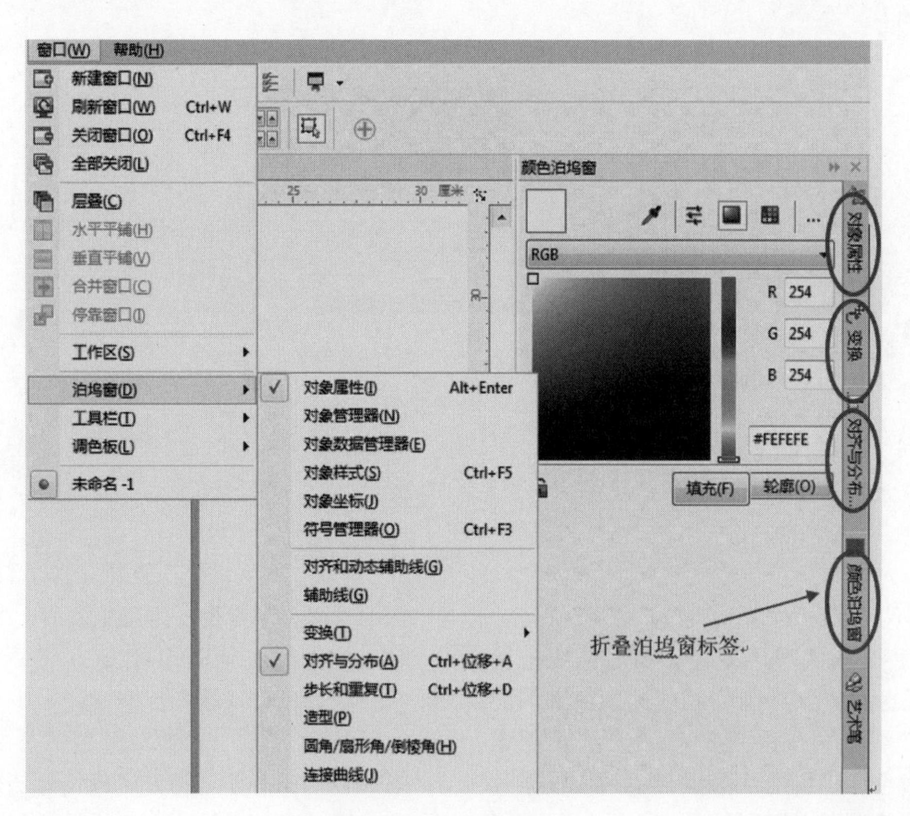

图 1－1－4 泊坞窗

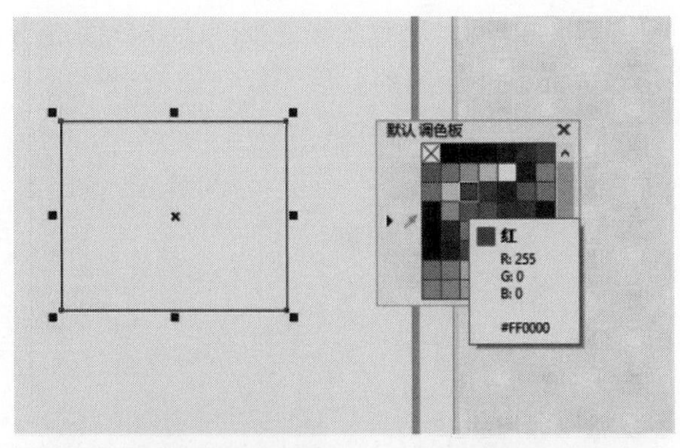

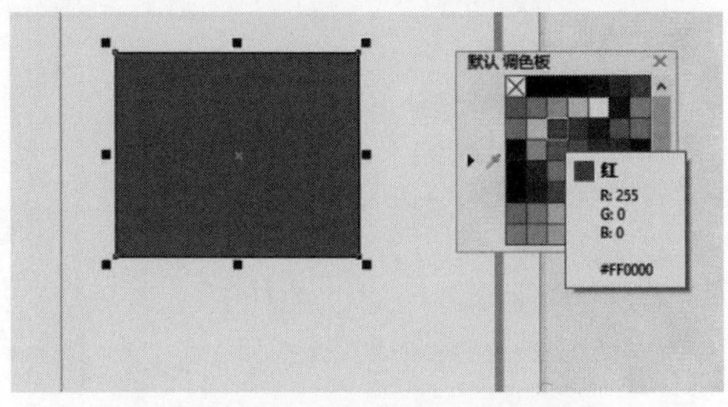

图 1-1-5 单击鼠标左键对象内部填充

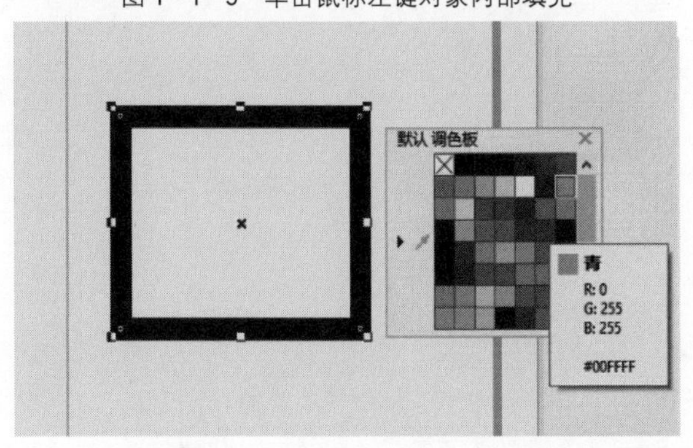

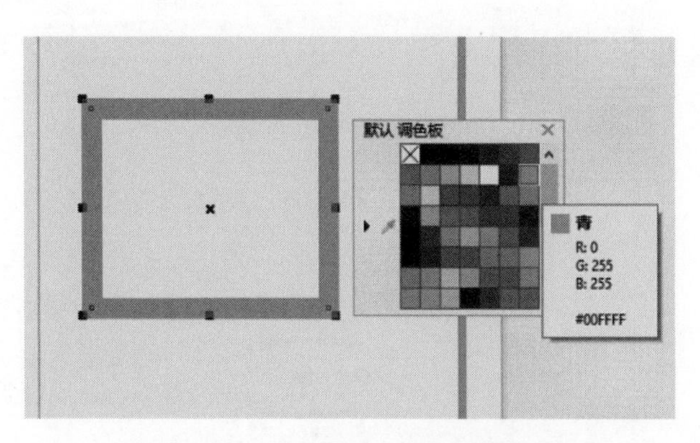

图 1-1-6 单击鼠标右键对象轮廓填充

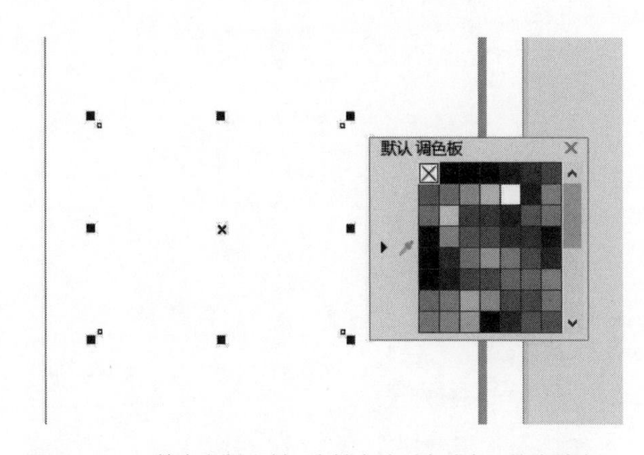

图 1-1-7 单击鼠标左键 /右键去除对象内部 /轮廓填充

第二节 CorelDRAW X7 基本工具

一、界面基本操作

（一）*启动* CorelDRAW X7

操作步骤：

从 Window 任务栏，单击开始【程序 /CorelDRAW Graphics Suite X7 /CorelDRAW】，或者双击桌面上的 CorelDRAW 图标。

（二）*界面介绍*

1. 启动 CorelDRAW X7 软件，显示欢迎屏幕，取消勾选左下角的“启动时始终显示欢迎屏幕”（图 1-2-1）。下次启动时将不会出现欢迎屏幕。

2. 单击【新建文档】，弹出“创建新文档”对话框（图 1-2-2），在对话框中设置文件名称、纸张大小及方向、页面数、颜色模式等参数，预览模式为“增强”。

3. 菜单栏。界面的最上端是菜单栏，软件的所有功能在菜单栏中可以找到。

4. 工具栏。操作时常用的工具都在这里，如新建、打开和保存等命令。

5. 属性栏。属性栏显示与当前活动工具或所执行的任务相关的最常用的功能。其内容随使用的工具或任务而变化。

6. 工具箱。包含用于绘制和编辑图像的工具。一些工具默认可见，而其他工具则以展开工具栏的形式分组。工具箱按钮右下角的展开工具栏小箭头表示一个展开工具栏。

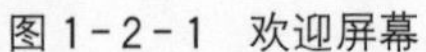

图 1-2-1 欢迎屏幕

7. 工作界面。所有操作都要在工作界面进行，在工作界面以外绘制的图形不能打印输出（图 1-2-3）。

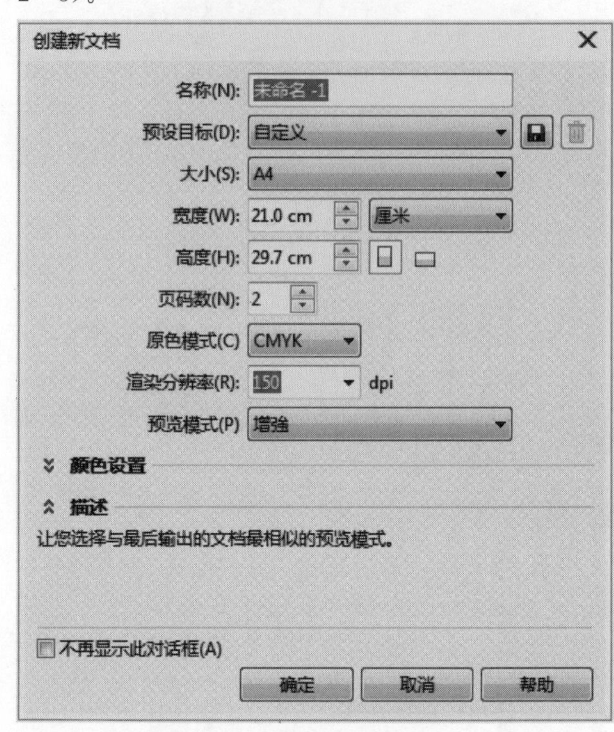

图 1-2-2 创建新文档

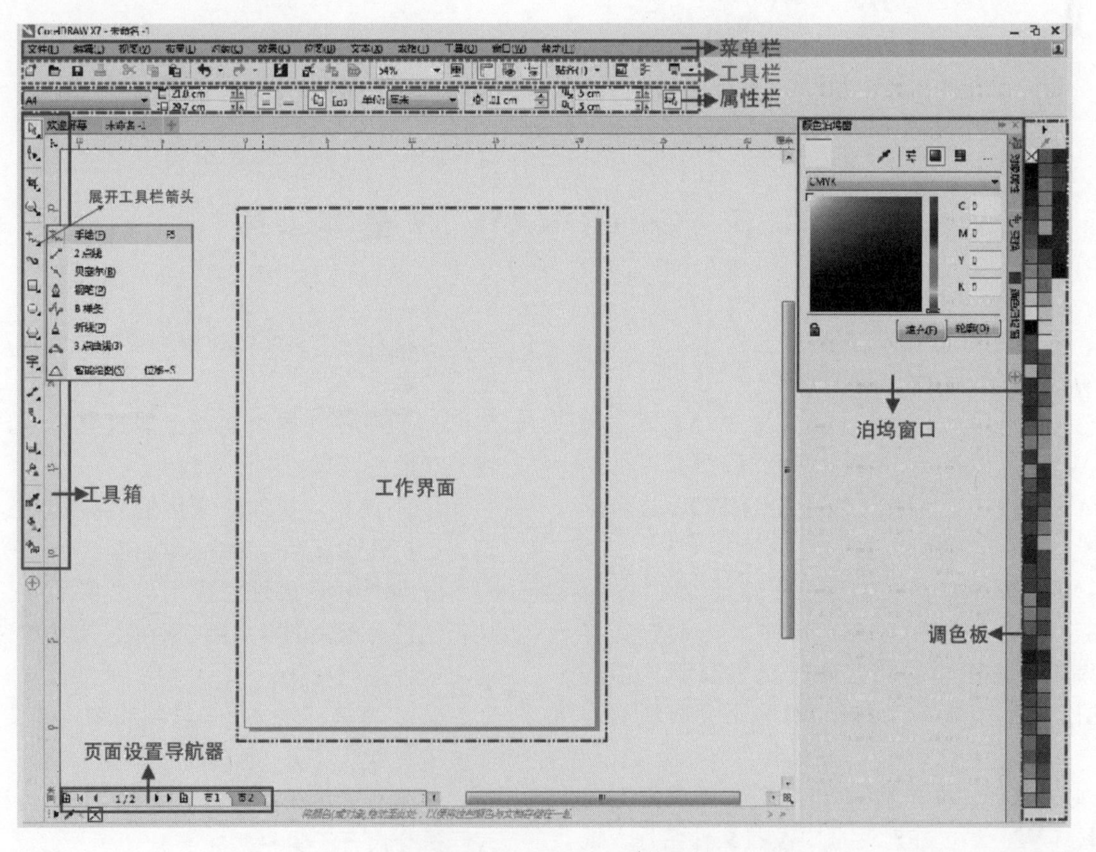

图 1-2-3 CorelDRAW X7 界面

（三）页面设置

说明：对页面大小、方向、页数及背景颜色进行设置，以满足不同的设计需求。

操作步骤：

1. 更改页面大小及方向的操作。打开工具箱中【选择】工具，点击属性栏的【页面大小】按钮，在下拉菜单中选择相应纸型或者在【页面度量】中输入任意数值 210.0 mm 297.0 mm。点击属性栏【纵向】、【横向】按钮可以调节页面方向。

2. 增加删除页面操作。执行菜单【布局/插入页、删除页及重命名页面】命令，可以插入和删除页面以及修改页面名称（图 1-2-4）。或点击左下角页面导航器 页1 上【插入页】按钮，进行插页。或在【页面按钮】上 页1 右键单击，弹出页面子菜单，也可以插入和删除页面（图 1-2-5）。

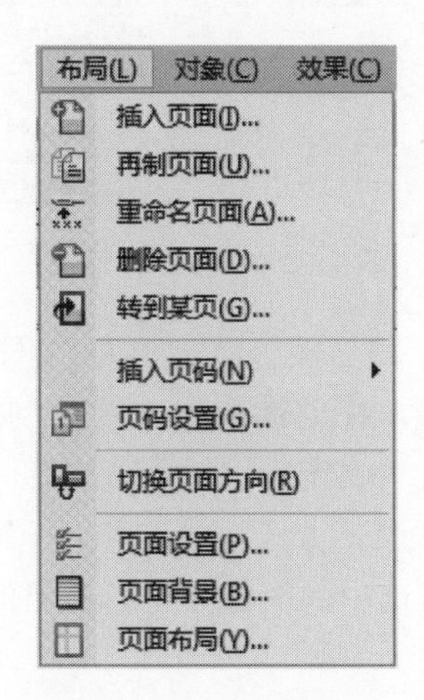

图 1-2-4　页面子菜单

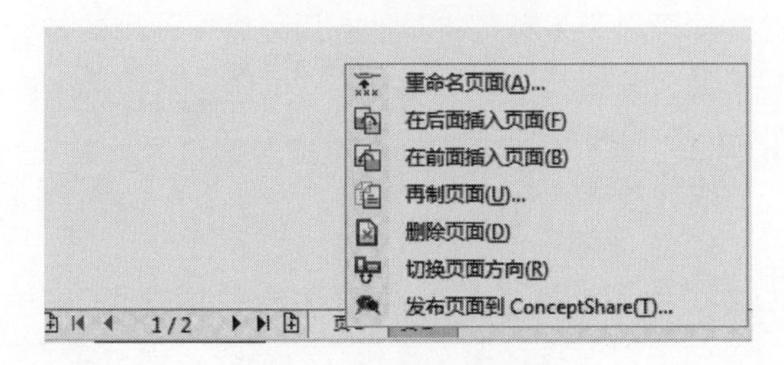

图 1-2-5　页面导航器

3. 修改页面背景色操作。执行菜单【布局/页面背景】，在弹出的对话框中选中背景颜色可以修改背景（图 1-2-6）。在该对话框中，选择左边相应的文档，可以设置页面尺寸大小、辅助线、网格、标尺等各项参数。

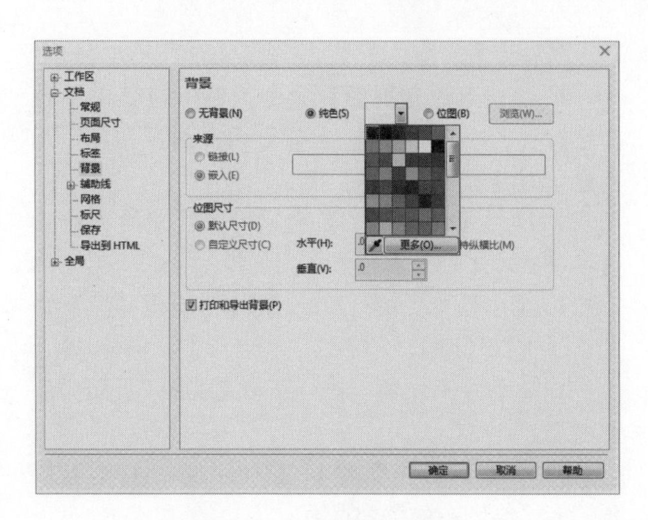

图 1-2-6　【选项】对话框

（四）视图模式

说明：绘图的查看模式主要包括有简单线框、线框、草稿、普通、增强等模式。

【简单线框】是通过隐藏填充、立体模型、轮廓图、阴影以及调和形状而只显示绘图轮廓。【线框】是在简单线框模式下显示绘图及调和形状。【草稿】是显示低分辨率的填充和位图，会消除某些细节。【增强】是显示填充、高分辨率位图及光滑处理的矢量图形，也是默认的查看模式（图 1-2-7）。

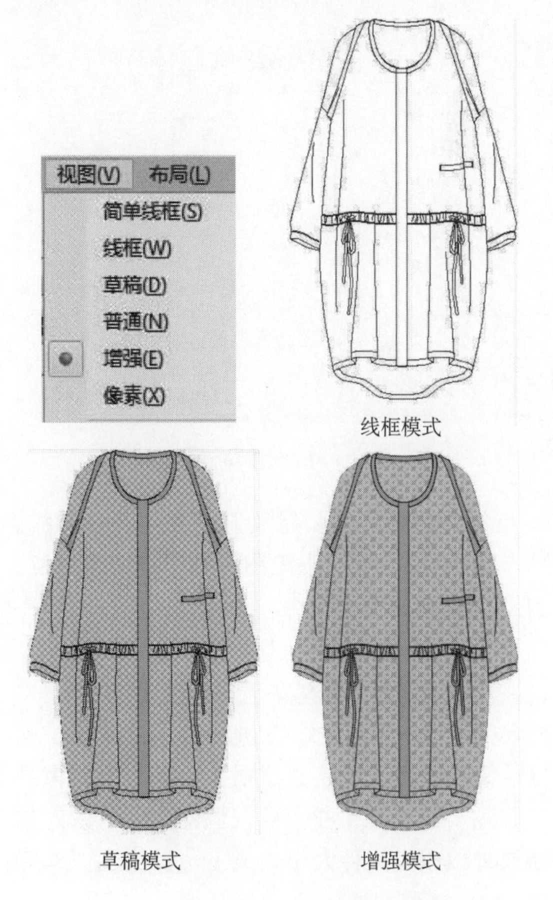

图 1-2-7　不同的查看模式

操作步骤：

1. 执行菜单【视图】命令，在下拉菜单中选择合适视图。（注意：一旦碰到填充对象颜色，却不显示时请选择【增强】模式）

2. 按住【Shift＋F9】键，可以快速地在选定查看模式和先前查看模式之间切换。

3. 全屏预览。执行菜单【视图/全屏预览】命令，快捷键【F9】。

4. 查看所有页面。执行菜单【视图/页面排序查看器】命令。

5. 按【Page up】键和【Page down】键可以预览多页绘图中的各个页面。

（五）辅助设置

说明：显示或隐藏标尺、网格、辅助线，以帮助组织对象并将其准确放置在需要的位置。

操作步骤：

1. 执行菜单【视图/标尺、网格、辅助线】等命令，可以对其进行隐藏或显示。

2. 执行菜单【工具/选项】命令，在弹出的【选项】对话框中（图 1-2-8），可以对标尺、网格、辅助线各项参数进行设置。

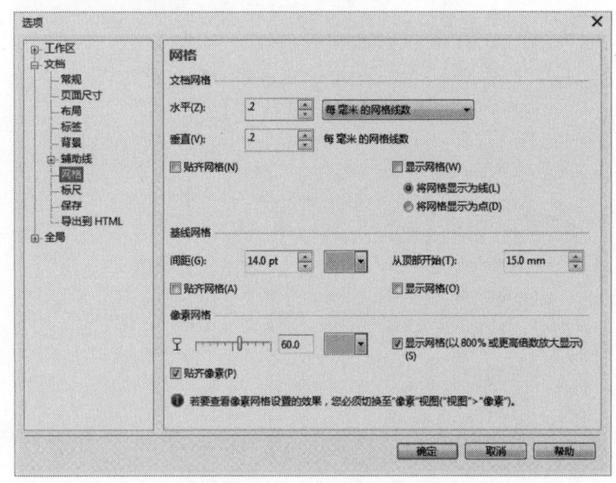

图 1-2-8 【选项】对话框

3. 在绘图的情况下，建议勾选【对齐辅助线】和【动态辅助线】，有助于绘图过程中的快速对位。

二、文件基本操作

（一）文件导入（Ctrl＋I）

说明：CorelDRAW 是矢量图形绘制软件，文件后缀名是“.cdr”格式，在进行绘图设计或编辑时，往往需要使用其他格式素材文件的时候就需要通过“导入”命令来完成。导入位图时，可以对位图重新取样以改变文件大小，或者裁剪位图以消除图像中未使用的区域。

操作步骤：

1. 执行菜单【文件/导入】或按住快捷键【Ctrl＋I】。

2. 弹出导入文件存储位置对话框，找到文件后，打开“导入”按钮下拉菜单，点击【裁剪并装入】命令（图 1-2-9）。

图 1-2-9 导入对话框

3. 弹出“裁剪图像”对话框（图 1-2-10），在预览窗口中，拖动选取框中的控制点进行修剪。完成后，单击“确定”按钮。

4. 回到页面，此时鼠标变成一个标尺，拖动鼠标，即可将选中的图像按鼠标拖出的尺寸导入页面中（图 1-2-10）。

（二）文件导出（Ctrl＋E）

说明：导出是把 CorelDRAW 中的“.cdr”格式文件导出为多种可在其他应用程序中使用的位图和矢量文件格式，如后缀名为“.ai”“.tif”“.jpg”“.bmp”等格式文件。

操作步骤：

1. 选中要导出的对象（图 1-2-11）。

2. 执行菜单【文件/导出】或快捷键【Ctrl＋E】。弹出对话框（图 1-2-12），在“保存类型”列选框中选择“JPG”，完成后点击【导出】按钮。

（三）文件的备份和恢复

说明：CorelDRAW 可以自动保存绘图的备份副本，并在发生系统错误时提示恢复备份副本。

操作步骤：

1. 执行菜单【工具/自定义】命令，弹出选项面板（图 1-2-13）。

图 1－2－10　裁剪图像

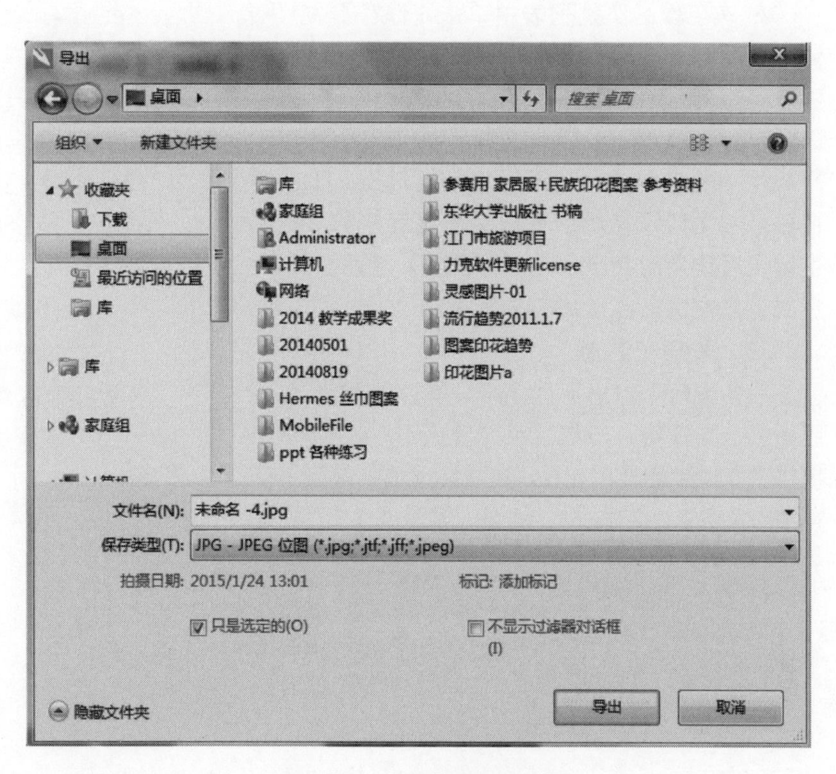

图 1－2－12　【导出】对话框

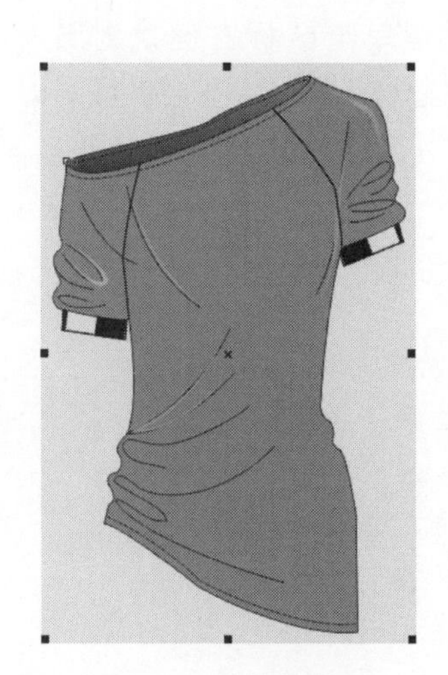

图 1－2－11　选中对象

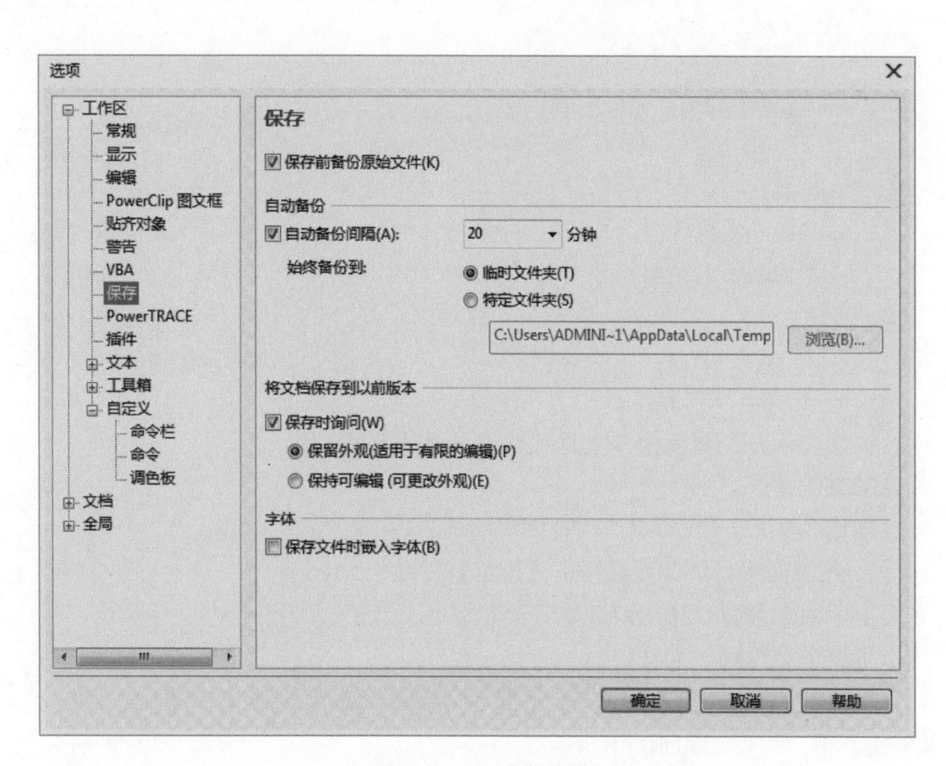

图 1－2－13　备份设置

2. 在工作区类别列表中单击【保存】，启用备份间隔复选框，从分钟列表框中选择一个值，在【始终备份到】区域中，启用【临时文件夹】或【特定文件夹】。

3. 恢复备份文件操作。重新启动 CorelDRAW，在显示的文件恢复对话框中单击【确定】。系统发生错误后重启时会出现【文件恢复】对话框。在指定文件夹中保存并重命名文件。

三、线条工具组

线条是两个点之间的路径，有曲线和直线。线段通过节点连接，节点以小方块表示。CorelDRAW 提供了多种线条绘图工具，在服装绘画中常用的有 2 点线、贝塞尔、钢笔、3 点曲线工具（图 1 - 2 - 14）。

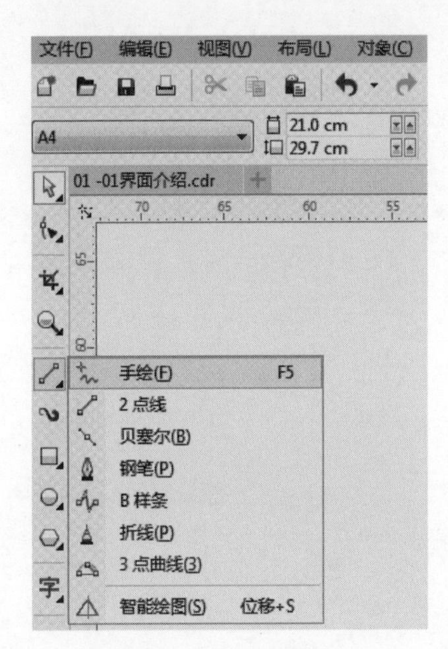

图 1 - 2 - 14 线条工具组

（一）手绘工具（F5）

说明：手绘工具就像一支真正的笔，可以绘制任意形态的线条。

操作步骤：

1. 绘制曲线。单击工具箱中【手绘】工具，在页面中拖动鼠标，即沿移动轨迹绘制线条。双击图标可以设置选项。

2. 在绘制过程中若要擦除部分，则按住【Shift】键，同时反向拖动鼠标。

3. 将线条的出发点放在上一条线段的结束点位置，可以绘制连续的线条。

4. 绘制直线。在线条开始的位置单击鼠标，然后在线条结束的位置再次单击。配合【Ctrl】键，可强制直线以 15°的角度增量变化。

（二）2 点线

说明：可以绘制直线。

操作步骤：

1. 在起点按下鼠标左键且拖动至终点松开鼠标，绘制直线。

2. 将鼠标指向选定线条的结束节点，然后拖动绘制线条，可以在选定线条上增加线段。

（三）贝塞尔

说明：贝塞尔工具是创建图形最常用的工具，可以绘制连续的直线、斜线、曲线和复杂图形的路径，可以通过移动节点和控制手柄的位置控制弧度（图 1 - 2 - 15）。

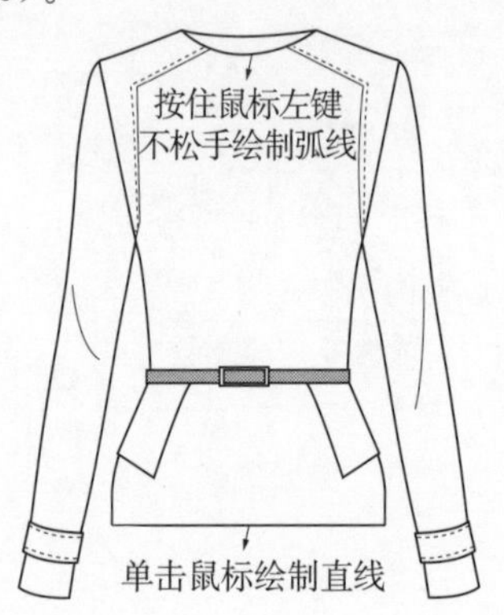

图 1 - 2 - 15 绘制复杂路径

操作步骤：

1. 在页面中任意位置单击鼠标左键找到出发点，鼠标移至第二点再单击，移至第三点再次单击，反复操作可以绘制连续的直线。

2. 在页面中任意位置单击鼠标左键找到出发点，鼠标移至第二点，按住鼠标左键不松手且同时拖动随即出现的手柄，可以绘制任意曲线（图 1 - 2 - 16）。

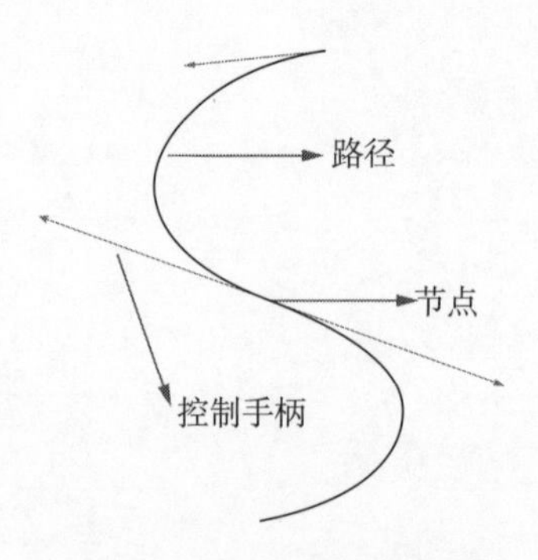

图 1 - 2 - 16 贝塞尔绘制的路径

3. 按下【Enter】或空格键，结束"贝塞尔"工具操作。

4.【形状】工具修改直线或曲线的形状。

（四）钢笔工具

说明：钢笔工具与贝塞尔工具功能一样，可以绘制连续的直线、斜线、曲线和复杂图形的路径。

操作步骤：

1. 点击属性栏中“预览模式”和“自动添加/删除”按钮为启用状态。

2. 绘制直线和曲线操作方法同【贝塞尔】工具。

3. 在结束点上双击或按下【Enter】键，结束“钢笔”工具操作。

（五）3 点曲线

说明：根据指定曲线的宽度和高度来绘制简单曲线，可以快速创建弧形而无需控制节点。

步骤：

1. 选择“3 点曲线”工具，在要开始绘制曲线的位置按下鼠标左键不松手并拖拉出一条直线，在结束点松开鼠标。

2. 松开鼠标后，在移动过程中有一条弧线随着鼠标的移动而显示不同的弧度，在需要的位置单击，即可得到一条敞开的弧线。

3. 将鼠标指向上条弧线的结束节点，可以绘制连续的弧线。

4. 按住【Ctrl】键同时拖动，绘制圆形曲线（图 1-2-17）。

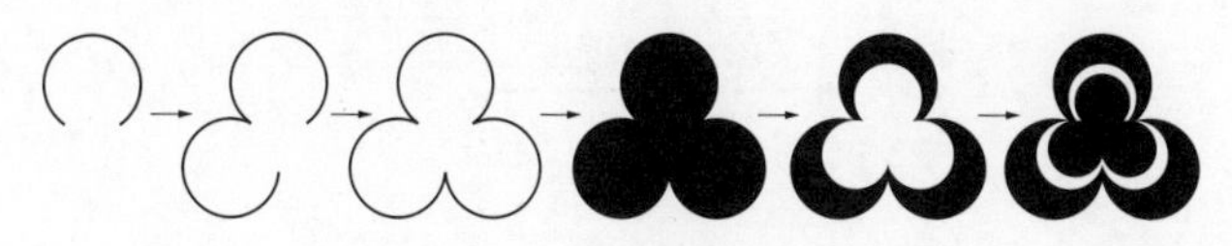

图 1-2-17　3 点曲线绘制的图形

5. 按住【Shift】键同时拖动，绘制对称曲线。

（六）折线工具

说明：绘制连续的直线和折线。

操作步骤：

1. 按住【Shift】键绘制水平、垂直或呈 45°角的线段（图 1-2-18）。

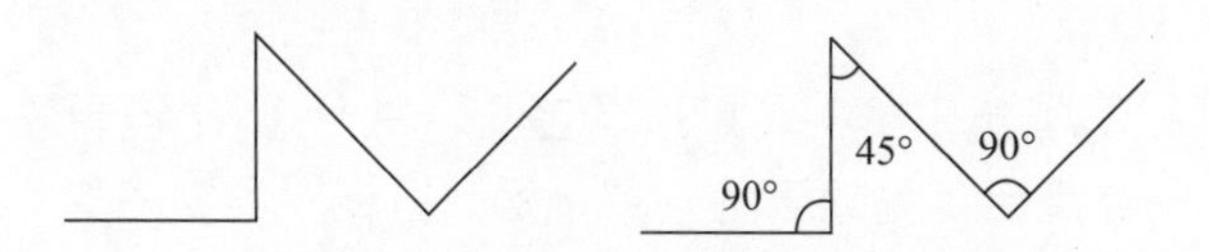

图 1-2-18　绘制水平、垂直、45°角线段

2. 在页面中任意位置单击鼠标找到出发点，鼠标移至第二点再单击，移至第三点再次单击，反复操作可以绘制连续的折线。

3. 按住鼠标左键不松手在页面中拖动，可以绘制任意折线（相当于手绘工具）。

4. 在结束点上双击或按下【Enter】键，结束“折线”工具操作。

（七）线条类型和轮廓线设置（F12）

说明：可以通过泊坞窗、轮廓笔对话框和属性栏的轮廓部分相关控件改变线条和轮廓的颜色、宽度和样式。

操作步骤：

1. 泊坞窗操作方法。选择对象，执行菜单【窗口/泊坞窗/对象属性】（图 1-2-19）。在轮廓宽度框中输入数值，打开“颜色挑选器”单击一种颜色，在样式框中选择线条样式。

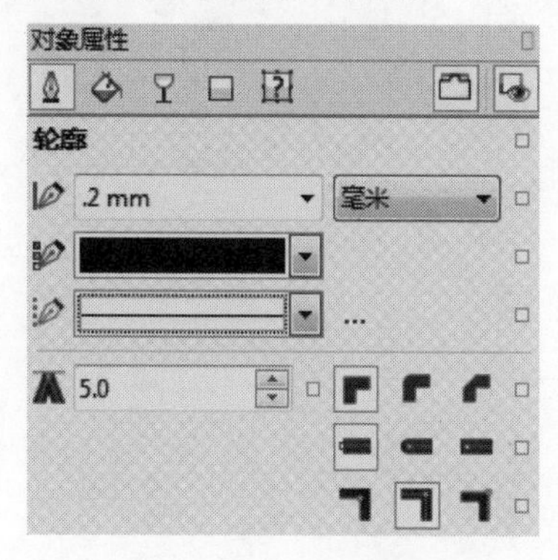

图 1-2-19　泊坞窗轮廓设置

2. 轮廓笔操作。选择对象，双击状态栏上的【轮廓】图标或者按住快捷键【F12】，打开轮廓笔对话框（图 1-2-20），进行设置。

3. 属性栏操作。选择对象，单击上方属性栏中轮廓部分按钮，可以修改宽度、样式、起始箭头类型 2.0 mm 。

四、基本形状工具组

（一）矩形（F6）和 3 点矩形

说明：绘制正方形和矩形。

操作步骤：

1. 选中“矩形”工具，在页面上拖动，得到一个矩形。

2. 在属性栏中输入数值，可以绘制精确的正方形和矩形（图 1-2-21）。

3. 按住【Ctrl】键，拖动绘制正方形。按住【Shift】键，可从中心向外绘制矩形。

4. 按住【Ctrl+Shift】键，绘制从中央往外的

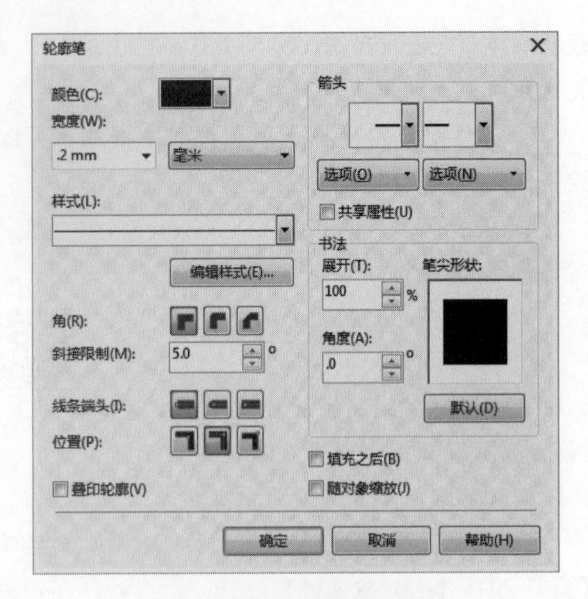

图 1-2-20　轮廓笔对话框

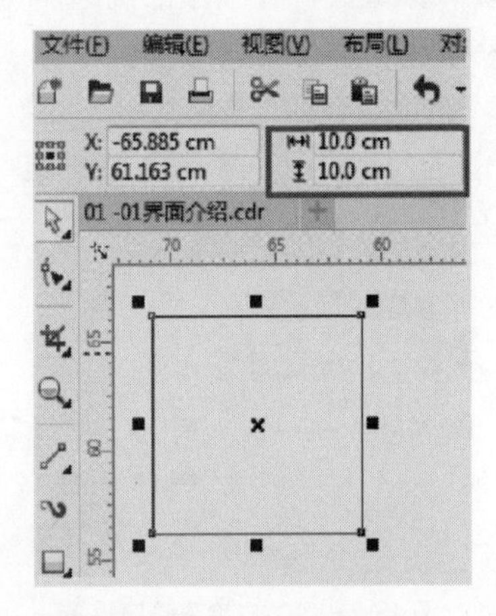

图 1-2-21　绘制精确正方形

正方形。

5. 双击“矩形”图标，可以绘制覆盖绘图页面的矩形（图 1-2-22）。

图 1-2-22　双击“矩形”图标，绘制页面大小的矩形

6. 通过属性栏中 可以绘制带有圆角、扇形角或倒棱角的矩形或正方形（图 1-2-23）。

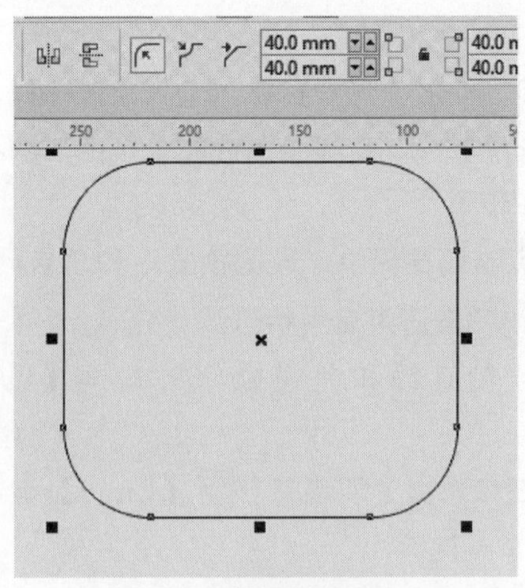

圆角效果

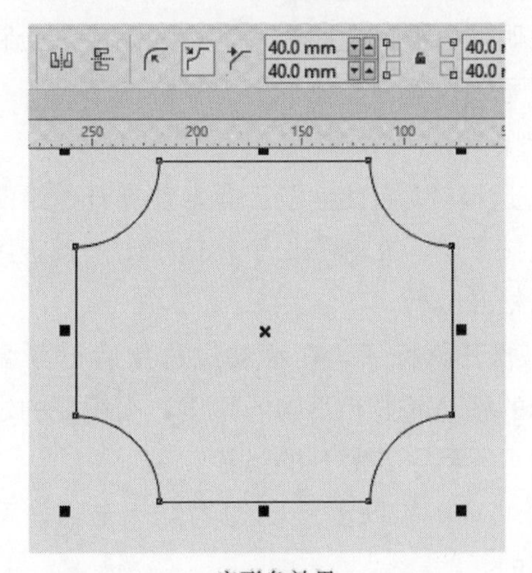

扇形角效果

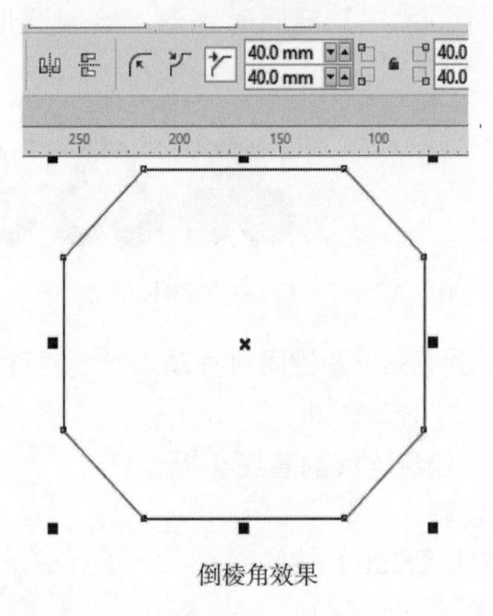

倒棱角效果

图 1-2-23

7. 选中“3 点矩形”工具，按住 Ctrl 键单击一点之后，拖动到另一点，松开鼠标，绘制菱形。

（二）椭圆（F7） 和 3 点椭圆

说明：绘制椭圆、正圆、饼形和弧形。

操作步骤：

1. 选中“椭圆”工具，在页面上拖动，得到一个椭圆。

2. 按住【Ctrl】键，拖动绘制正圆。

3. 单击属性栏中按钮，设置参数，则可以绘制扇形和弧线（图 1－2－24）。

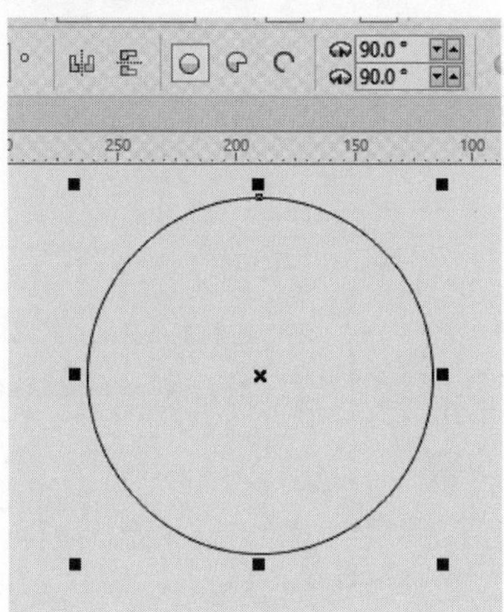

圆形效果

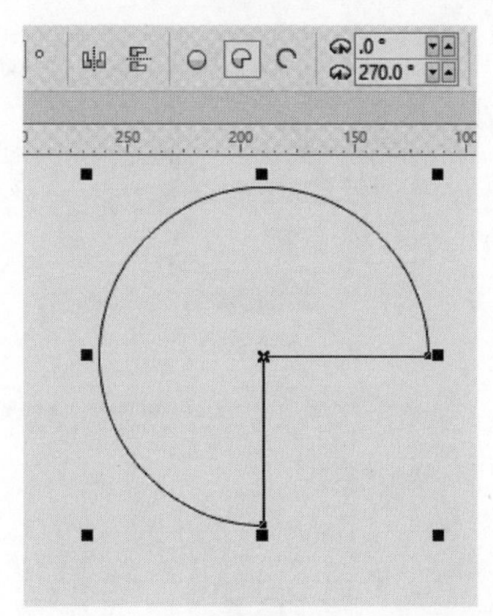

扇形效果

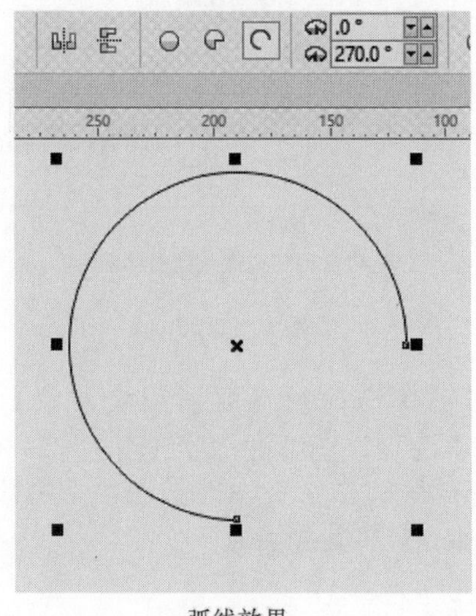

弧线效果

图 1－2－24

4. 按住【Ctrl＋Shift】键，绘制从中央往外的正圆。

5. “3 点椭圆”操作方法同“3 点矩形”。

（三）多边形工具

说明：绘制多边形。

操作步骤：

1. 选中“多边形”工具，在属性栏的“边数”中输入不小于 3 的数值，在页面中拖出多边形（图 1－2－25）。

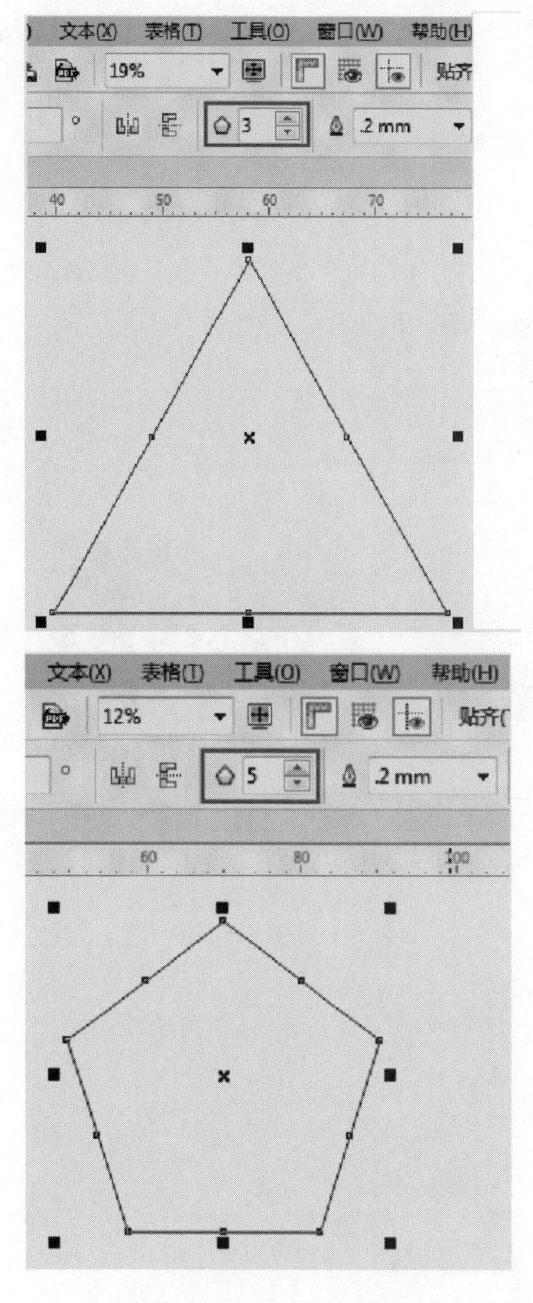

图 1－2－25　输入边数，绘制多边型

2. 拖动鼠标时按住【Shift】键，可从中心开始绘制多边形，按住 Ctrl 键，可绘制对称多边形。

3. 更改多边形的边数。选择一个多边形，在属性栏上的【点数或边数】框中输入数值，然后按【Enter】键（图 1－2－26）。

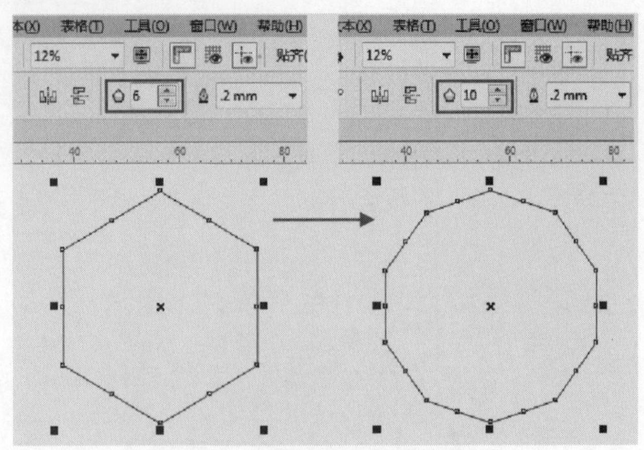

图 1－2－26　更改多边形边数

4. 修改多边形。选择一个多边形，单击【形状】工具，拖动该多边形的节点（图 1－2－27）。

图 1－2－27　【多边形】与【形状】工具绘制的图形

5. 星形（图 1－2－28）与复杂星形工具操作方法同“多边形”（图 1－2－29）。

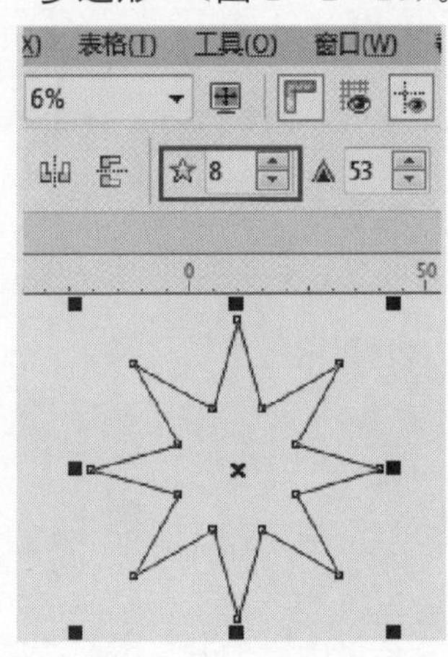

图 1－2－28　绘制星形

（四）图纸工具

说明：可以绘制网格并设置行数和列数，网格由一组矩形组成，矩形可以拆分。

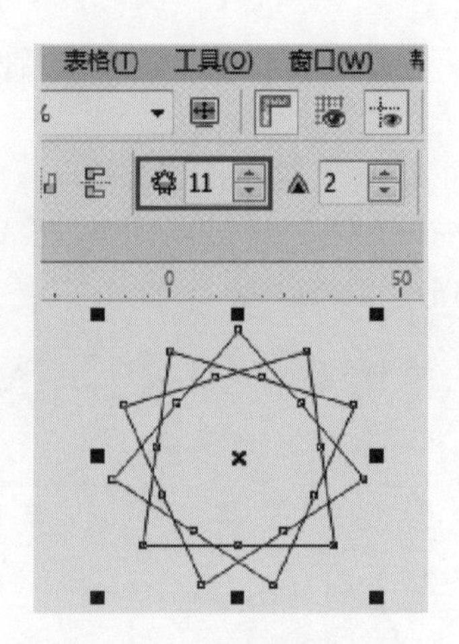

图 1－2－29　绘制复杂星形

操作步骤：

1. 选中“图纸”工具，在属性栏中“图纸行和列”框中输入数值。

2. 按住【Ctrl】键在页面中拖出图纸（图 1－2－30）。

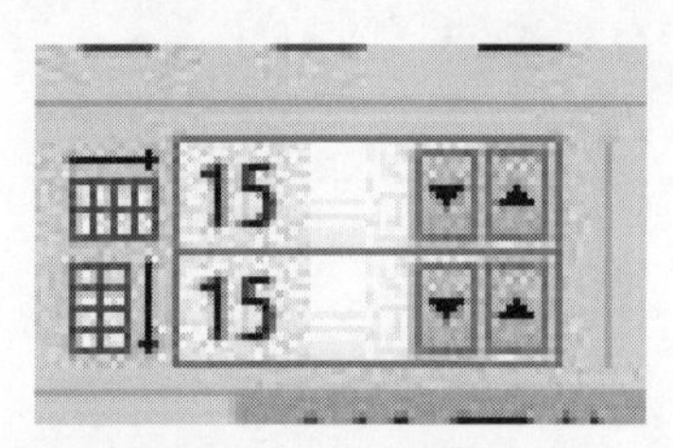

输入数值

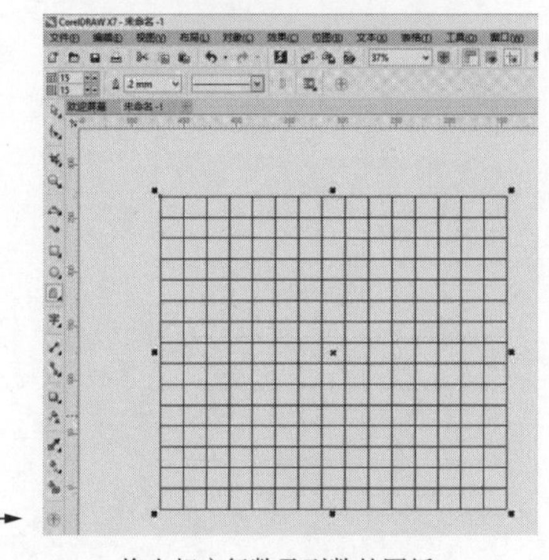

拖出相应行数及列数的图纸

图 1－2－30

3. 右键单击执行【取消组合对象】快捷键【Ctrl＋U】命令，图纸被打散（图 1－2－31）。

4. 在需要的格子中填充颜色，不需要的格子按住【Delete】将其删除。

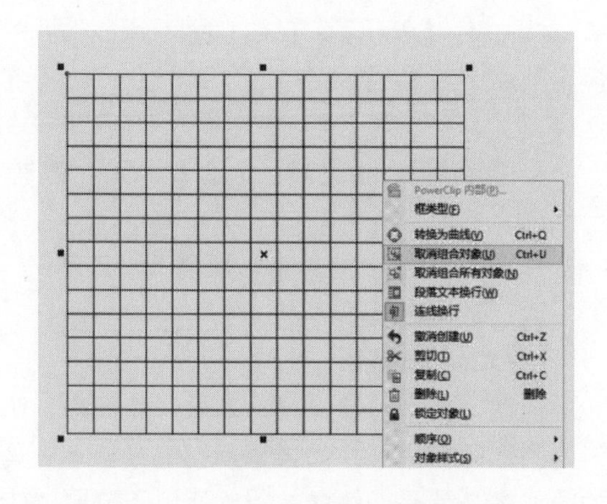

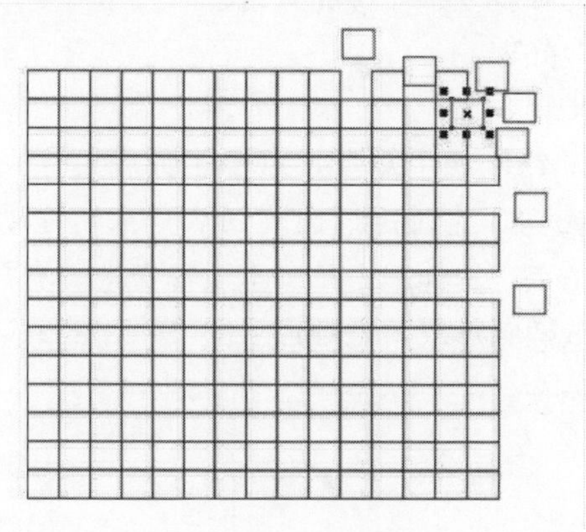

图 1-2-31 打散图纸

图 1-2-32 用图纸工具绘制的图样

（五）螺纹工具

说明：绘制螺纹。

操作步骤：

1. 选中“螺纹”工具，在属性栏中“螺纹回圈”框中输入任意数值。

2. 在页面中拖出螺纹。

3. 按住【Ctrl】键绘制正螺纹。按住【Shift】键，在绘制页面中会以当前点为中心绘制螺旋线。按住【Ctrl+Shift】绘制从中央往外的正螺纹。

4. 选中螺纹对象，在属性栏中调整轮廓宽度 5.0 mm，执行菜单【对象/将轮廓转换为对象】命令，选择工具箱中的【形状工具】调整节点至需要图形（图 1-2-33）。

图 1-2-33 用螺纹绘制的图形

五、选择工具

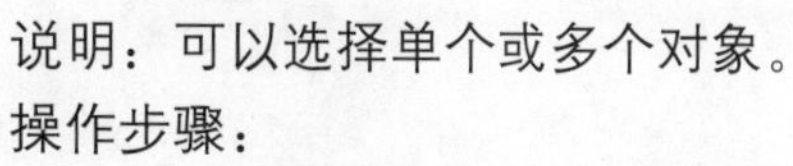

（一）选择对象

说明：可以选择单个或多个对象。

操作步骤：

方式一：单选对象

1. 单击工具箱中“挑选”工具。

2. 然后移动到所要选取的对象上单击。当周围出现八个小黑点的时候，说明该对象被选中。在空白的地方单击可以取消选择（图 1-2-34）。

图 1-2-34 选中对象

方式二：多选对象

1. 框选方式。框选就是在页面中某处单击，按住鼠标左键不松手进行拖动，出现一个蓝色虚线框，把要选择的对象框选到虚线框内，然后松开鼠标，框内完整的对象被选中（图 1-2-35）。

2. 按住【Shift】键，连续单击可以多个选择对象。反之，按住【Shift】可以取消多个选择中的任意一个对象（图 1-2-36）。

3. 按住【Ctrl+A】全选对象。

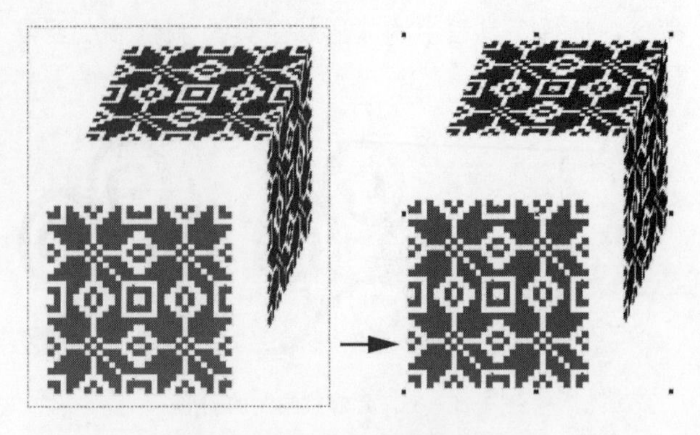

图 1-2-35　拖出选框加选对象

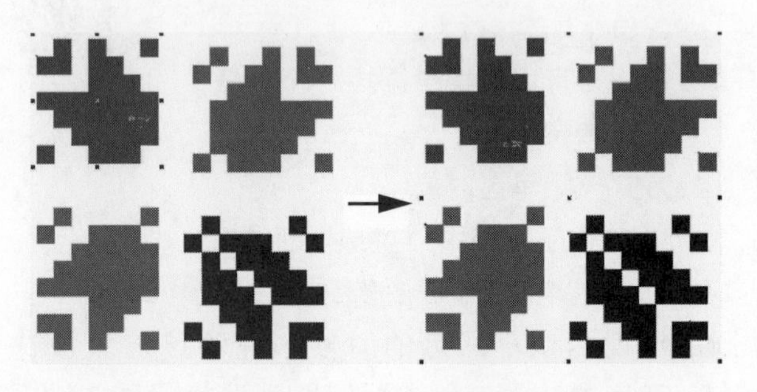

图 1-2-36　按住“shift”键单击加选 /减选对象

4. 按住【Alt】键，用框选方法，只要是虚线框所触及到的对象都会被选中。

（二）选择节点

说明：节点是控制一个线段的两个点。

操作步骤：

1. 选择一个节点。选中对象，然后点击【形状】工具按钮，对着任意的节点单击，则节点被选中并可以进行编辑（图 1-2-37）。

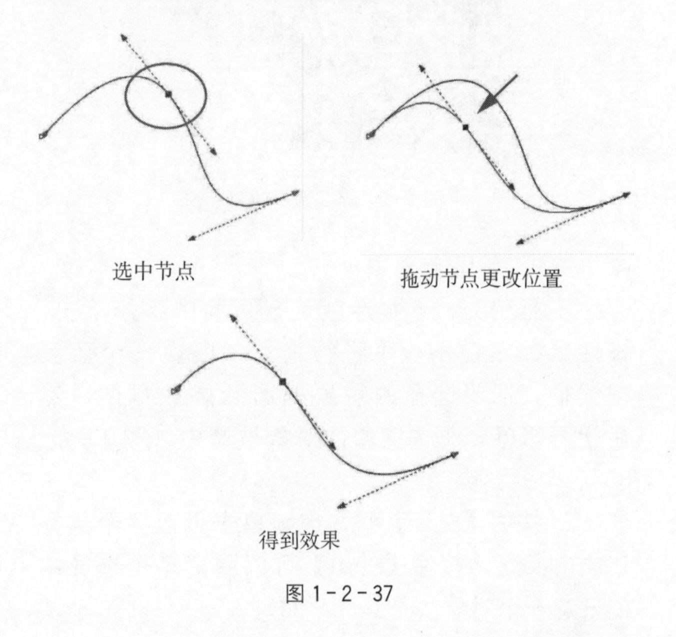

图 1-2-37

2. 按住【Shift】，节点上逐一单击，可以选择多个节点。按住【Shift】也可以逐一取消节点的选择。

3. 执行菜单【编辑 / 全选】命令，选择全部节点。

4. 在页面空白处单击，取消节点选择。

六、改变造型

（一）转换曲线

说明：转换曲线只是对基本形状而言，例如矩形、圆形和多边形，如果是用钢笔或铅笔工具绘制的图形本身就是曲线的编辑，所以不需要“转换为曲线”处理。

步骤：

1. 绘制一个矩形，点击工具箱中“形状”工具按钮，此时矩形出现四个角点，拖动其中的一个角点，其他三个角点也随着变化，使原来的矩形变成椭圆形或者是圆形（图 1-2-38）。

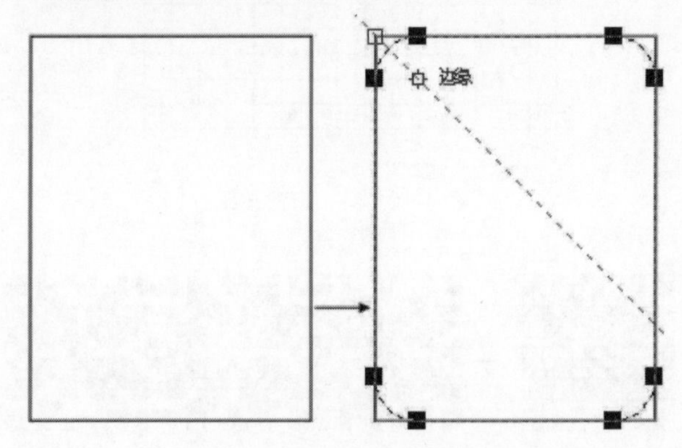

图 1-2-38　四个角点变化

2. 另外一种情况是：当单击其中的一个角点，其他三个角点消失，此时拖动角点就只有一个角会发生变化，其他三个角则保持不变（图 1-2-39）。

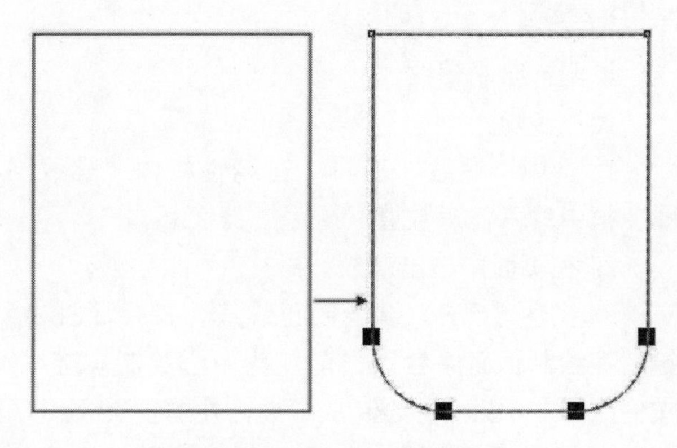

图 1-2-39　两个角点变化

3. 将基本形状转换成曲线的操作。选中对象，鼠标右键单击执行【转换为曲线】快捷键【Ctrl+Q】；或者点击属性工具栏中的“转换为曲线”图标。只有对基本形状进行“转换为曲线”命令之后，才可以对其进行节点编辑。

（二）节点编辑

说明：包括有添加、删除节点，连接节点，断开节点，改变节点类型等。

操作步骤：

1. 添加、删除节点操作。单击【形状】工具按钮，对着要添加节点的线段进行双击，则添加一个节点（图 1－2－40）；对着节点双击，则可以删除节点。

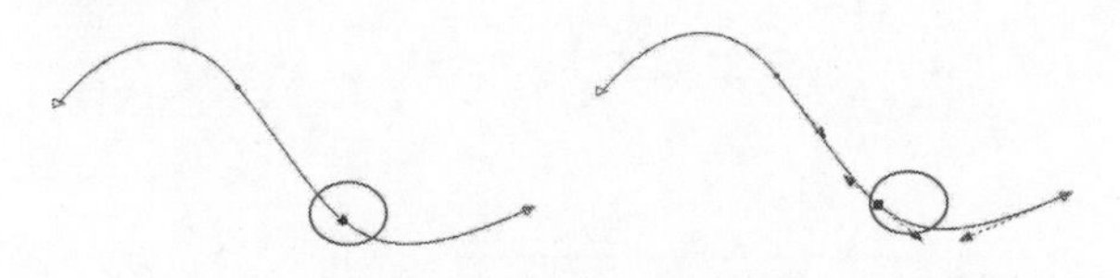

图 1－2－40 双击添加加点

2. 连接节点操作。用【形状】工具，框选两个分开的节点，然后点击属性栏中【连接两个节点】图标（图 1－2－41）；或者点击属性栏中【延长曲线使之封闭】图标（延长曲线使之封闭是指把所选的两个节点经过延长，连接到一起）（图 1－2－42）；或者点击属性栏中【自动闭合曲线】图标（自动闭合曲线指的是对一个曲线初始点和结束点的闭合）。当两个节点不属于同一个对象时，是不可以进行上面方法操作的。只有先将分开的对象执行【合并】命令或按快捷键【Ctrl+K】到一个对象时，才可以进行以上方法的操作（图 1－2－43）。

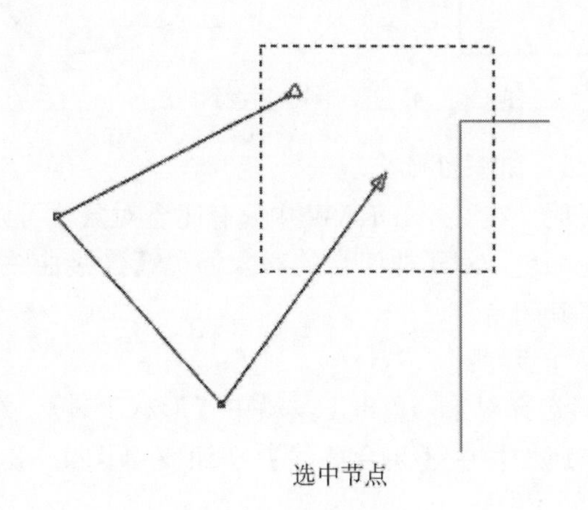

选中节点

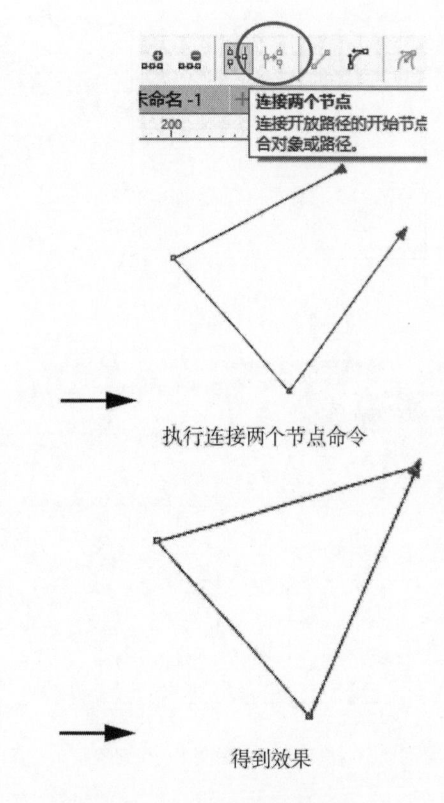

执行连接两个节点命令

得到效果

图 1－2－41

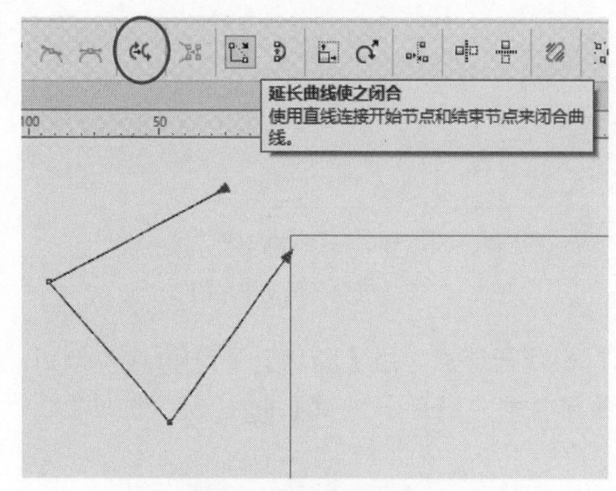

执行延长曲线使之闭合命令

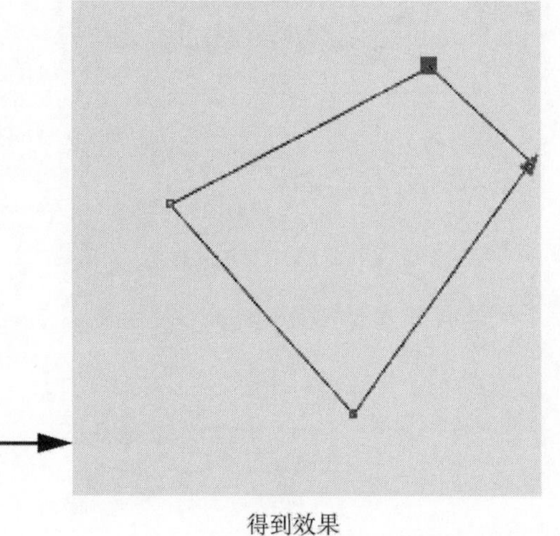

得到效果

图 1－2－42

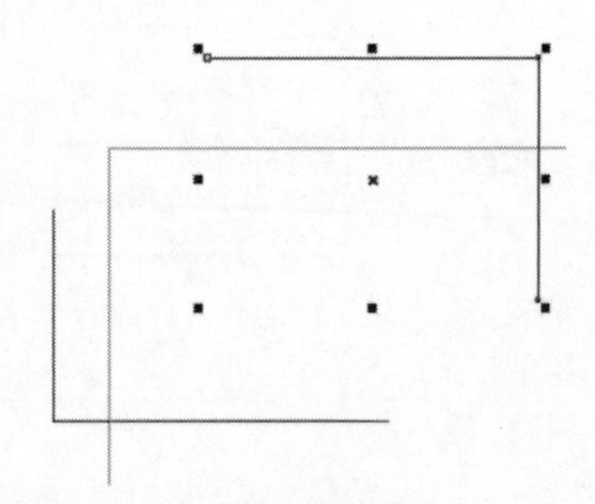

两个不同对象

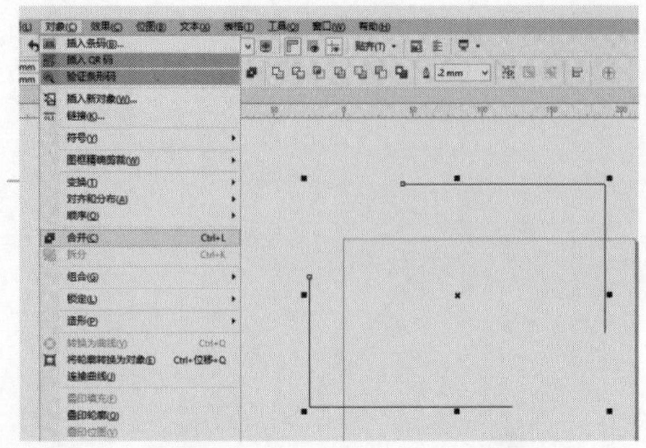

全部选中后执行合并命令变为一个对象

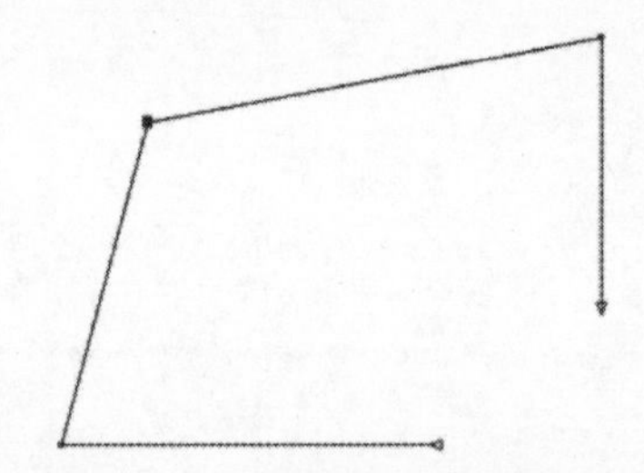

选中合并后对象中的节点执行连接两个节点命令

图 1-2-43　连接不同对象中的节点

3. 断开节点。用【形状】工具选中节点，单击属性栏中【断开曲线】图标（图 1-2-44）。

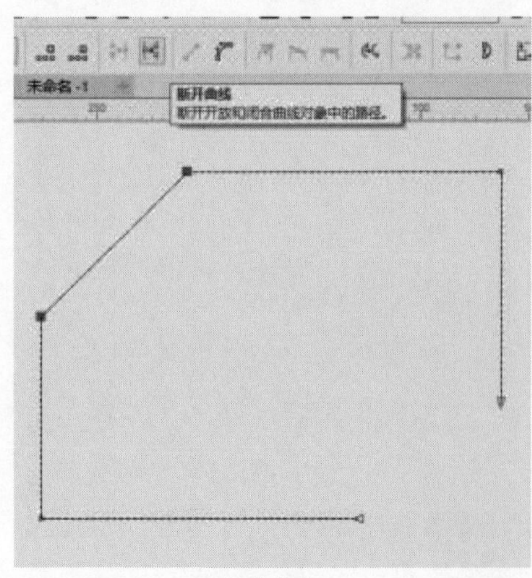

选中节点

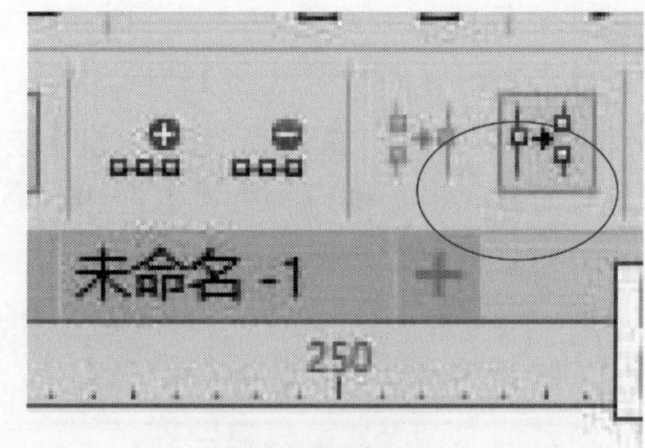

执行断开曲线命令

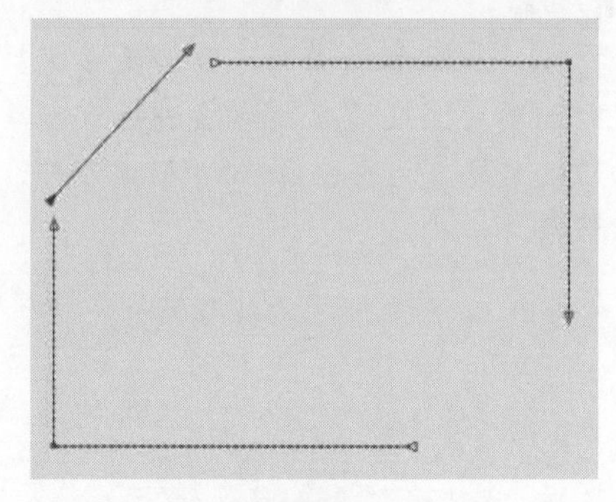

得到效果

图 1-2-44　断开节点

4. 改变节点类型。用【形状】工具选择一个节点，单击属性栏【转换曲线为直线】图标或【转换直线为曲线】图标。在线段上面鼠标右键单击执行【到直线】或【到曲线】命令，也可以将直线节点和曲线节点相互转换（图 1-2-45）。

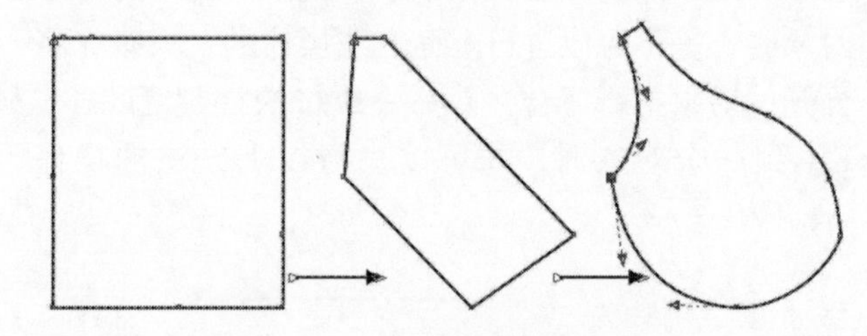

图 1-2-45　节点编辑后得到的图形

（三）闭合图形

说明：在 CorelDRAW 中只有闭合对象才可以被填充颜色，对于非闭合的对象通过【连接曲线】可以将其闭合。

操作步骤：

1. 选择对象，单击工具箱中【形状工具】，然后单击属性栏中【闭合曲线】按钮（图 1-2-46）。

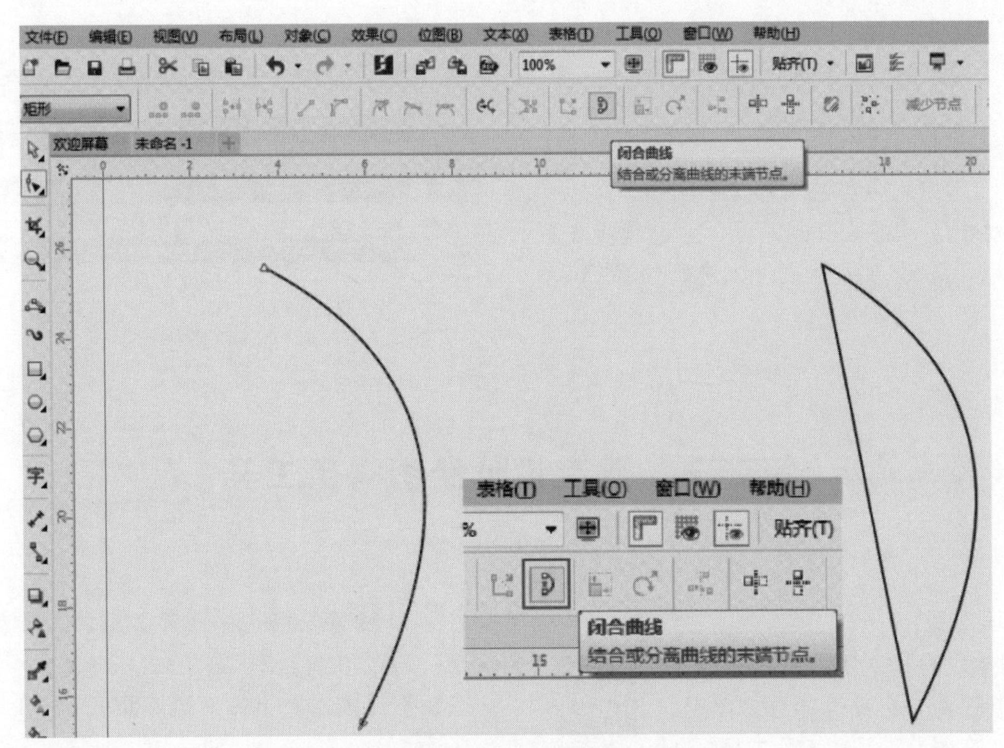

图 1－2－46　闭合路径

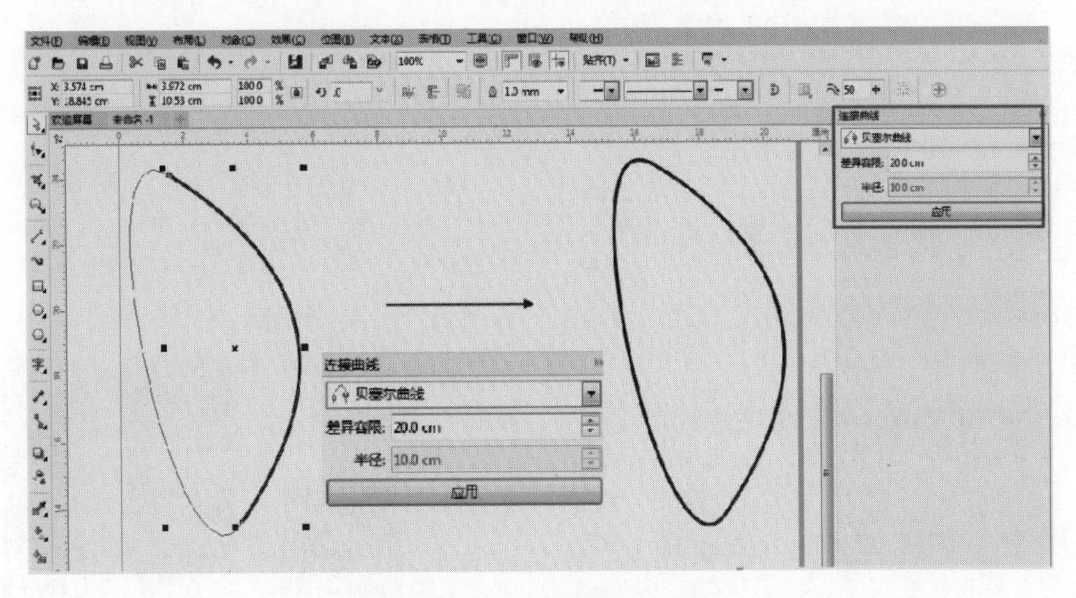

图 1－2－47　【连接曲线】泊坞窗

2. 或者执行菜单【对象/连接曲线】，弹出“连接曲线”泊坞窗（图 1－2－47）。在延伸、倒角、圆角、贝塞尔曲线选项中选择一个选项，在【差异容限】和【半径】中输入数值后，单击【应用】。

（四）调和工具

说明：可以在矢量图形对象之间产生形状、颜色、轮廓及尺寸上的平滑变化。通过修改属性栏的“步长、调和方向、环绕调和、直接调和、顺时针调和、逆时针调和、路径属性调和”等，可以改变调和效果。调和工具对于服装领部、下摆处的罗纹绘制非常便捷（方法参见第二章第一节中图 2－1－23）。

操作步骤：

1. 选中两个需要制作调和效果的对象。

2. 单击工具箱中【调和工具】，在属性栏进行设置（图 1－2－48）。

图 1－2－48　调和属性栏

2. 在调和起始对象按住鼠标左键不放，然后拖动到终止对象上，释放鼠标即可。通过【步长】数值修改疏密，移动首尾对象可以进行位置微调（图 1－2－49）。

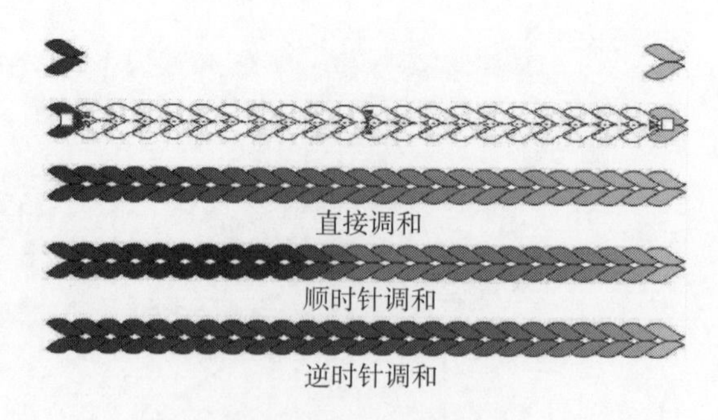

图 1－2－49　调和效果

第三节　服装设计绘图常用工具

一、处理对象

“处理对象”是指对所绘制的图形进行变换、复制、对齐分布、顺序、修整、组合等处理，在服装绘图中应用广泛。

（一）变换对象

说明：变换主要包括调整大小、定位、缩放、倾斜、旋转、镜像。

操作步骤：

1. 调整大小。选中对象，在属性栏【对象大小】框中输入数值即可（图 1－3－1）；或者拖动任意角选择手柄，按住【Shift】键从中心往外调整。

2. 移动对象。选中对象直接拖动即可，拖动时按住【Ctrl】键将水平或垂直移动。

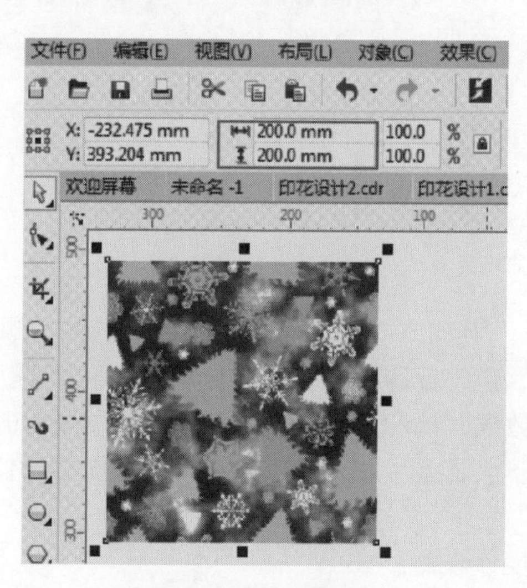

图 1－3－1　调整大小

3. 精确移动对象。选中对象，执行【窗口/泊坞窗/变换/位置】（图 1－3－2），在【水平轴】或【垂直轴】、【副本】上输入数值即可（图 1－3－3）。

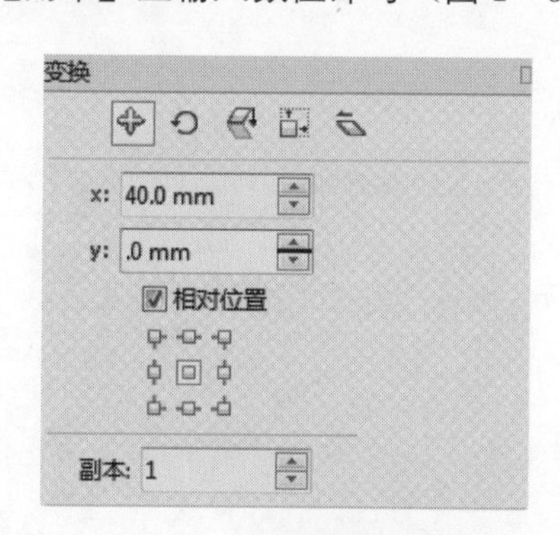

图 1－3－2　位置泊坞窗

图 1－3－3　精确移动

4. 缩放对象。选中对象，拖动角点调整大小手柄，拖动时按住【Shift】键从中心往外进行比例缩放（图 1－3－4）。如果要保持轮廓与对象一起缩放，在操作前必须按下【F12】打开轮廓笔，勾选对话框中的【填充之后】和【随对象缩放】选框（图 1－3－5）。

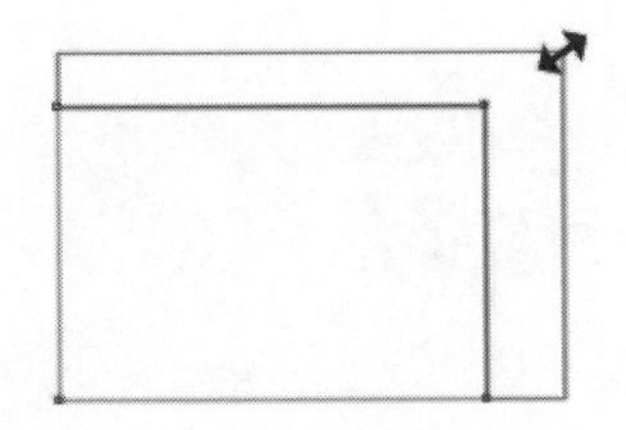

图 1-3-4　缩放对象

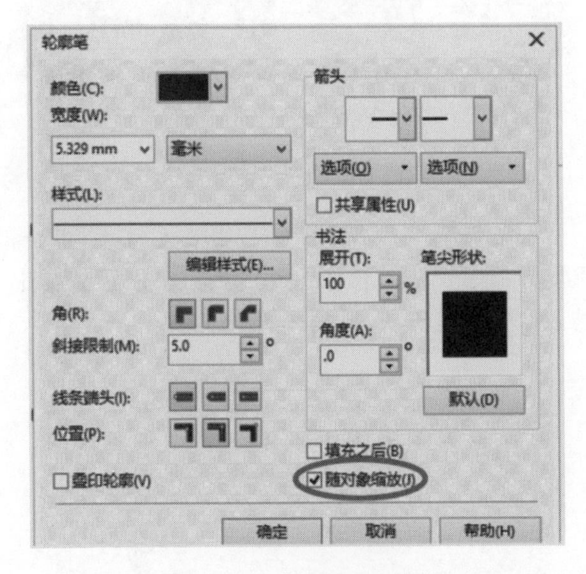

图 1-3-5　勾选随对象缩放

5. 旋转对象。双击对象，拖动角旋转手柄，拖动时按住【Ctrl】键则以 15°增量旋转对象；或者在属性栏【旋转角度】框中输入数值 45.0 后，按【Enter】键（图 1-3-6）。也可以将旋转中心移至特定点上进行旋转。

图 1-3-6　旋转对象

6. 旋转复制对象。双击对象，将旋转中心点移至特定位置，按住【Alt+F8】打开旋转泊坞窗（图 1-3-7），在【旋转】角度和【副本】框中输入数值后单击【应用】按钮，得到图形（图 1-3-8）。

7. 倾斜对象。双击对象，拖动边倾斜手柄，拖动时按住【Ctrl】键则以 15°增量倾斜对象（图 1-3-9）。

8. 镜像对象。选中对象，按下数字键盘上

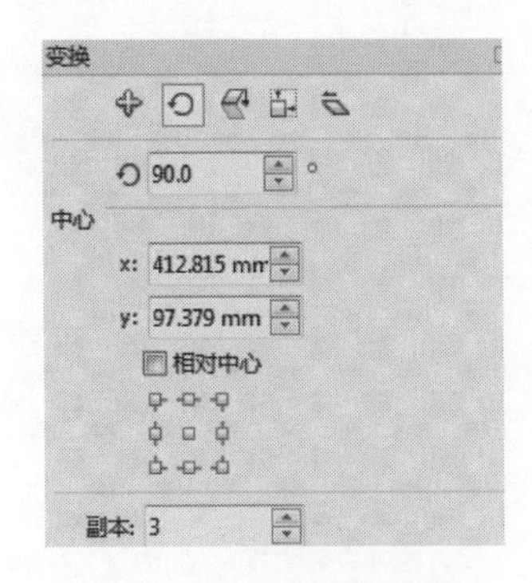

图 1-3-7　旋转泊坞窗

图 1-3-8　旋转复制

图 1-3-9　倾斜处理

【+】键复制一个，然后单击属性栏【水平】或【垂直】镜像按钮（图 1-3-10）；或者按住【Alt+F9】打开镜像泊坞窗，选择镜像形式后在【副本】框中输入数值，单击【应用】按钮（图 1-3-11）。

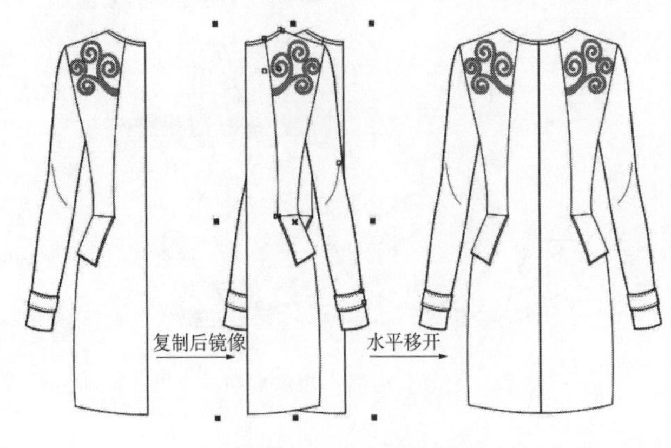

图 1-3-10　镜像对象

（二）复制、再制对象

说明：通过多种操作方式可以复制、再制对象。

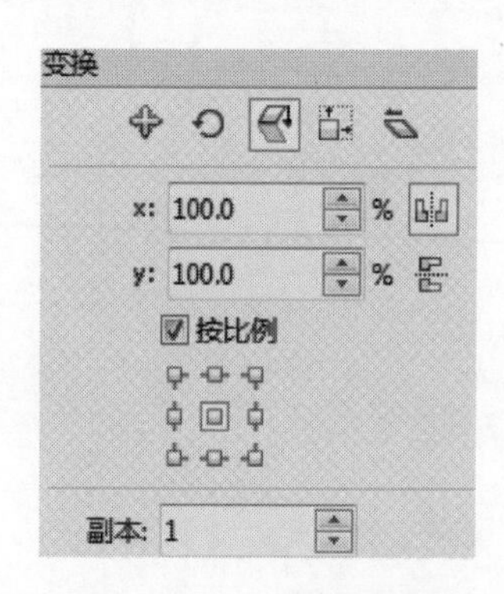

图 1-3-11　镜像泊坞窗

操作步骤：

方式一：复制对象

1. 鼠标移动复制。选中对象，按住鼠标左键不松手拖移对象，鼠标右键单击结束，对象被复制。

2. 快捷键复制。选中对象后，按住键盘上的【+】键，然后移开对象。

3. 命令复制。选中对象，按下 Ctrl+C，或者执行【编辑 / 复制】命令。按下 Ctrl + V 或执行【编辑 / 粘贴】命令。

4. 镜像复制。选中对象，按住【Ctrl】键，在对象左边延展手柄处按下左键往右边翻转拖动，同时右键单击结束（图 1-3-12）。

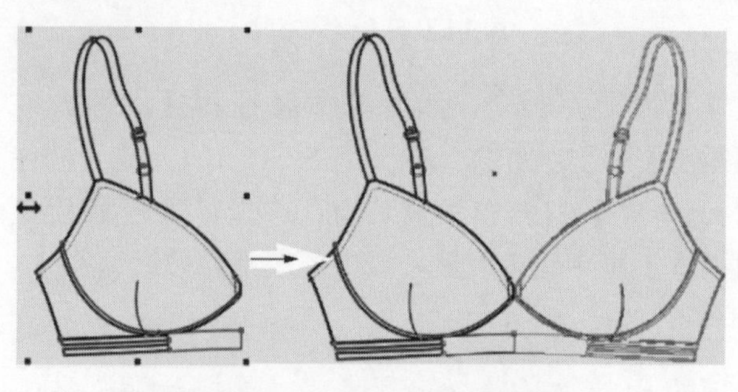

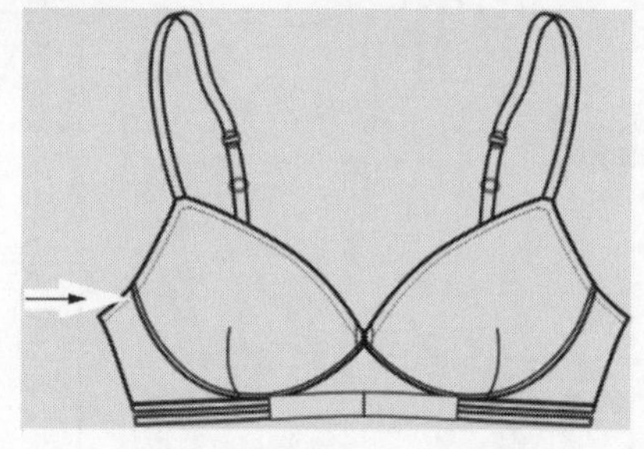

图 1-3-12　镜像复制

方式二：再制对象（Ctrl+D）

1. 选中对象，按下【+】键，往右移动对象，然后多次按下【Ctrl+D】，即可再制对象（图 1-3-13）。

复制对象并移动位置

多次单击【Ctrl+D】再制对象

图 1-3-13　再制对象

2. 或者选中对象后，执行菜单【编辑 / 步长和重复】命令，在步长和重复泊坞窗中的份数框中，输入数值后单击【应用】（图 1-3-14）。

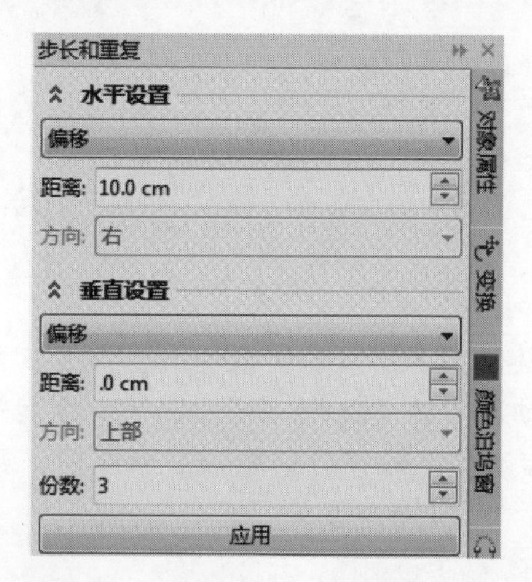

图 1-3-14　通过步长和重复再制对象

（三）复制对象的属性、变换、效果到另一个对象

说明：可以快速地将一个对象的属性、变换及效果复制到另外的对象中。

操作步骤：

1. 单击工具箱【属性滴管】工具。

2. 单击属性栏【属性】按钮展开子工具栏，勾选“轮廓”“填充”和“文本”，然后点击“确定”按钮（图 1-3-15）。

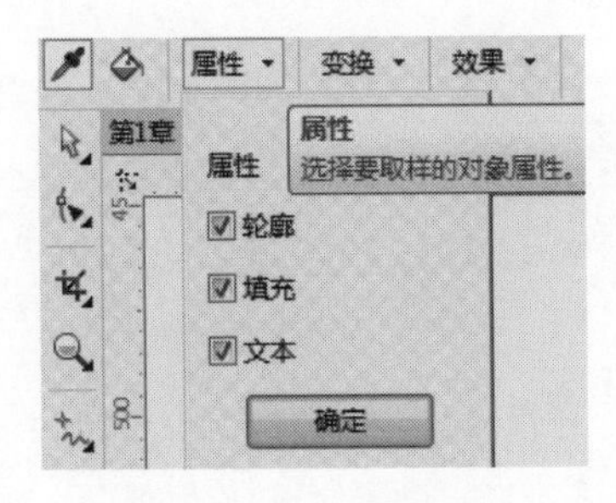

图 1-3-15 属性工具栏

3. 在页面中单击要复制其属性的原始对象，鼠标会自动切换成颜料桶形状，然后单击要应用复制属性的目标对象（图 1-3-16）。

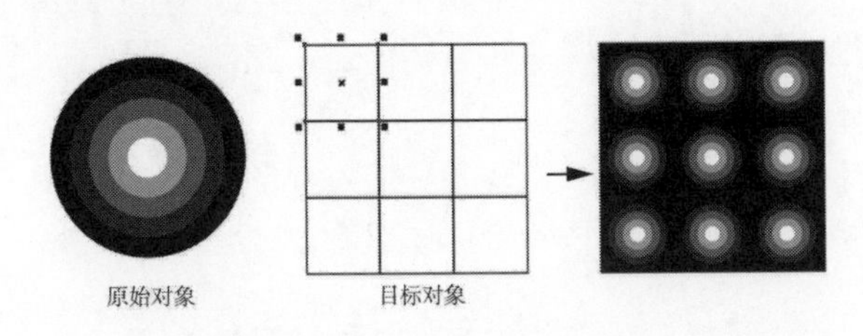

图 1-3-16 复制对象属性

4. 复制对象的变换及效果，方法同上。

（四）对齐与分布

说明：对齐是指对象排列整齐，分布是指对象之间的距离。在服装上表现为钮扣、图案的对齐与分布。

操作步骤：

1. 选中至少两个以上的对象，执行菜单【对象 / 对齐与分布】命令，展开对齐子菜单（图 1-3-17）。包括有左对齐、右对齐、顶端对齐、底端对齐、水平居中、垂直居中对齐等命令。

2. 或者执行【对象 / 对齐与分布 / 对齐与分布】，打开“对齐与分布”泊坞窗（图 1-3-18），单击其中的任意对齐按钮即可。

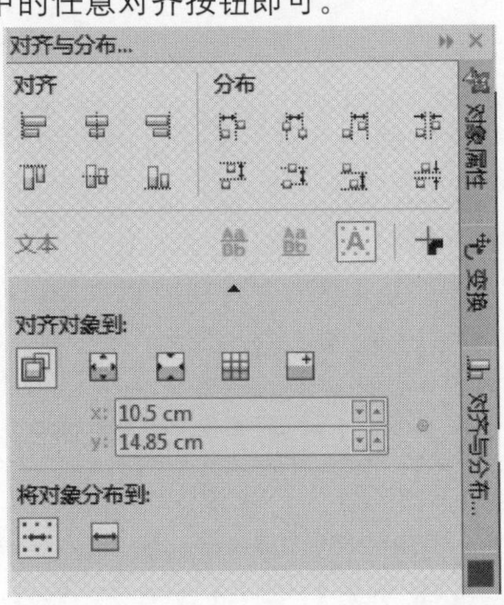

图 1-3-18 对齐与分布泊坞窗

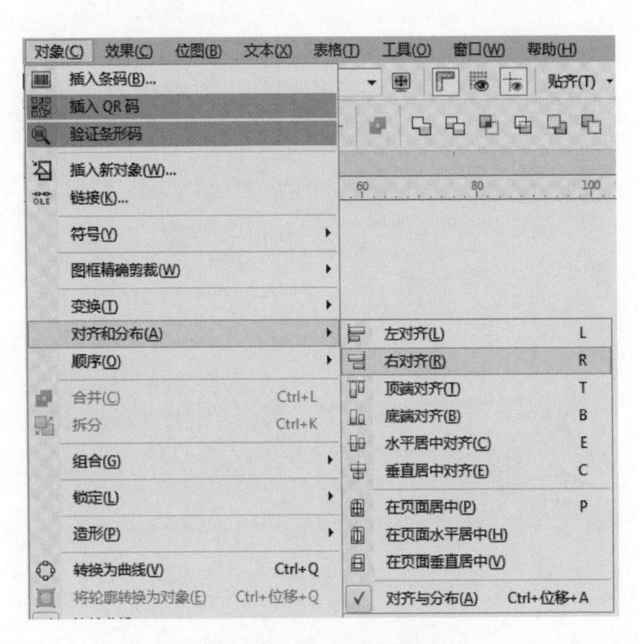

图 1-3-17 对齐子菜单

3. 泊坞窗口中分布按钮包括有左分散排列、水平分散排列中心、右分散排列、水平分散排列间距、顶部分散排列、垂直分散排列中心、底部分散排列、垂直分散排列间距。

（五）对象顺序

说明：CorelDRAW 默认顺序是先画的部分在下面，后画的部分在上面。

操作步骤：

1. 选择一个对象，执行菜单【对象 / 顺序】，展开子菜单（图 1-3-19），单击其中的命令。

图 1-3-19 顺序子菜单

2. 选择一个对象，或者鼠标右键单击执行【顺序】，同样可以展开子菜单，单击其中任意命令，即可改变对象的顺序（图 1 - 3 - 20）。

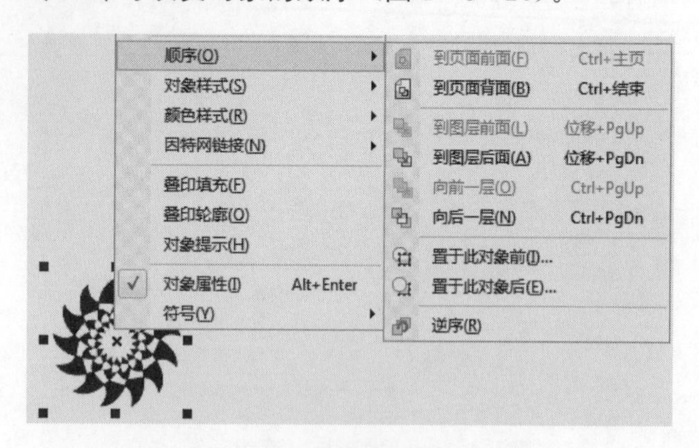

图 1 - 3 - 20　右键单击展开子菜单

（六）修整对象

说明：“修整”工具，可以将简单图形组合成复杂对象。包含有“合并”“修剪”“相交”“简化”“移除后面对象”“移除前面对象”“创建边界”七种功能。要执行修整命令，必须先要同时选中两个以上的对象，才会在属性栏弹出修整命令按钮（图 1 - 3 - 21）。

图 1 - 3 - 21　修整命令按钮

操作步骤：

1. 合并对象。选中两个对象，单击属性栏中【合并】按钮，根据需要调整顺序（图 1 - 3 - 22）。注意：合并的两个对象连接部位必须有重叠部分，否则合并后还将保留连接线。

2. 修剪对象。选中两个对象，单击属性栏【修剪】按钮即可（图 1 - 3 - 23）。

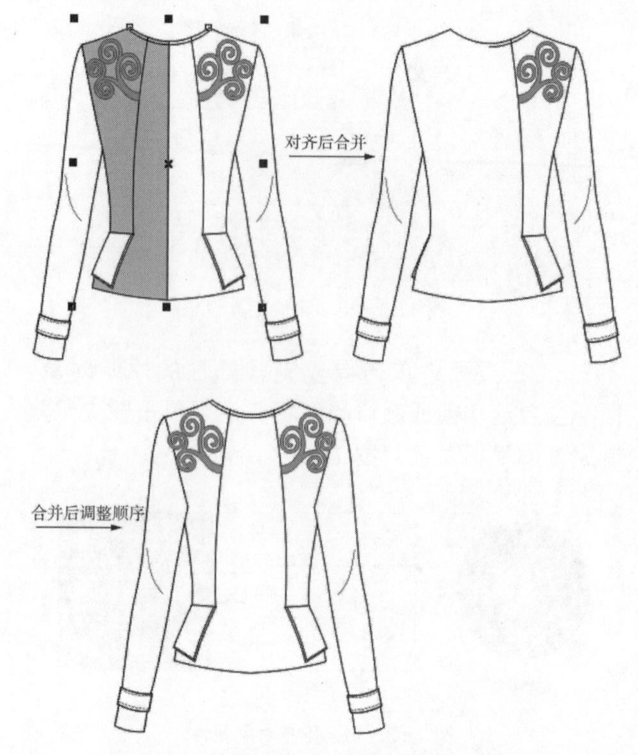

图 1 - 3 - 22　合并对象

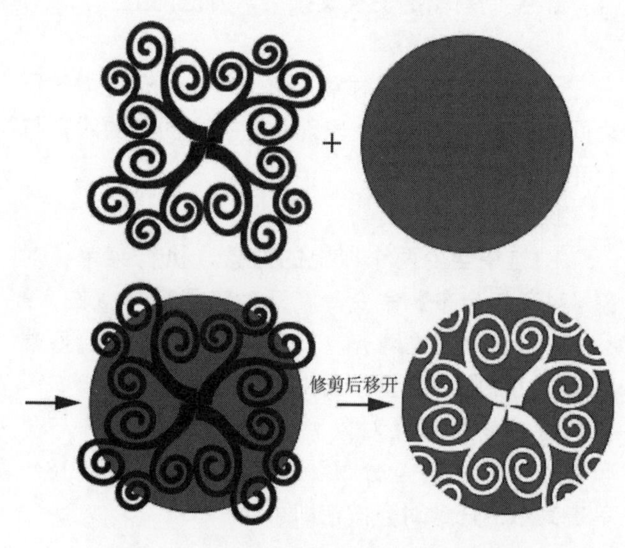

图 1 - 3 - 23　修剪对象

3. 相交、简化、移除后面、移除前面和创建边界操作方法同“合并”（图 1 - 3 - 24）。

（七）群组（Ctrl+G）与合并（Ctrl+L）

说明：群组是把多个对象放到一起，视为一个单位，但它们会保持各自的属性。

合并可以将多个图形对象合并在一起，创建出一个新的对象。

群组操作步骤：

1. 选中要群组的多个对象。

2. 按住快捷键【Ctrl+G】进行群组，或者鼠

图 1-3-24　修整后效果

标右键单击执行【组合对象】命令，或者点击属性栏中“群组”图标。

3. 按住快捷键【Ctrl+U】取消组合，或者点击属性栏中“取消群组”图标。

合并操作步骤：

1. 选中要合并的多个对象。

2. 按住快捷键【Ctrl+L】进行群组，或者鼠标右键单击执行【合并】命令，或者点击属性栏中“合并”图标。

3. 按住快捷键【Ctrl+K】拆分曲线，或者点击属性栏中“拆分”图标。

二、对象颜色及填充

颜色及填充对于服装绘画的表现非常重要，CorelDRAW 主要有均匀填充（单色填充）、渐变填充、向量图样填充、位图图样填充、双色图样填充、底纹填充和 PostScript 填充。需要填充的对象必须是封闭的区域。

（一）均匀填充

说明：均匀填充也称为单色填充。

图 1-3-25　填充泊坞窗

操作步骤：

1. 选中对象，鼠标左键单击【调色板】中的颜色填充的是对象内部（图 1-3-25），右键单击填充的是对象轮廓；左键单击【调色板】中的☒去掉内部填充，右键单击【调色板】中的☒去掉轮廓填充。

2. 或者执行菜单【窗口/泊坞窗/彩色】打开颜色泊坞窗（图 1-3-26），选择颜色后单击【填充】或【轮廓】按钮。

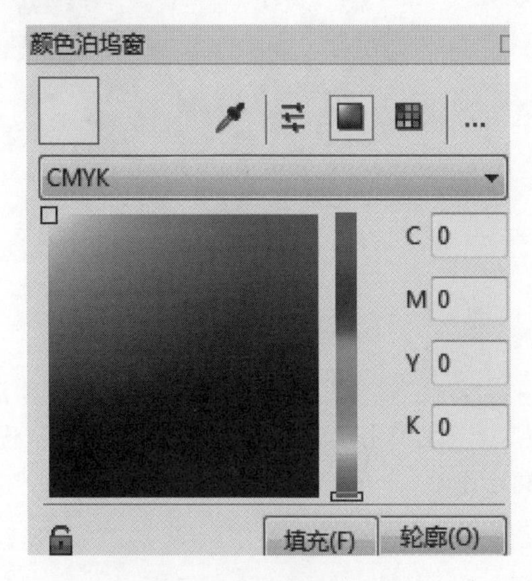

图 1-3-26　颜色泊坞窗

（二）渐变填充（F11）

说明：渐变填充包括线性、射线、圆锥、方角四种模式。

操作步骤：

1. 方法一：选中要填充的对象，点击工具箱【交互式填充工具】，单击属性栏中【渐变填充】按钮，然后从调色板中拖动颜色到对象的交互式矢量手柄，来添加颜色到渐变填充（图 1-3-27）。

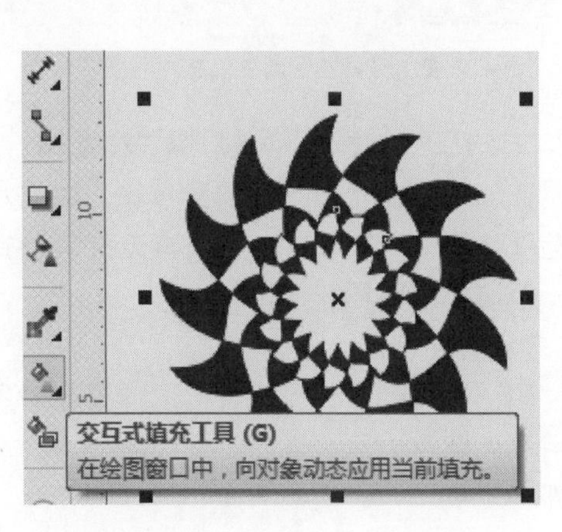

图 1-3-27　交互式填充工具渐变填充

2. 方法二：按住快捷键【F11】，弹出“渐变填充”对话框，设置完后单击【确定】按钮（图 1-3-28）。

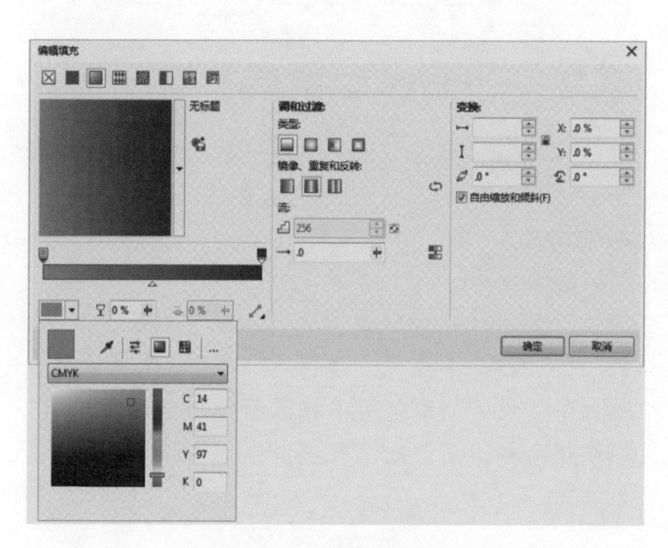

图 1-3-28　渐变填充对话框

3. 方法三：执行菜单【对象/对象属性】，在对象属性泊坞窗中单击渐变填充按钮，以显示渐变填充选项（图 1-3-29）。打开填充挑选器，然后单击一个填充缩略图。

（三）图样填充

说明：可以使用矢量或位图图样填充对象，也可使用双色填充。

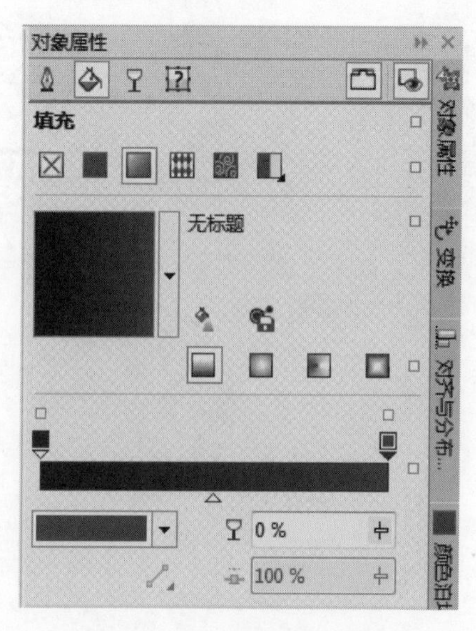

图 1-3-29　渐变填充泊坞窗

操作步骤：

1. 矢量图填充方法一。选中对象，单击填充泊坞窗【向量图样填充】按钮，单击【填充挑选器】，弹出填充面板，单击面板中【浏览】按钮找到矢量图文件。在矢量图填充泊坞窗可以设置图样大小、镜像、倾斜和旋转，完成后按【Enter】即可（图 1-3-30）。

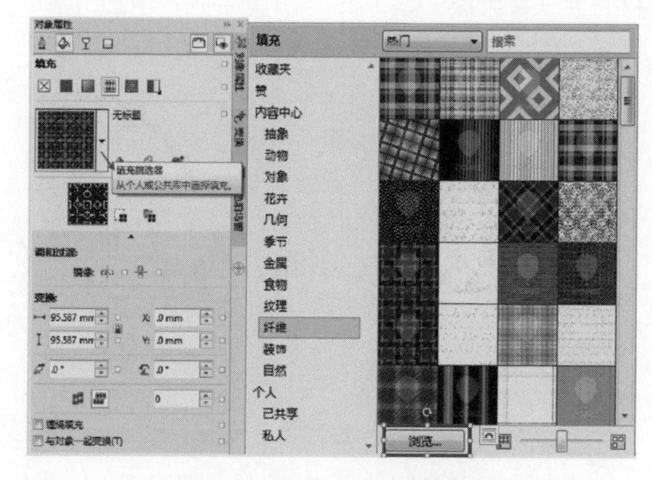

图 1-3-30　矢量图填充泊坞窗

2. 矢量图填充方法二。选中对象，单击填充泊坞窗【向量图样填充】按钮，单击【从文档新建按钮】，鼠标在页面中框选对象区域，单击【接受】按钮即可填充，再变换面板调整大小（图 1-3-31）。

3. 位图填充。操作方法同矢量填充（图 1-3-32）。

图 1-3-31　从文档新建填充

图 1-3-32　图样填充效果

4. 双色填充。选中对象，单击填充泊坞窗【双色填充】按钮，选中一个双色图样，更改【前景颜色】和【背景颜色】，参数设置完后按【Enter】即可。

（四）底纹填充

说明：CorelDRAW 底纹填充主要包括材质、泡沫、斑点、水彩等。

操作步骤：

1. 选中对象。单击填充泊坞窗【底纹填充】按钮，选择一个"样品"（图 1-3-33）。

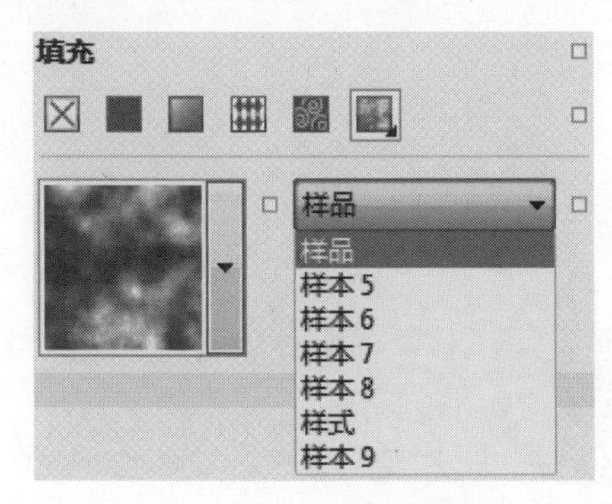

图 1-3-33　底纹填充样品

2. 单击【编辑填充】按钮，弹出对话框（图 1-3-34），对各项参数进行设置，得到不同效

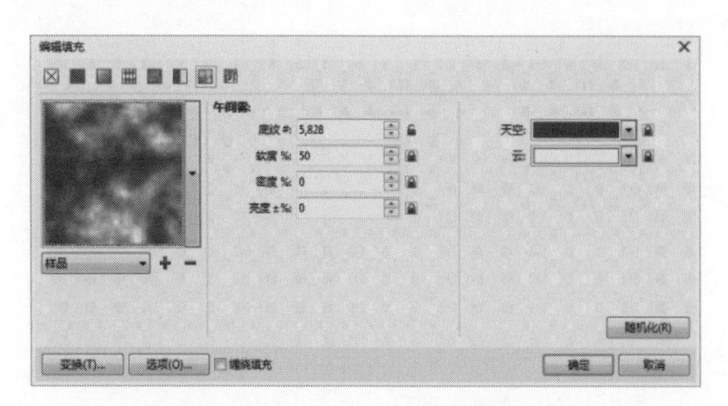

图 1-3-34　编辑底纹填充

图 1-3-35　底纹填充后效果

果后单击【确定】按钮（图 1-3-35）。

（五）PostScript 填充

说明：PostScript 填充是由 PostScript 语言编写出来的一种底纹。

操作步骤：同底纹填充（图 1-3-36）。

图 1-3-36　PostScript 填充后效果

（六）网状填充

说明：可以创建任何方向平滑颜色的过渡，而无需创建调和或轮廓图。应用网状填充时，可以指定网格的列数和行数，而且可以指定网格的交叉点。创建网状对象之后，可以通过添加和移除节点或交点来编辑网状填充网格。也可以移除网状。

操作步骤：

1. 选择对象，单击工具箱【网状填充工具】。

2. 在属性栏中【网格大小】框输入行数、列数，然后按 Enter 键（图 1－3－37）。

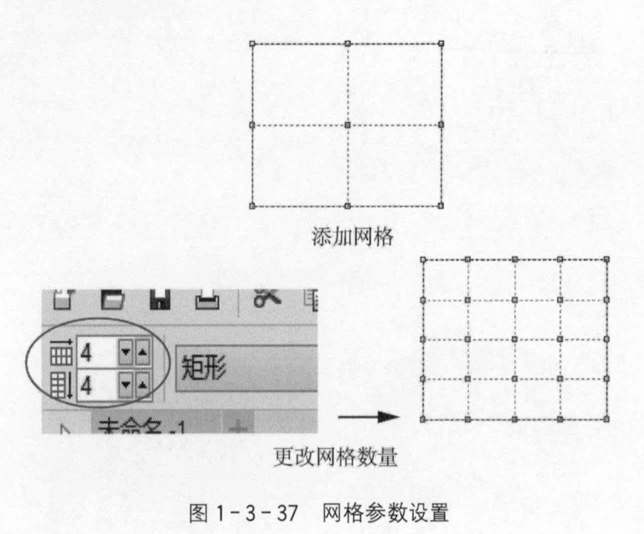

图 1－3－37　网格参数设置

3. 单击需要填充的网格节点，然后在调色板中选定需要填充的颜色，即可为该节点填充颜色（图 1－3－38）。

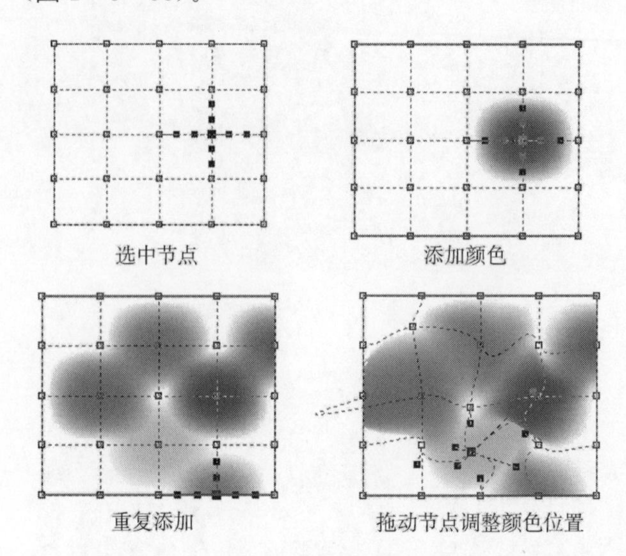

图 1－3－38　网格填充

本章小结

CorelDRAW X7 的基本工具是服装绘图设计的基础，本章主要介绍 CorelDRAW X7 界面操作、文件操作、图形绘制与图形处理等基础知识，为后面章节的绘画设计工作打下基础。操作技巧提示：

1.【贝塞尔】工具绘制直线和曲线。连续单击两个节点可以绘制直线。单击一个节点后，单击下一个节点时按住鼠标左键不松手，拖出手柄即可以绘制曲线。

2. 双击工具箱中【矩形】工具，可以绘制一个与绘图页面大小一致的矩形。

3. 选中对象，单击【F11】打开“编辑填充”对话框，单击【F12】打开“轮廓笔”对话框。

4. 水平镜像复制对象。选中对象，按住【Ctrl】键，在对象左边延展手柄处按下左键并往右边翻转拖动，同时右键单击结束即可。

5. 按住【Alt】键，用框选方法，只要是虚线框所触及到的对象都会被选中。

6.【合并工具】合并两个对象，连接部位必须有重叠部分，否则合并后还将保留连接线。

7. 使用【刻刀工具】裁切对象，按住【Shift】键单击对象中的任意两个节点，可以直线裁切。

思考练习题

1. 如何设置页面大小、背景及插入、删除和重命名页面？

2. 如何用椭圆工具和旋转复制工具绘制黄色菊花图案？

3. 完成右图的绘制。知识要点：图 A 使用【复杂星型工具】绘制图形，在属性栏设置“点数和边数”以及“锐度”，然后复制并比例缩放。图 B 使用椭圆工具绘制椭圆对象后，移动中心点，利用旋转复制泊坞窗完成。图 C 使用【螺纹工具】绘制基本螺纹，然后执行“将轮廓转换为对象”，用【形状工具】移动相关节点即可完成。

第二章

服装零部件平面图绘制

服装零部件通常是指与服装主体相配置、相关联的局部造型设计，是服装上兼具功能性与装饰性的重要组成部分，如衣领、衣袖、口袋、门襟及附件等。零部件在服装整体造型设计中最具变化性和表现力，相对于服装整体而言，部件绘制有自身的特点。精致的部件绘制具有强烈的视觉张力，可打破服装款式图的平淡，对服装起着画龙点睛的作用。

第一节　衣领绘制

衣领映衬着人的脸部，最容易成为视线集中的焦点。精致的领部设计不仅可以美化服装，而且可以美化人的脸部。衣领根据形状、大小、高低、翻折等变化而生成各具特色的样式，主要包括有无领、立领、翻领和组合变化领型。

在绘制衣领时，一定要注意领面与领座翻折处线条的穿插，后领的高度及填充等细节。本小节以翻领、组合变化领型为例进行绘制讲解。

一、领子绘制实例效果

各种领型绘制效果

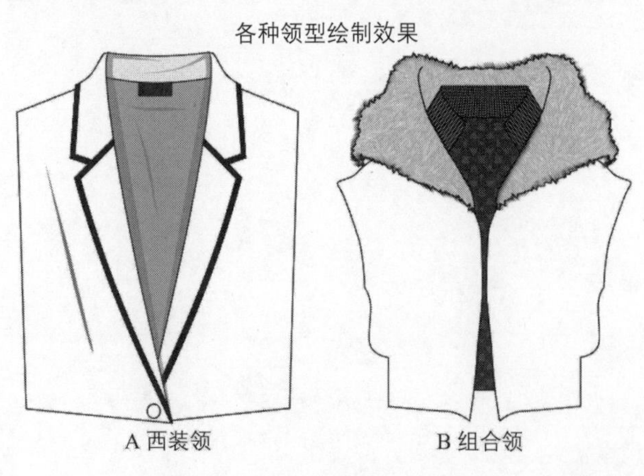

图 2-1-1　衣领绘制实例效果

二、实例图 A 操作步骤

1. 执行菜单【文件/新建】或者按住快捷键【Ctrl+N】新建文件。执行菜单【视图】，在下拉菜单中勾选“标尺”“辅助线”“对齐辅助线”和“动态辅助线”命令。鼠标放在纵向标尺上按住左键不松手拖出一条垂直辅助线。

2. 单击工具箱【钢笔】工具绘制图 2-1-2 中封闭图形 a 和 b，然后选择工具箱【形状】工具，在直线段上右键单击执行【到曲线】命令，修改轮廓造型。用【选择】工具选中领面，右键单击执行【顺序/到页面前面】，然后鼠标左键单击【调色板】中浅灰色将其填充，得到图 2-1-2 中 c。

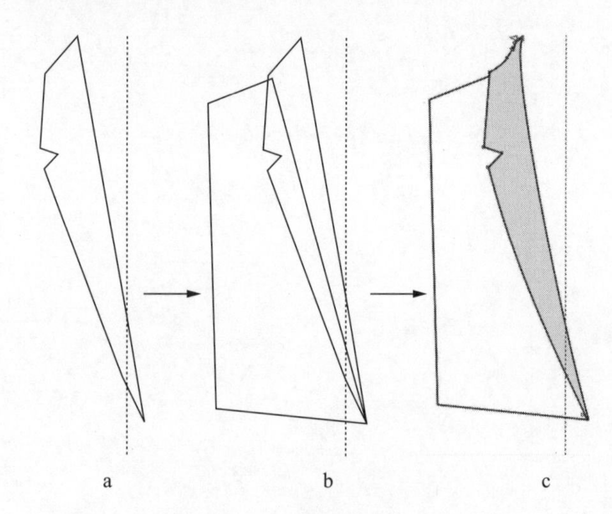

图 2-1-2　领子绘制过程（一）

3. 选择工具箱中【2 点线】工具在领子串口位置绘制斜线（图 2-1-3 中 d 图），选中斜线与领面两个对象，单击属性栏【修剪】按钮，然后鼠标右键单击执行【拆分曲线】或按住快捷键【Ctrl+K】，驳头与后领面分离，删除斜线（图 2-1-3 中 e）。

4. 选中后领面，用鼠标复制两个对象（操作方法见 1 章第 3 节中的“复制、再制对象”），移至合适位置后单击属性栏【修剪】按钮，按住【Ctrl+K】拆分曲线后移除多余的对象（图 2-1-4）。驳头边缘修剪方法同上。将修剪后的两个对象移回至图 2-1-3 中 e，得到效果 f 图。

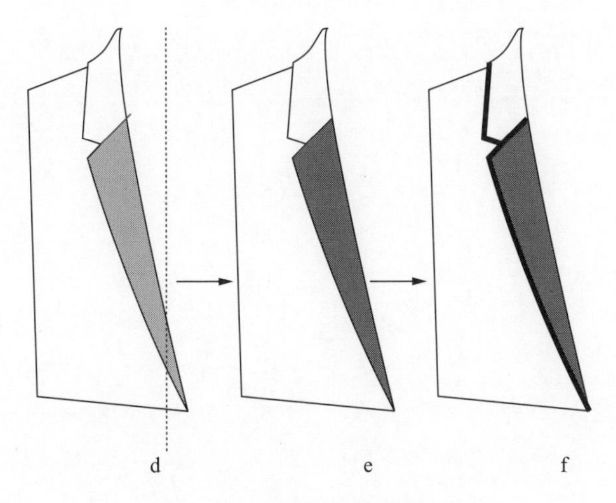

图 2-1-3　领子绘制过程（二）

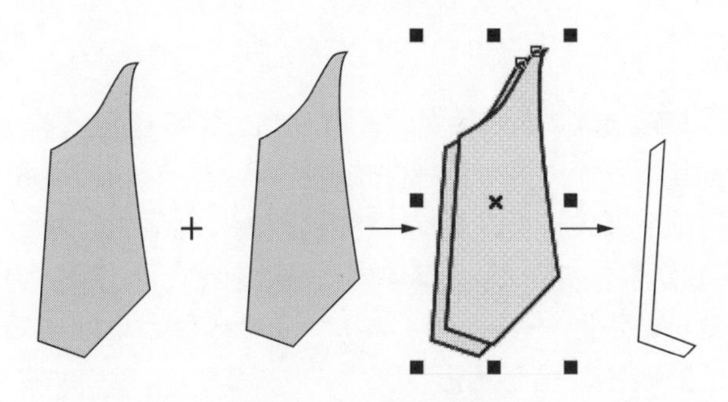

图 2-1-4　修剪对象

5. 全选 2-1-3 中 f 图，按住快捷键【Ctrl+G】组合对象，单击数字键盘【+】键原位复制，然后单击属性栏【水平镜像】按钮（图 2-1-5 中 g 图）。用【选择】工具移动对象，移动过程中按下【Ctrl】保证其水平移动（图 2-1-5 中 h 图）。选中右边对象按住【Ctrl+U】取消组合。

6. 单击工具箱【形状】工具，在对象交叠部分通过双击添加节点和删除节点修改造型，并调整顺序，给衣身填充颜色得到（图 2-1-5 中 i 图）。

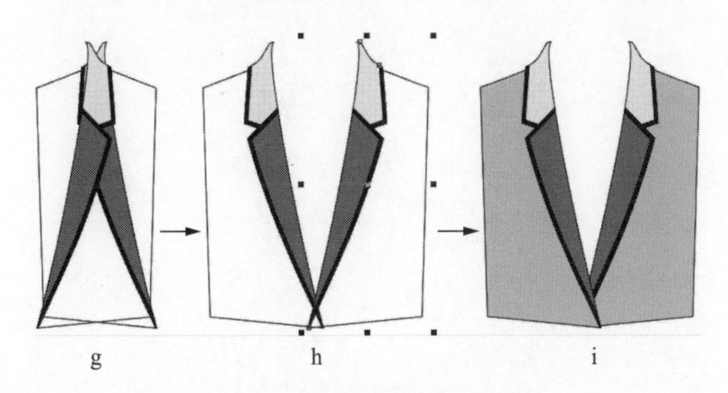

图 2-1-5　镜像并修改形状

7. 单击工具箱【矩形】工具绘制一个矩形作为衣身后片，鼠标右键单击执行【转换为曲线】和【顺序/到页面背后】命令。单击工具箱【形状】工具，修改后领弧线。

8. 单击工具箱【钢笔】工具绘制封闭图形作为后领座，鼠标右键单击执行【顺序/置于此对象前】，此时鼠标切换成黑色粗箭头，在衣身后片上单击（图 2-1-6）。

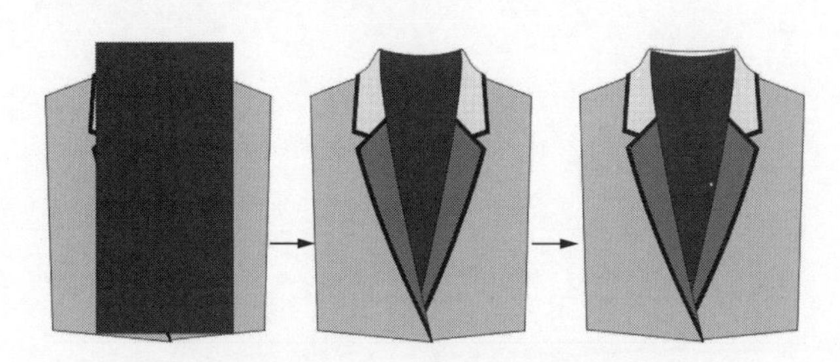

图 2-1-6　绘制后片及后领座

9. 选中对象，重新填色，得到效果（图 2-1-7）。单击工具箱【艺术笔】，挑选合适的预设笔触，进行褶皱和阴影的绘制，丰富细节（图 2-1-8）。

图 2-1-7　填充颜色　　图 2-1-8　添加褶皱与阴影

三、实例图 B 操作步骤

1. 按住快捷键【Ctrl+N】新建文件。单击工具箱【钢笔】工具绘制图 2-1-9 中封闭图形 a，用钢笔工具继续绘制封闭图形 b 和 c（绿色线和红色线部分）。

2. 全选对象，鼠标左键单击【调色板】中的灰色进行填充，根据实际情况调整对象的前后顺序（图 2-1-9）。

3. 全选对象，按住【Ctrl+G】组合对象，单击数字键盘【+】键复制对象，然后单击属性栏【水平镜像】按钮。用【选择】工具移动对象，移动过程中按下【Ctrl】保证其水平移动，得到图形（图 2-1-10）。

4. 按住【Ctrl+K】取消组合，用【选择】工具配合【Shift】键选中左右黑色轮廓对象后，单击属

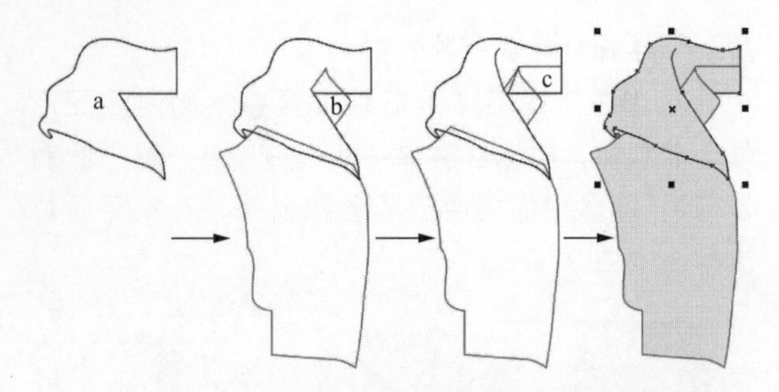

图 2-1-9　钢笔工具绘制图形

性栏【合并】按钮，重复操作合并左右两个后领座（红色轮廓对象），得到图形（图 2-1-11）。

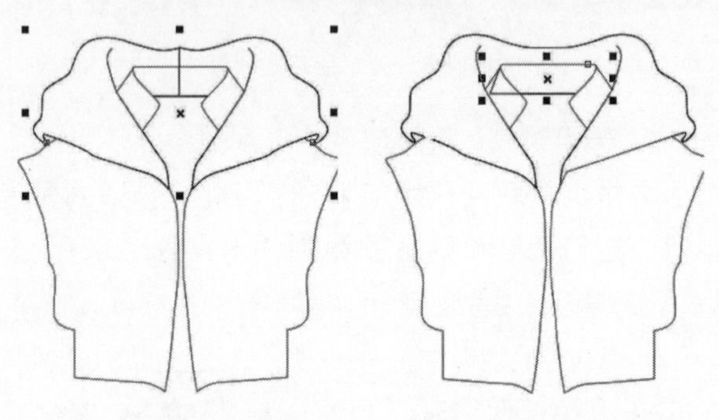

图 2-1-10　镜像对象　　　图 2-1-11　合并对象

5. 选中后领，鼠标右键单击执行【顺序 / 置于此对象前】，然后单击黑色轮廓领子。按住【Ctrl+A】全选对象，鼠标左键单击【调色板】中白色填充对象内部，然后再右键单击黑色填充对象轮廓（图 2-1-12）。

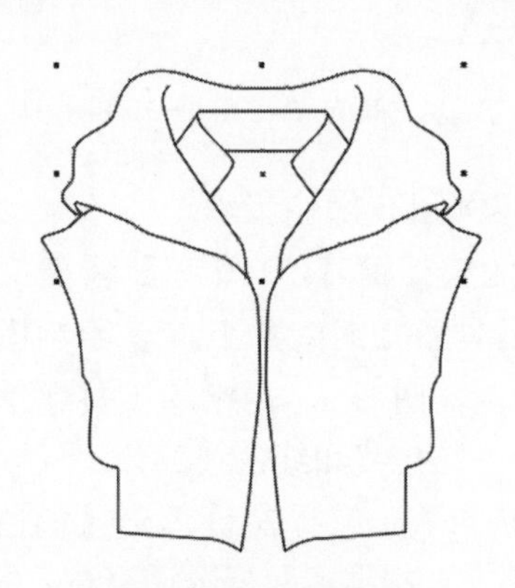

图 2-1-12　修改颜色

6. 选中外面的领子对象，单击工具箱【粗糙笔刷】，在属性栏【笔尖半径】框中输入 1.5mm 1.5 mm，鼠标沿着轮廓线移动（图 2-1-13）。单击工具箱【变形】工具，单击属性栏中【拉链变形】，拉链振幅设置为 5，按下【随机变形】和【平滑变形】按钮（图 2-1-14）。

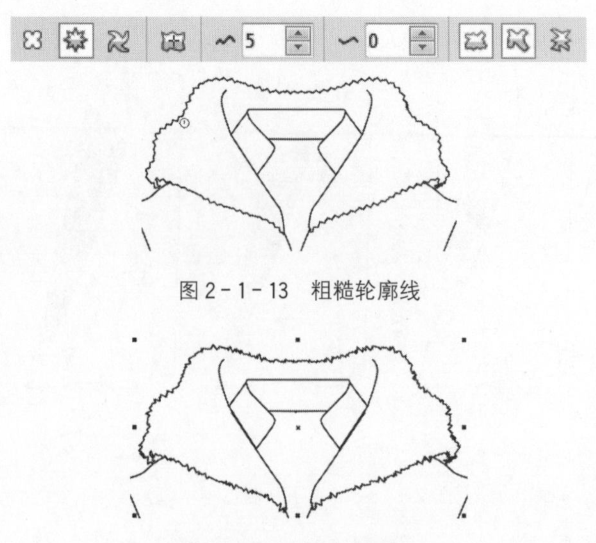

图 2-1-13　粗糙轮廓线

图 2-1-14　变形轮廓线

7. 选中变形后的领子，单击数字键盘【+】键复制一个对象，并填充灰色（图 2-1-15）。执行菜单【位图 / 转换为位图】，弹出对话框，单击【确定】按钮。执行菜单【位图 / 扭曲 / 涡流】，弹出对话框图（图 2-1-16），设置参数后单击【确定】按钮，得到图形（图 2-1-17）。

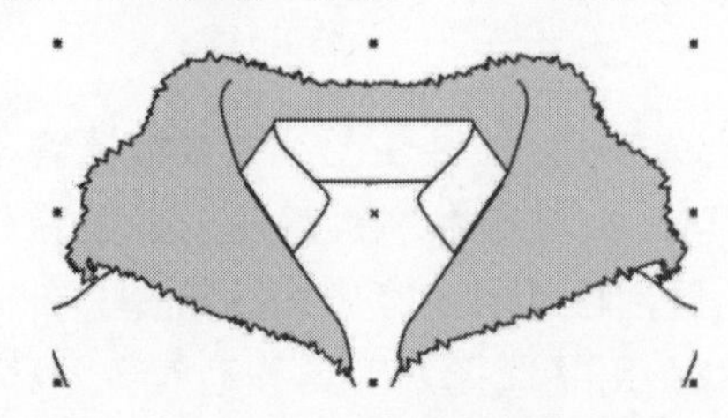

图 2-1-15　填充灰色

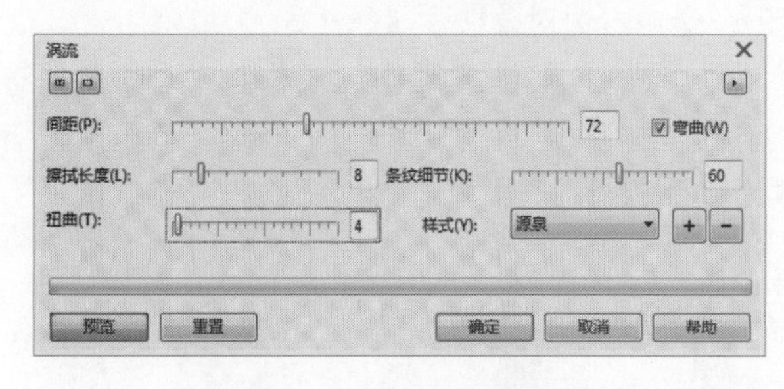

图 2-1-16　涡流对话框

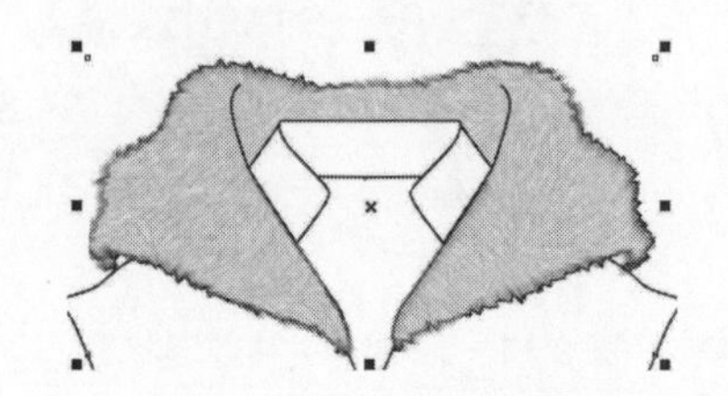

图 2-1-17　扭曲后效果

8. 选中对象，鼠标右键单击执行【顺序 / 像后一层】，将之前的对象位于上方，然后鼠标左键单击【调色板】的无填充按钮☒，只保留轮廓颜色（图 2－1－18）。

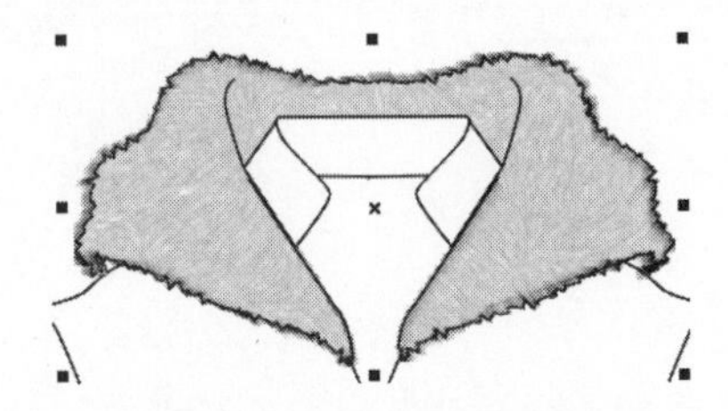

图 2－1－18　调整轮廓顺序

9. 单击工具箱【2 点线】工具，沿着立领的倾斜方向绘制两条斜线，然后单击工具箱【调和】工具，将两条斜线调和（图 2－1－19）。调和后将对象移开，执行菜单【对象 /图框精确剪裁 /置于图文框内部】命令，此时鼠标自动切换成黑色粗箭头，单击领子（图 2－1－20）。

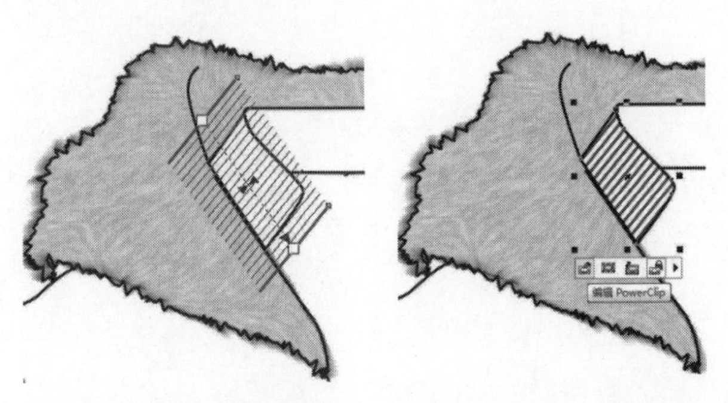

图 2－1－19　绘制斜线　　图 2－1－20　调和斜线

10. 单击页面中【编辑 PowerClip】按钮，对调和对象的颜色进行修改，完成后单击页面中【停止编辑内容】按钮（图 2－1－21）。

11. 单击工具箱【属性滴管】工具，勾选属性栏【效果 /图框精确剪裁】后单击【确定】按钮（图 2－1－22），鼠标自动切换成，单击调和对象，然后鼠标再切换成，单击后领（图 2－1－23）。

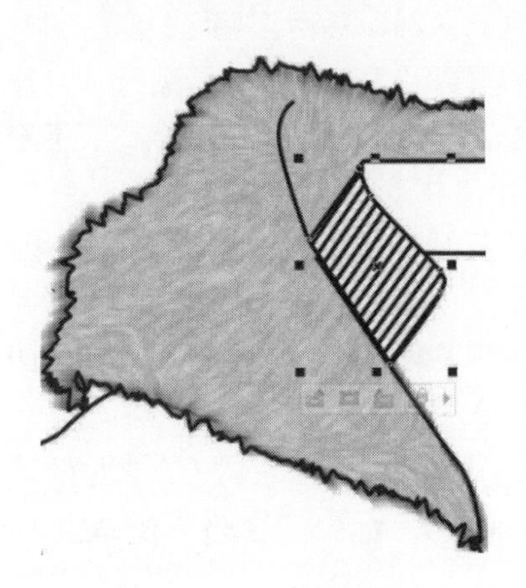

图 2－1－21　编辑调和

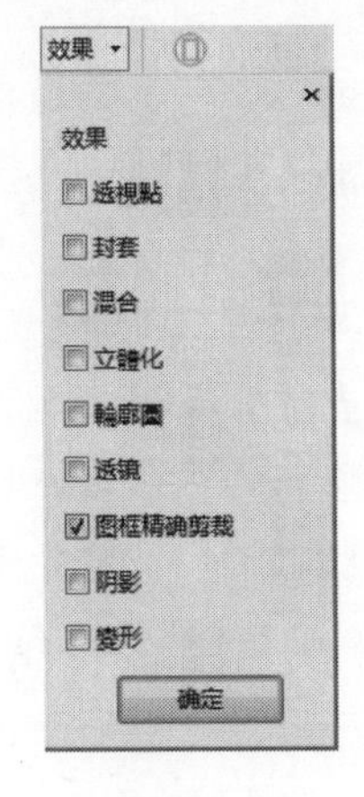

图 2－1－22

12. 选择后领，单击页面中【编辑 PowerClip】按钮，进入编辑状态，通过移动、旋转首尾斜线，调整至合适位置，在属性栏修改【步长】，完成后单击【停止编辑内容】按钮（图 2－1－24）。

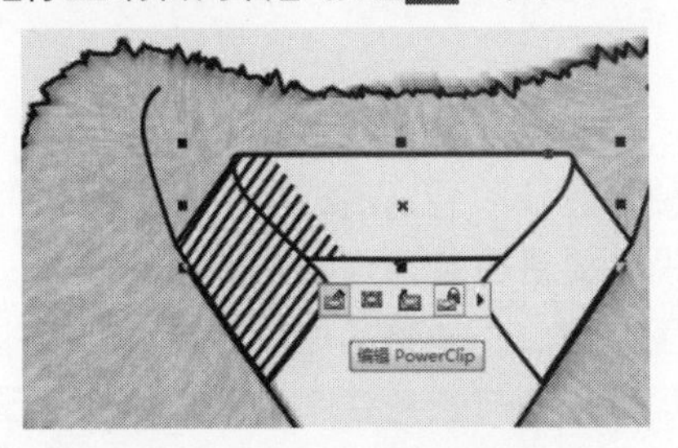

图 2－1－23　复制精确剪裁

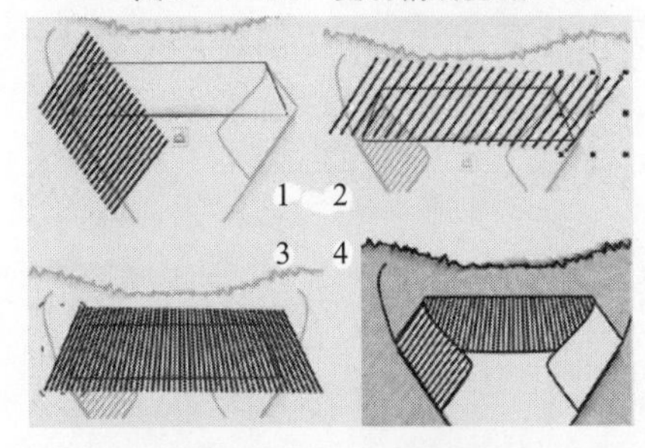

图 2－1－24　编辑精确剪裁

13. 重复上面操作，完成剩余领子的精确剪裁（图 2－1－25）。

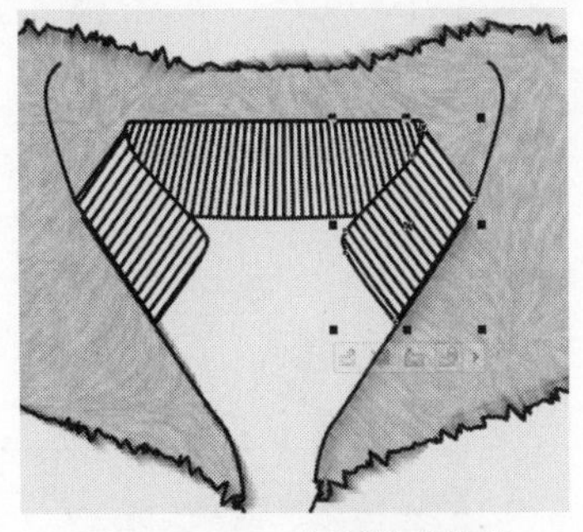

图 2－1－25　复制精确剪裁

14. 单击工具箱【矩形】工具或者【钢笔】工具绘制衣身后片，操作方法参见图 2－1－5，根据需要添加细节，完成后得到效果（图 2－1－26）。

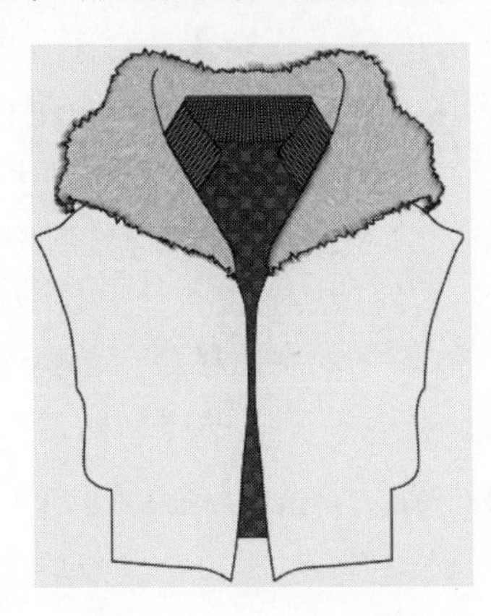

图 2－1－26　最后效果

第二节　衣袖绘制

衣袖是遮掩和装饰肩部与手臂的服装部件，所以衣袖设计要讲究装饰性和功能性的统一。衣袖主要以袖窿、袖山、袖身、袖口组成。绘制衣袖的时候要注意将袖身与衣身绘制成独立的封闭图形，还要注意袖长、袖肥与衣身大小之间的比例关系，衣袖与衣身以及衣袖分割线、装饰品的表现。

一、衣袖绘制实例效果

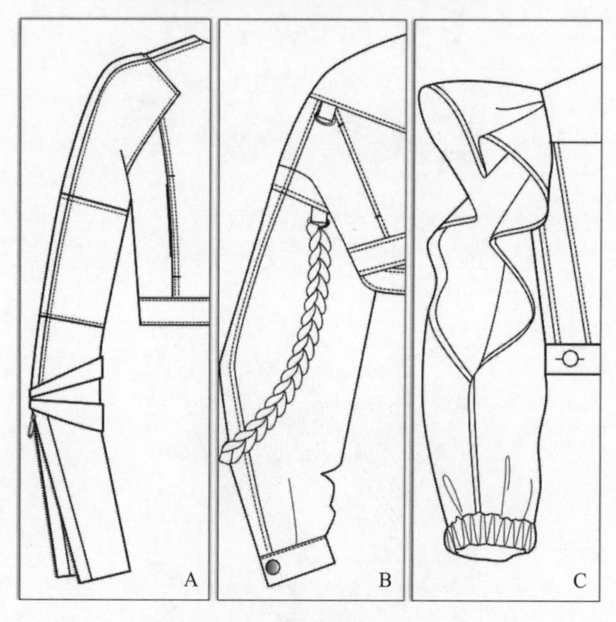

图 2-2-1　衣袖绘制实例效果

二、实例图 A 操作步骤

1. 按住【Ctrl＋N】新建文件。单击工具箱【矩形】工具，绘制两个矩形（图 2-2-2 中 a），鼠标右键单击执行【转换为曲线】，单击工具箱【形状】工具，在需要的地方双击鼠标添加节点绘制出大概轮廓（图 2-2-2 中 b）。用【形状】工具放在直线段上，右键单击执行【到曲线】，拖动弧线手柄，将直线转换为弧线（图 2-2-2 中 c）。

2. 选中袖子并复制，移开。单击工具箱【形状】工具，选中袖子上节点，然后单击属性栏【断开曲线】按钮，按住快捷键【Ctrl＋K】拆分曲线（图 2-2-2 中 d）。

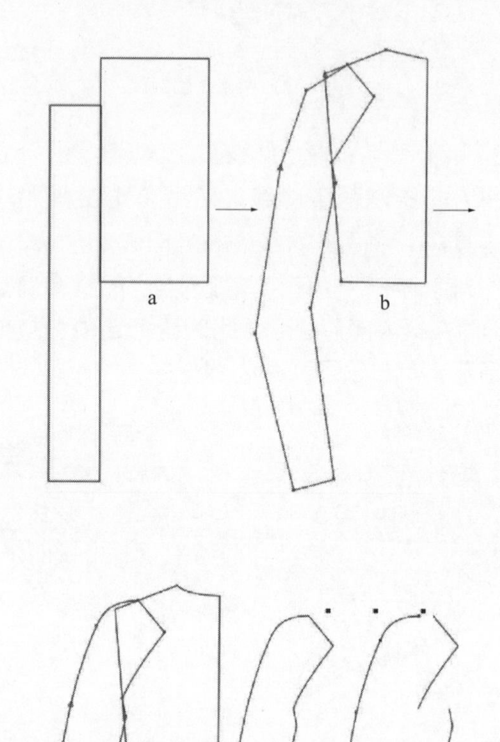

图 2-2-2　衣袖绘制过程（一）

3. 选中拆分后的曲线，移回至图 2-2-2 中 c 图合适位置，根据需要用【形状】工具进行节点微调，然后单击工具箱【3 点曲线】工具绘制腋下穿插线，得到图 2-2-3 中 e 图。

4. 选中曲线，复制后移至合适位置。单击【2 点线】工具绘制两条横向分割线，复制分割线后并移至合适位置，单击【钢笔】工具绘制两个封闭图形（图 2-2-3 中 f）。

5. 单击工具箱【形状】工具，在袖肘处选中节点，然后单击属性栏【断开曲线】按钮，按住【Ctrl＋K】拆分曲线，删除不要的线段。选中缝纫线，在属性栏【线条样式】框中选择一种虚线。单击【钢笔工具】绘制一封闭图形作为袖子开衩处后片，并用【形状工具】调整（图 2－2－3 中 g）。袖口拉链及拉链头绘制方法参见本章第四节直线拉链绘制。

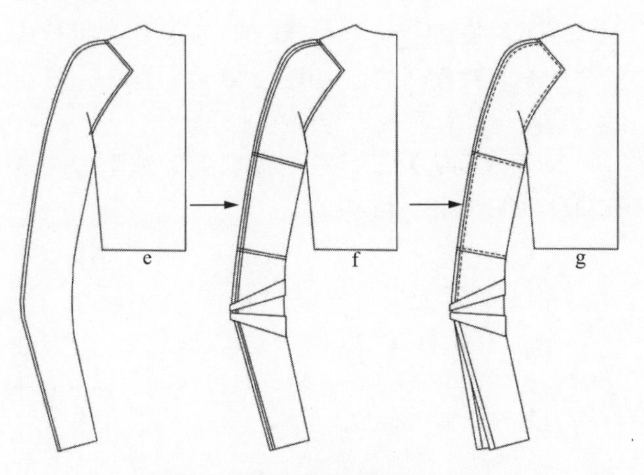

图 2－2－3　衣袖绘制过程（二）

三、实例图 B 操作步骤

1. 执行菜单【布局 /插入页面】命令，增加一个页面。单击工具箱【钢笔】工具绘制封闭图形图 2－2－4 中 a 图，并填充白色。然后继续用【钢笔】工具绘制分割线（图 2－2－4 中 b）。

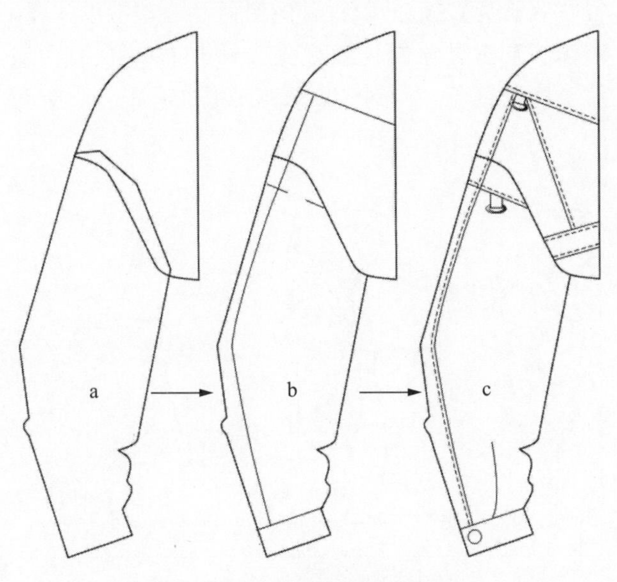

图 2－2－4　袖子轮廓绘制过程

2. 选中分割线并复制后，移至缝纫线位置，在属性栏【线条样式】框中选择一种虚线。用椭圆工具绘制钮扣和扣袢（图 2－2－4 中 c）。

3. 绘制装饰带。单击工具箱【钢笔】工具绘制基础图型（图 2－2－5）。执行菜单【窗口 /泊坞窗 /效果 /艺术笔】，打开艺术笔泊坞窗，选中基础图形对象，单击泊坞窗口下方【保存】按钮，弹出“创建新笔触”对话框，选择【对象喷涂】，单击【确定】按钮（图 2－2－6）。弹出“另存为”对话框，设置名称后单击【确定】，新笔触出现在“喷涂列表”中（图 2－2－7）。

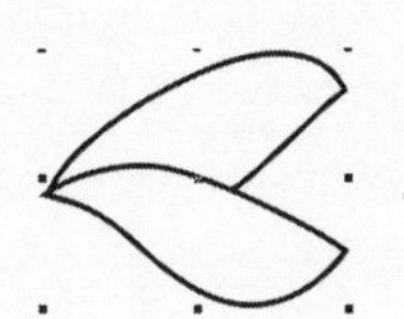

图 2－2－5　基础图形

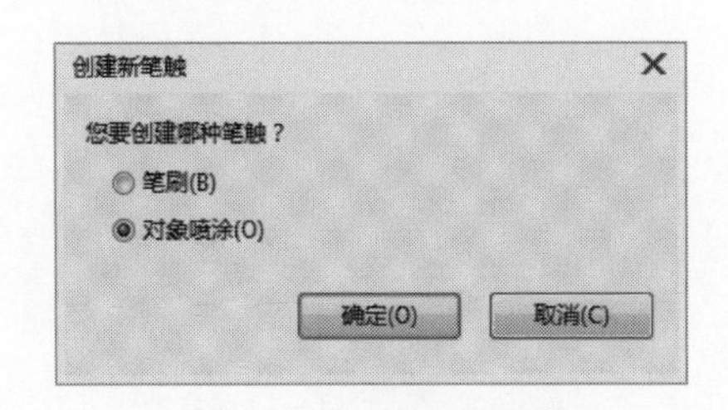

图 2－2－6　新笔触对话框

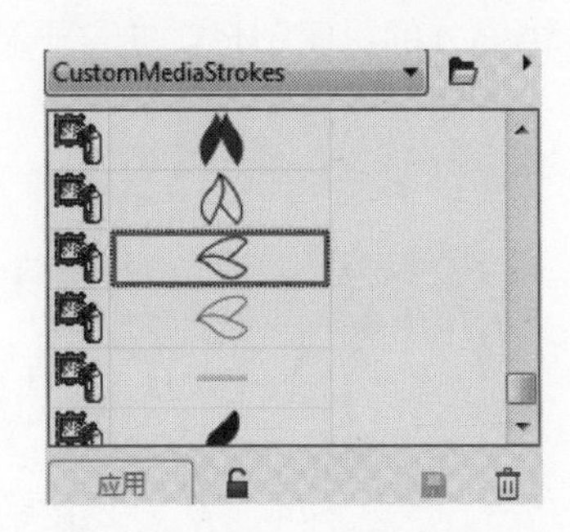

图 2－2－7　喷涂列表

4. 单击工具箱【3 点曲线】工具绘制一条弧线，选中弧线，单击喷涂列表中的新笔触，单击下方【应用】按钮，得到图 2－2－10 中 d 图。选中 d 图，单击属性栏【旋转】按钮，弹出子面板（图 2－2－8），选择“相对于路径”，单击【Enter】键。然后在属性栏【每个色块中的图像像素和图像距离】框中修改数值（图 2－2－9），得到图 2－2－10 中 e 图（注意：属性栏会显示这两个工具必须要打开工具箱中的【艺术笔】，旋转角度可以改变新笔触的方向）。

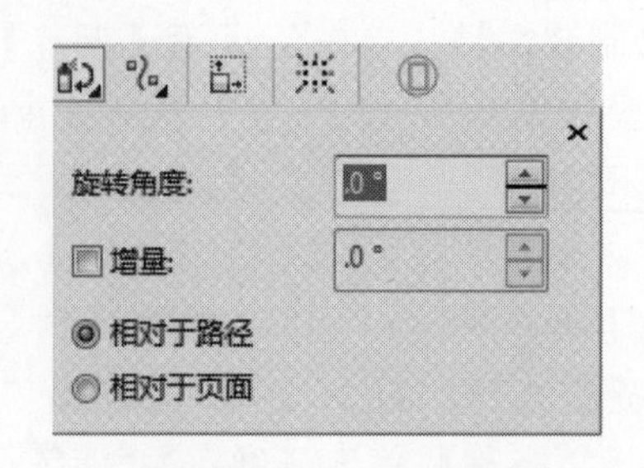

图 2-2-8　旋转子面板

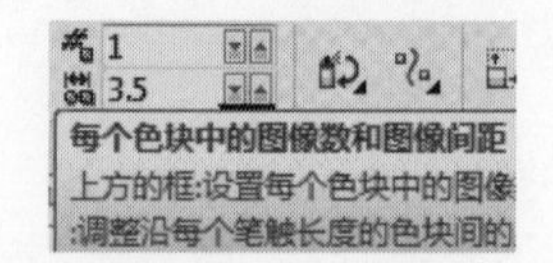

图 2-2-9　设置距离

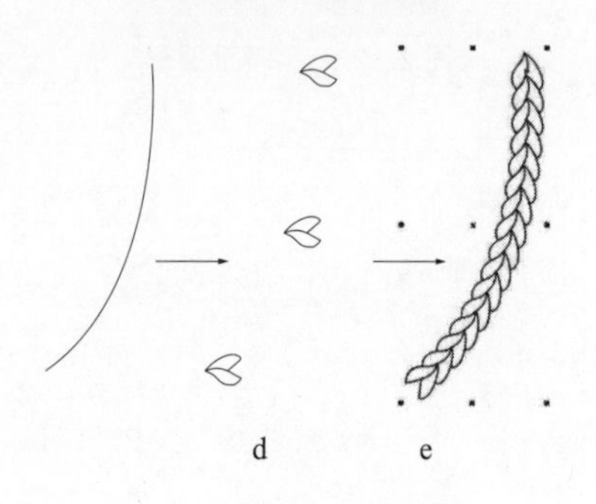

图 2-2-10　应用新笔触

5. 选择装饰带移至袖身合适位置，用【钢笔】工具绘制连接部分的封闭图形，并位于装饰带的下方，最后效果（图 2-2-11）。

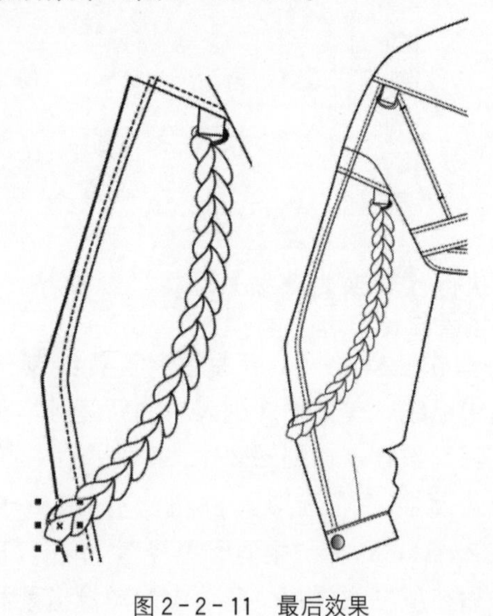

图 2-2-11　最后效果

四、实例图 C 操作步骤

1. 执行菜单【布局/插入页面】命令，增加一个页面。单击工具箱【钢笔】工具绘制封闭图形图 2-2-12 中 a 图，并填充白色。然后继续用【钢笔】工具在袖口绘制两条曲线，曲线首尾节点要超出袖子轮廓（图 2-2-12 中 b）。

2. 选中上端曲线和袖身两个对象，单击属性栏【修剪】按钮，按住【Ctrl+K】将其拆分成独立的封闭对象（图 2-2-12 中 c），然后删除曲线。重复操作，将袖口与袖身进行拆分。

3. 用【钢笔】工具绘制肩部荷叶造型，并填充白色（图 2-2-12 中 d）。

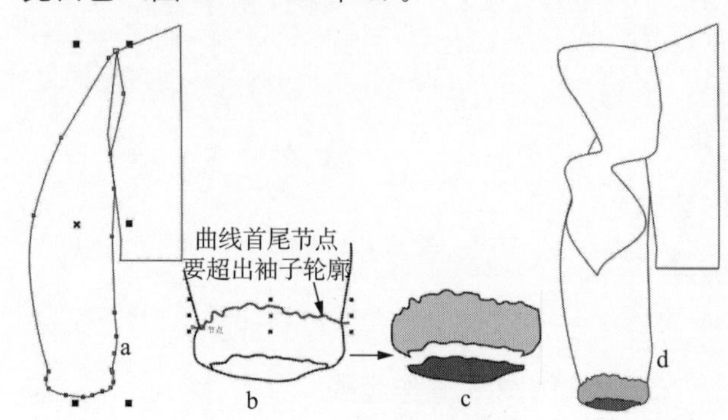

图 2-2-12　衣袖绘制过程（一）

4. 用【3 点曲线】工具绘制多条连续弧线，添加荷叶造型的翻折线（图 2-2-13 中 e）。通过属性栏【修剪】按钮拆分肩部荷叶边，继续用【3 点弧线】工具绘制连续弧线，添加袖口衣纹褶皱线，完善细节，得到最后效果（图 2-2-13 中 f、g）。

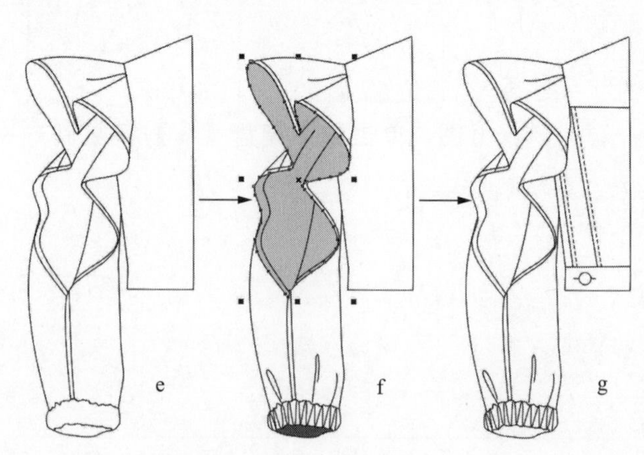

图 2-2-13　衣袖绘制过程（二）

第三节 口袋绘制

口袋是衣服兜的总称，它既有实用功能，又具装饰美化作用，可使服装表面形象更为丰富，富有立体感，呈现各种情趣。衣袋绘画设计应在实用和装饰两大功能相统一的前提下，力求时新多变，此外还应注意袋型与服种、衣袋与整装之间的匹配关系。

一、口袋绘制实例效果

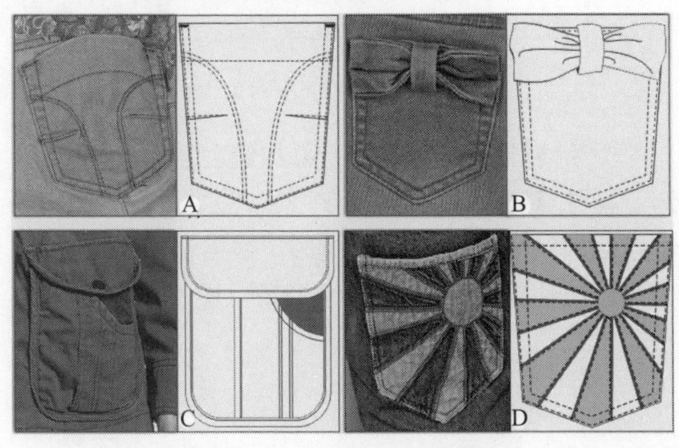

图 2-3-1 口袋绘制实例效果

二、实例图 A 操作步骤

1. 按住【Ctrl+N】新建文件。单击工具箱【矩形】工具，绘制一个 13cm×15cm 的矩形（图 2-3-2 中 a），鼠标右键单击执行【转换为曲线】命令。单击工具箱【形状】工具，在矩形下端中点位置双击添加一个节点，然后移动下方左右节点至合适位置（图 2-3-2 中 b）。

2. 选择 b 图，单击数字键盘【+】键复制一个，按下【Shift】键同时鼠标拖动左上角点进行缩放（图 2-3-2 中 c）。

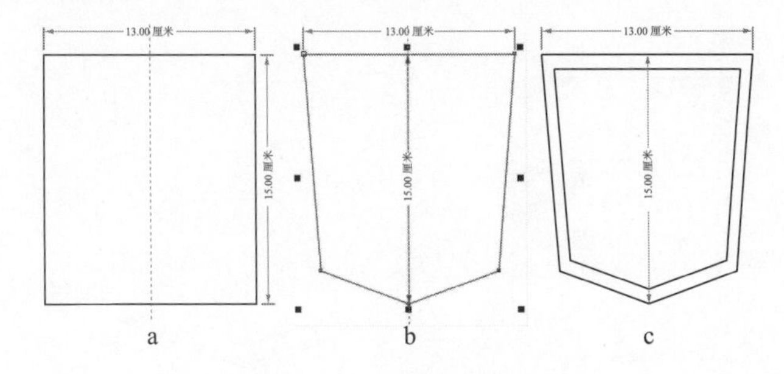

图 2-3-2 口袋绘制过程（一）

3. 单击【形状】工具，框选上端两个节点，然后单击属性栏【断开曲线】按钮，按住【Ctrl+K】拆开曲线，并移至合适位置，用【形状】工具拖动节点延长线段（图 2-3-3 中 d）。

4. 单击属性栏【3 点曲线】工具绘制装饰弧线，在属性栏【线条样式】选择一种虚线（图 2-3-3 中 e）。选中装饰线，单击数字键盘【+】键复制，然后单击属性栏【水平镜像】按钮，按下【Ctrl】键拖动对象进行水平移动，得到最后效果（图 2-3-3 中 f）。

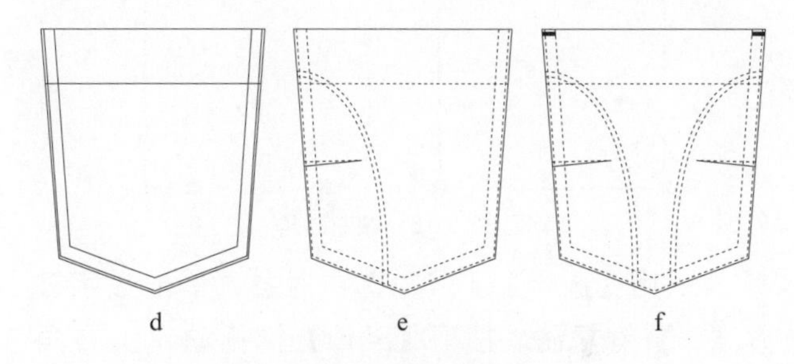

图 2-3-3 口袋绘制过程（二）

三、实例图 B 操作步骤

1. 执行菜单【布局 / 插入页面】命令，增加一个页面。绘制图形图 2-3-4 中 a 并按住【Ctrl+G】组合对象，操作方法同实例图 A 中操作。

2. 用工具箱【矩形】工具绘制两个矩形，右键单击执行【转换为曲线】命令，然后按住【C】键执行垂直居中对齐（图 2-3-4 中 b）。

3. 用【形状】工具修改矩形外轮廓（图 2-3-4 中 c、图 2-3-5 中 d）。

4. 用【3 点弧线】工具绘制蝴蝶结褶皱，并修改完成（图 2-3-5 中 e、f）。

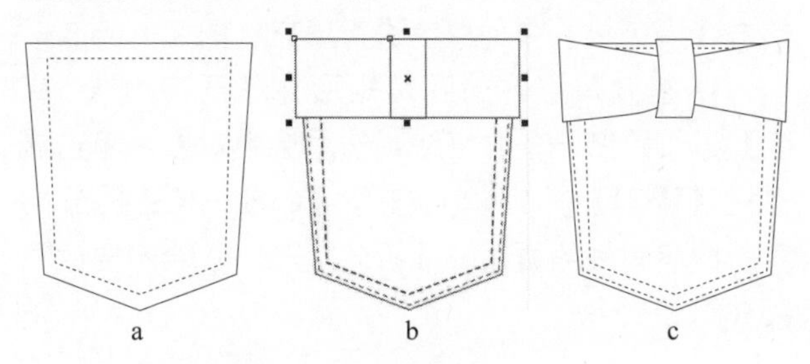

图 2-3-4 口袋绘制过程（一）

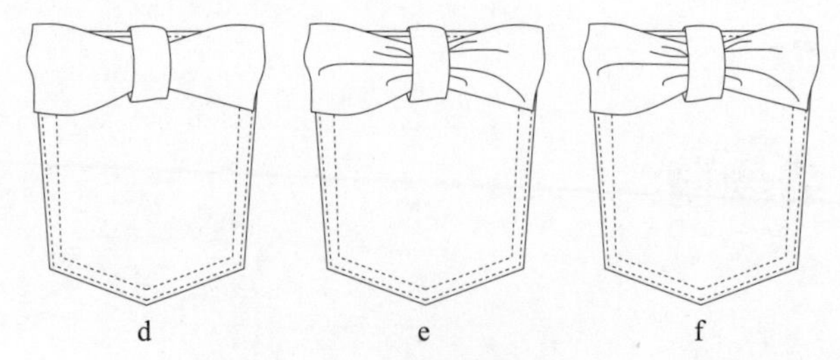

图 2-3-5　口袋绘制过程（二）

四、实例图 C 操作步骤

1. 执行菜单【布局 / 插入页面】命令，增加一个页面。单击工具箱【矩形】工具绘制一个 15cm ×18cm 的矩形。选择【形状】工具单击矩形，此时矩形四个角点切换成黑色小方块，鼠标单击下方一个角点，然后按住【Shift】键，单击另外一个角点拖动（图 2-3-6）。

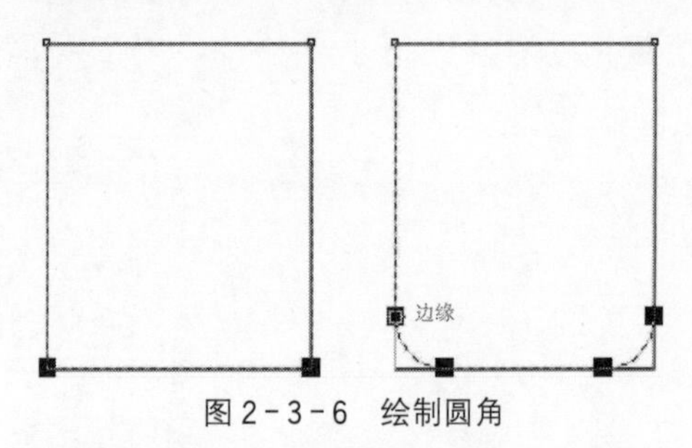

图 2-3-6　绘制圆角

2. 用【选择】工具选中对象，单击数字键盘【+】键复制，按下【Shift】键拖动左上方角点成比例缩小对象，然后延展上端超出下方对象上沿（图 2-3-7）。

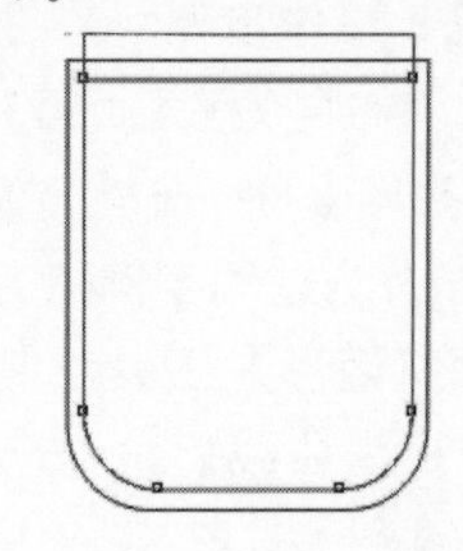

图 2-3-7　复制并延展

3. 全选对象，鼠标复制后移开，单击属性栏【修剪】按钮，得到新图形，将新图形移回至原来对象合适位置，然后绘制增加缝纫线，鼠标左键单击【调色板】中的白色进行填充（图 2-3-8）。

4. 复制最下方的圆角矩形并移开，用【2 点线】工具绘制一条垂直线，然后选中对象，单击属性栏【修剪】按钮，按住【Ctrl＋K】拆分对象。按照同样的方法继续拆分图形，移除不要的对象（图 2-3-9）。

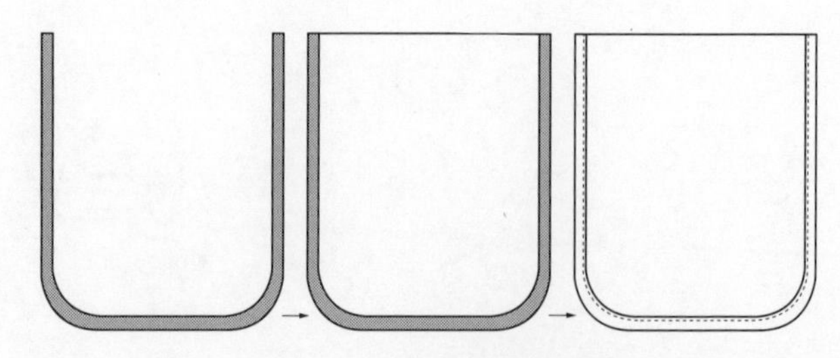

图 2-3-8　绘制边缘封闭图形

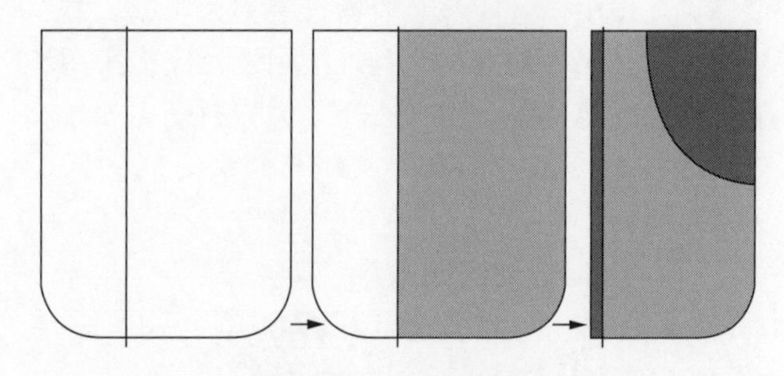

图 2-3-9　拆分对象

5. 用复制移动的方式添加缝纫线，完成后全选，按住【Ctrl+G】组合对象（图 2-3-10）。将组合后的对象移回至圆角矩形，根据情况调整顺序，完成后按住【Ctrl+G】组合对象（图 2-3-11）。

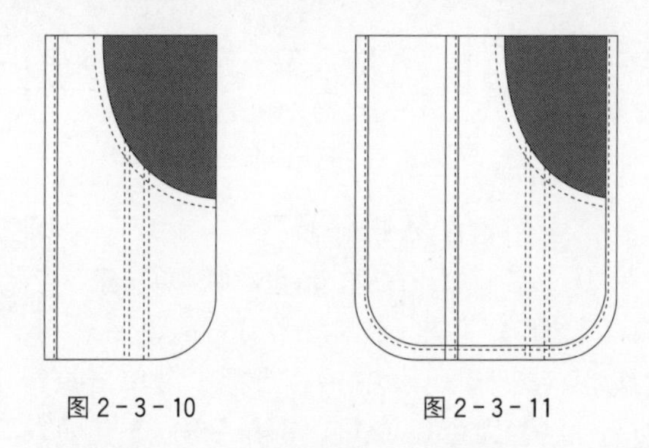

图 2-3-10　　图 2-3-11

6. 绘制袋盖。用【矩形】工具绘制一个 16cm ×6cm 的矩形，用【形状】工具修改造型，并添加缝纫线，完成后组合对象，然后与口袋垂直居中对齐，得到最后效果（图 2-3-12）。

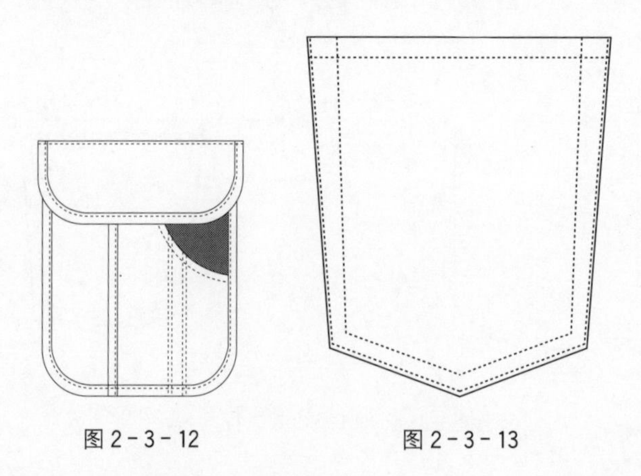

图 2-3-12　　图 2-3-13

五、实例图 D 操作步骤

1. 执行菜单【布局 / 插入页面】命令，增加一个页面。重复前面的操作绘制口袋形状（图 2－3－13）。

2. 绘制口袋贴布绣花。用工具箱【椭圆】工具，配合【Ctrl】键绘制一个正圆。然后用【矩形】工具绘制一个矩形，右键单击执行【转换为曲线】，用【形状】工具移动下端节点成倒梯形。选中正圆与梯形，按住【C】键执行垂直居中对齐（图 2－3－14 中 a）。

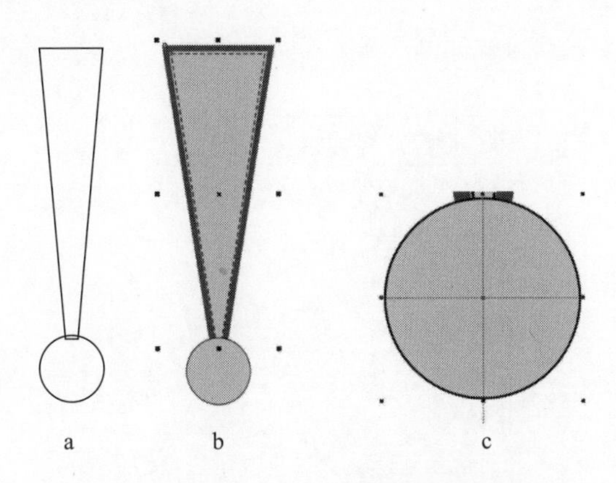

图 2－3－14　绘制贴布绣花

3. 选中梯形，在属性栏【轮廓宽度】框中输数值 1.5 mm，然后执行菜单【对象 / 将轮廓转换为对象】命令，左键单击【调色板】中的红色进行填充，增加内部缝纫线，完成后组合梯形与缝纫线（图 2－3－14 中 b）。

4. 选中正圆，中心点出现十字交叉，鼠标放在水平尺上按下左键拖出一条水平参考线至十字交叉，重复操作拖出一条垂直参考线至十字交叉（图 2－3－14 中 c）。

5. 双击梯形，将其旋转中心点拖放至两条辅助线的交叉位置。执行菜单【窗口 / 泊坞窗 / 变换 / 旋转】命令或者按住快捷键【Alt＋F8】，打开旋转泊坞窗（图 2－3－15），设置旋转角度为 36°，副本为 9，单击【应用】，完成绣花图案（图 2－3－16）。

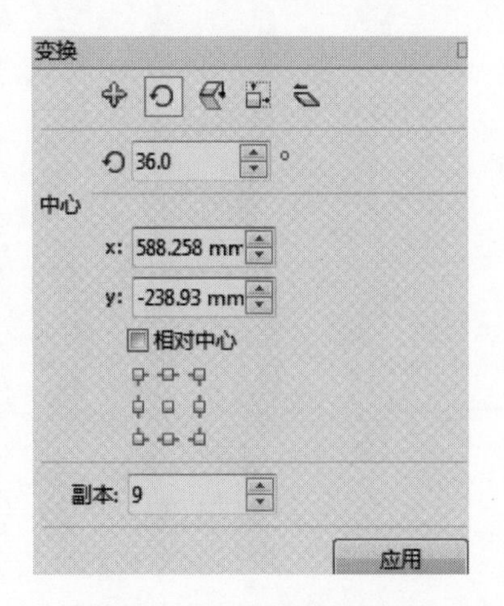

图 2－3－15　旋转泊坞窗

6. 选中对象绣花图案，鼠标右键单击执行【PowerClip 内部】，此时鼠标自动切换成黑色粗箭头，单击口袋轮廓，图形被置入。单击页面中【编辑 PowerClip】按钮，对绣花图案位置、大小进行修改，最后调整缝纫线的顺序，得到效果（图 2－3－17）。

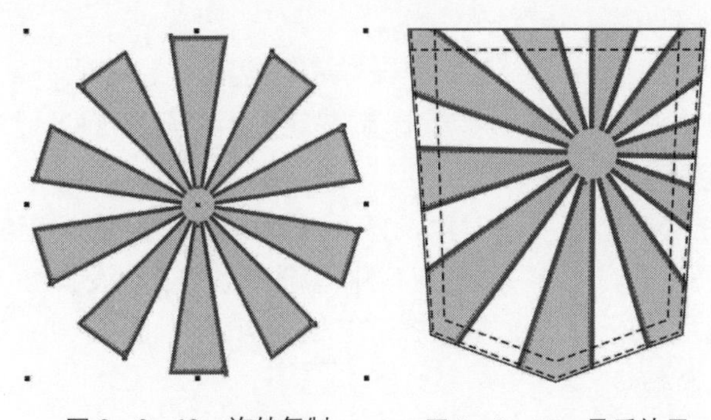

图 2－3－16　旋转复制　　图 2－3－17　最后效果

第四节　其他服装附件绘制

本小节主要是以具有连续性链式特征的服装拉链、绳线、装饰小花边等服装附件绘制为例。在 CorelDRAW 软件中，通过【艺术笔泊坞窗】和【艺术笔工具】能够轻松获得各种看似复杂，但操作却很简单的图形效果（图 2－4－1）。

图 2-4-1　各种附件绘制效果

一、绘制拉链

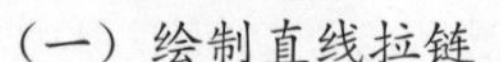

（一）绘制直线拉链

1. 按住【Ctrl+N】新建一个文件。单击工具箱【矩形】工具，绘制两个矩形。鼠标右键单击执行【转换为曲线】，单击工具箱【形状】工具，修改造型，绘制出拉链齿造型（图 2-4-2 中 a）。

2. 选中拉链齿，单击数字键盘【+】键复制，单击属性栏【水平镜像】按钮，按下【Ctrl】键垂直移动至下方（图 2-4-2 中 b）。

3. 选中 1 个对象，打开【对象属性】泊坞窗（图 2-4-3），单击窗口中【渐变填充】，设置颜色后进行填充。重复操作，完成填充（图 2-4-2 中 c）。

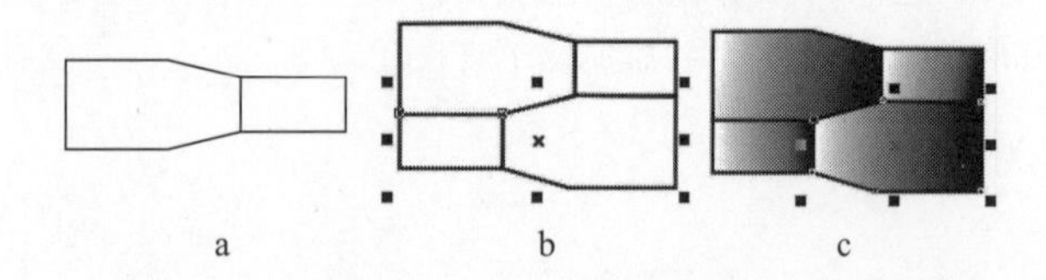

a　　b　　c

图 2-4-2　拉链齿绘制

4. 全选对象，打开艺术笔泊坞窗，将对象保存为新笔触（图 2-4-4），操作方法参见本章第二节中图 2-2-7。

5. 单击工具箱【2 点线】绘制一条垂直线，在“喷涂列表”中选择新笔触，单击【应用】，然后在属性栏【每个色块中的图像像素和图像距离】框中修改数值 8.0，得到图形（图 2-4-5）。

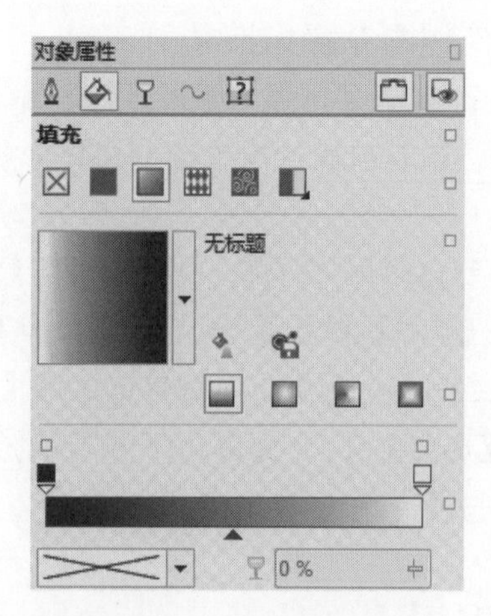

图 2-4-3　渐变泊坞窗

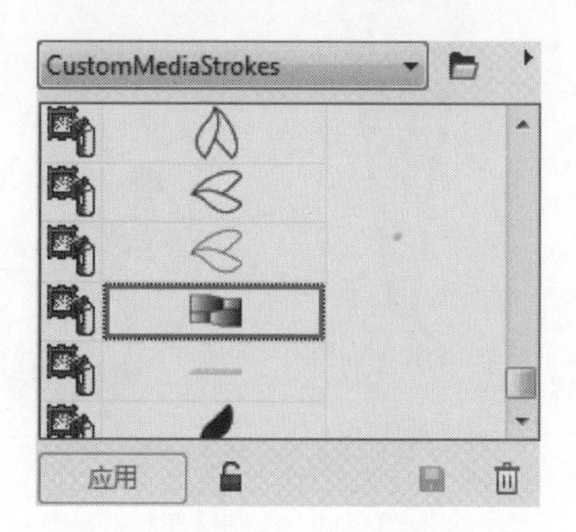

图 2-4-4　保存新笔触

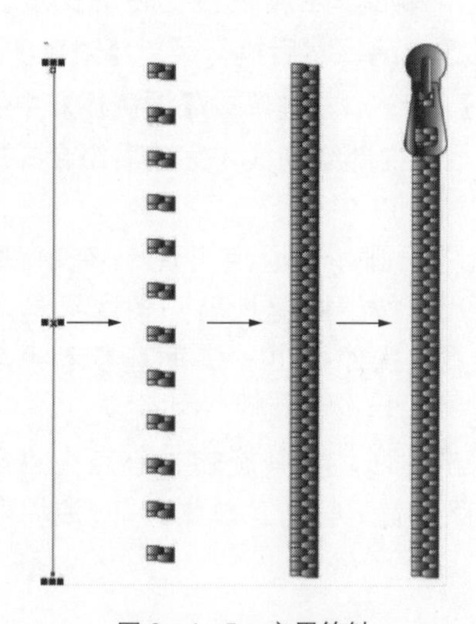

图 2-4-5　应用笔触

6. 绘制拉链头。用【椭圆】和【矩形】绘制基本型（图 2-4-6 中 d），并按住【C】垂直居中对齐，然后单击属性栏【合并】按钮（图 2-4-6 中 e）。用【矩形】工具继续绘制两个矩形并垂直对齐（图 2-4-6 中 f），单击【形状】工具将直角转换成圆角，然后右键单击执行【转换为曲线】，拖动上端两个节点（图 2-4-6 中 g）。

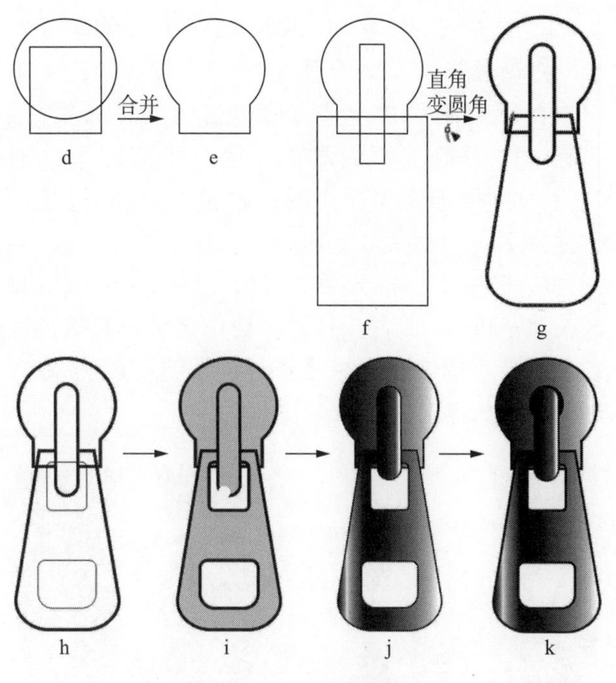

图 2－4－6　拉链头绘制过程

7. 用【矩形】工具继续绘制两个矩形并垂直对齐，单击【形状】工具将直角转换成圆角（图 2－4－6 中 h）。选中圆角矩形与下方的对象，单击属性栏【修剪】按钮，然后移除圆角矩形（图 2－4－6 中 i）。

8. 打开【渐变填充】泊坞窗，填充对象（图 2－4－6 中 j）。调整对象轮廓宽度（图 2－4－6 中 k）。将拉链头移回至拉链的上方并适当调整大小，完成。

（二）绘制曲线拉链

1. 全选直线拉链绘制过程中的图 c，在属性栏【旋转角度】框中输入 90.0。打开艺术笔泊坞窗，将对象保存为新笔触（图 2－4－7），操作方法参见本章第二节中图 2－2－7。

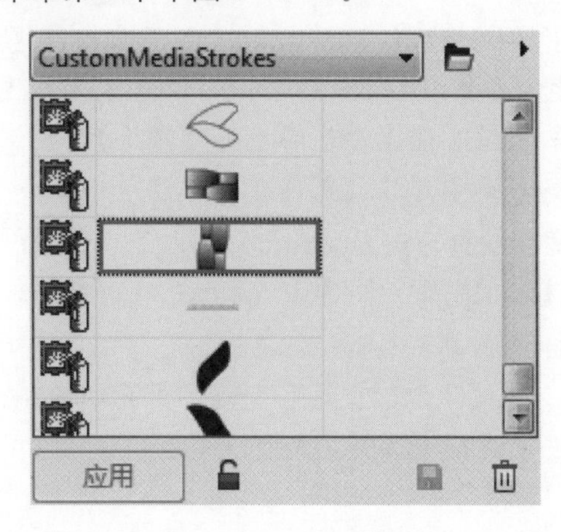

图 2－4－7　保存笔触

2. 用【3 点曲线】工具绘制一条连续的弧线，在“喷涂列表”中选择新笔触，单击【应用】。在属性栏根据实际情况调整【喷涂对象大小】、【顺序】按方向，调整【每个色块中的图像像素和图像距离】框中修改数值 8.0。单击属性栏【旋转】按钮，弹出面板，选择【相对于路径】，单击【Enter】键，得到图形（图 2－4－8）。

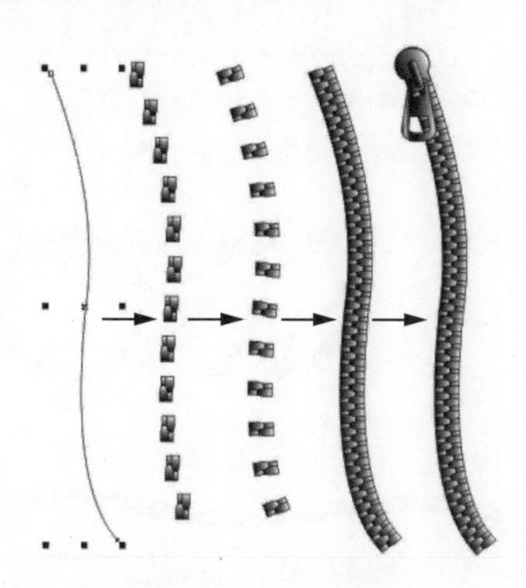

图 2－4－8　应用笔触

二、绘制绳线

（一）绘制单绳线

1. 按住【Ctrl＋N】新建一个文件，选择工具箱【椭圆】工具绘制一个椭圆，右键单击执行【转换为曲线】。用【选择】工具再次单击椭圆进入旋转状态，鼠标拖动上方倾斜手柄，倾斜对象。

2. 选择【形状工具】，单击椭圆上方节点，按下属性栏【使节点成为尖突】按钮，重复操作使下方节点也成为尖突，然后拖动手柄调整对象。选中对象，鼠标左键单击【调色板】中的黑色进行颜色填充，并旋转 90°（图 2－4－9）。

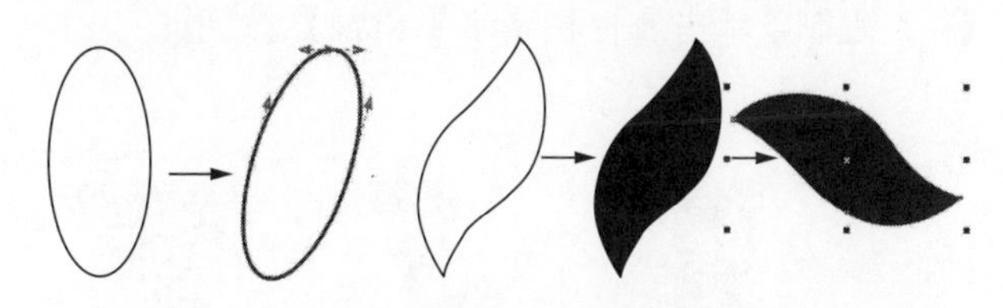

图 2－4－9　绘制基础图形

3. 打开【艺术笔】泊坞窗，将基础图形保存为新笔触，操作方法参见本章第二节中图 2－2－7。

4. 在页面中绘制任意图形或直线、弧线，此处绘制的是正圆和曲线，然后选择喷涂列表（图 2－4－10）中的新笔触，单击【应用】按钮，在属性栏中调整大小和间距（图 2－4－11）。

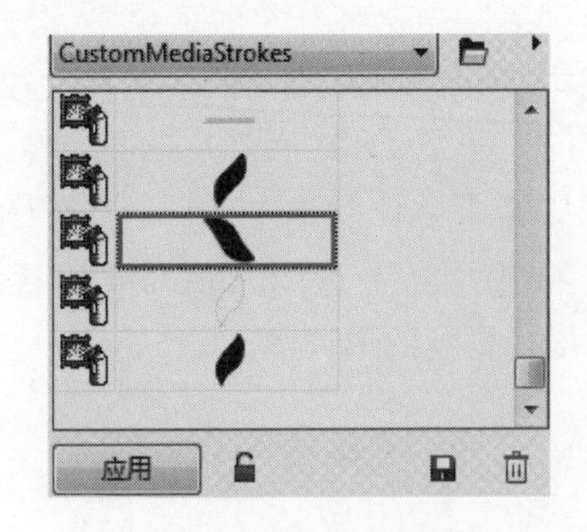

图 2－4－10 喷涂列表

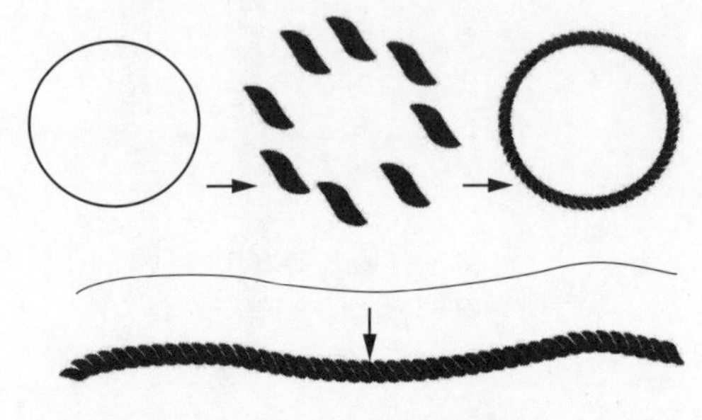

图 2－4－11 应用新笔触

（二）绘制双绳线

1. 用【2 点线】工具绘制一条 10cm 长的垂直线（图 2－4－13 中 a），在属性栏【轮廓宽度】框中输入数值 18mm，单击【Enter】键（图 2－4－13 中 b）。

2. 单击工具箱【变形】工具，在属性栏中选择【拉链变形】，设置参数【拉链振幅】为 74，【拉链频率】为 1，按下【平滑变形按钮】（图 2－4－12）。

图 2－4－12 设置变形参数

3. 选中对象（图 2－4－13 中 c），单击数字键盘【＋】复制，单击属性栏【水平镜像】按钮，得到图 2－4－13 中 d。

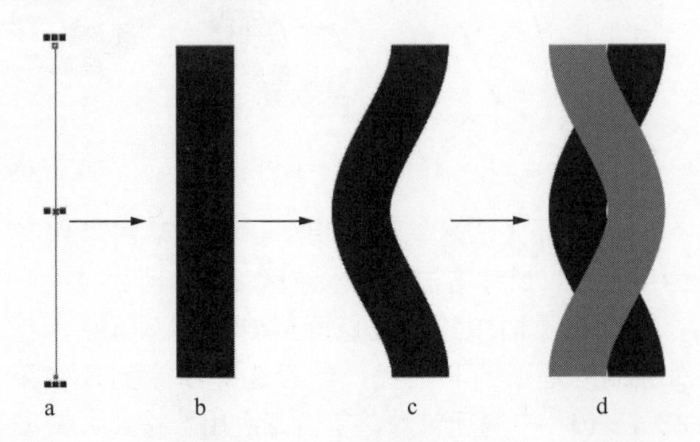

图 2－4－13 直线变形过程

4. 选中图 2－4－13 中 d 图，执行菜单【对象 /将轮廓转换为对象】命令（图 2－4－14 中 e），鼠标复制后移开，然后单击属性栏【相交】按钮，移除上面的对象，得到相交图形（图 2－4－14 中 f）。选中 f 图，右键单击执行【拆分曲线】。

5. 选中 1 个拆分后的菱形，移回至 e 图的相同位置（图 2－4－14 中 g），按住【Shift】键加选灰色对象，单击属性栏【修剪】按钮，移除菱形，得到效果。

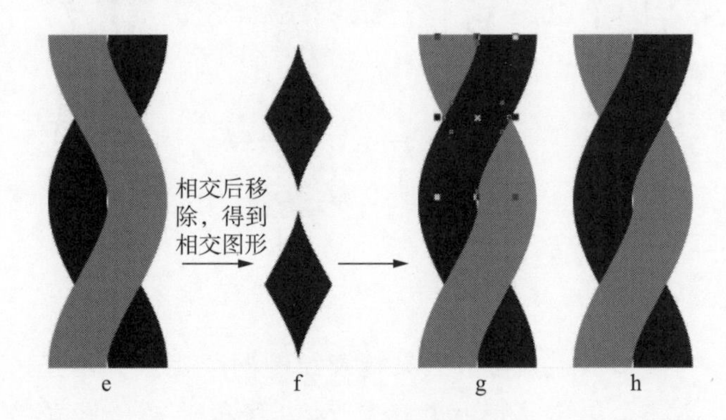

图 2－4－14 基本型的完成

6. 选中图 2－4－14 中 h 图，在属性栏【旋转角度】框输入 90°，配合【Shift】键将其成比例缩小。打开【艺术笔】泊坞窗，将基础图形保存为新笔触，操作方法参见本章第二节中图 2－2－7。

7. 绘制任意图形，应用新笔触，得到效果（图 2－4－15）。

图 2－4－15 应用笔触

8. 用【钢笔】工具绘制基础图形，按住【Ctrl＋G】组合对象（图 2－4－16）。单击工具箱【艺术笔刷】工具，在属性栏中选择【喷涂】，在【喷射图样列表】中单击【新喷涂列表】，然后单击页面中的基础图形组合对象，回到属性栏单击【添加到喷涂列表】按钮，对象出现在喷射图样列表中。

9. 用【艺术笔工具】直接在页面中绘制路径，然后在属性栏中调整“大小、间距和旋转角度”等参数（图 2－4－17）。

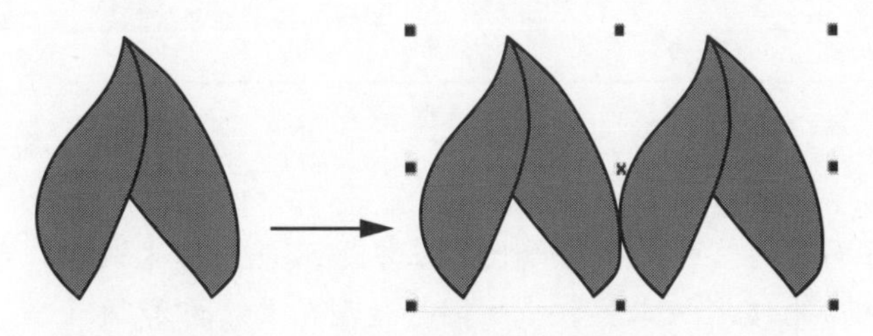

图 2-4-16　创建新笔触

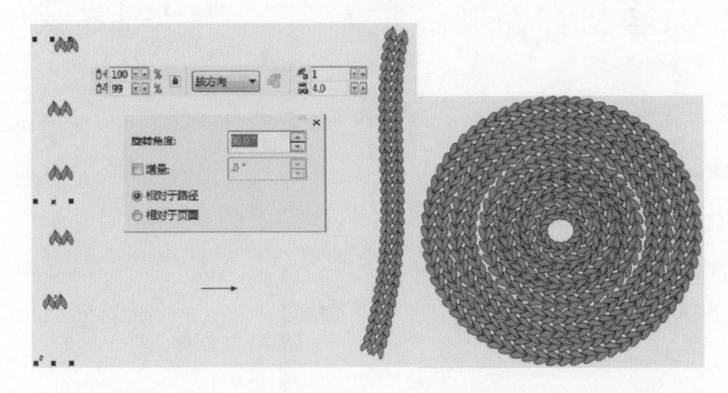

图 2-4-17　应用笔触

三、绘制链式小花边

1. 选择【椭圆形工具】，配合【Ctrl】键绘制一大一小两个正圆，用【选择】工具选中大圆，中心点出现十字交叉，鼠标放在水平标尺按下左键且不松手拖出一条水平辅助线至十字交叉点位置。再次选中大圆，然后鼠标放在垂直标尺上按下左键且不松手拖出一条垂直辅助线至十字交叉点，两条辅助线相交于大圆中心点（图 2-4-18）。

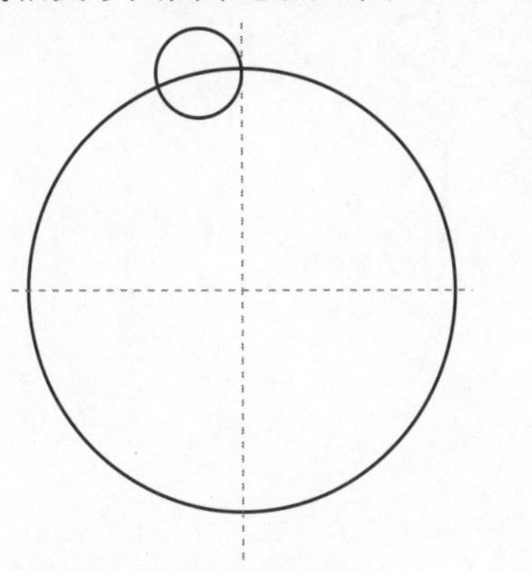

图 2-4-18　绘制正圆

2. 双击小圆，将其中心点拖放至辅助线的交叉点，打开菜单【窗口/泊坞窗/变换/旋转】命令，调出"旋转"泊坞窗（图 2-4-19），输入角度 20°，副本为 17，单击【确定】（图 2-4-20）。

3. 全选对象，单击属性栏中【创建边界】按钮，得到图形。用【2 点线工具】配合【Shift】键绘制一条水平线，选中水平线和边界对象，单击属性栏【修剪】按钮，右键单击执行【拆分曲线】，然后移除不需要的对象（图 2-4-21）。

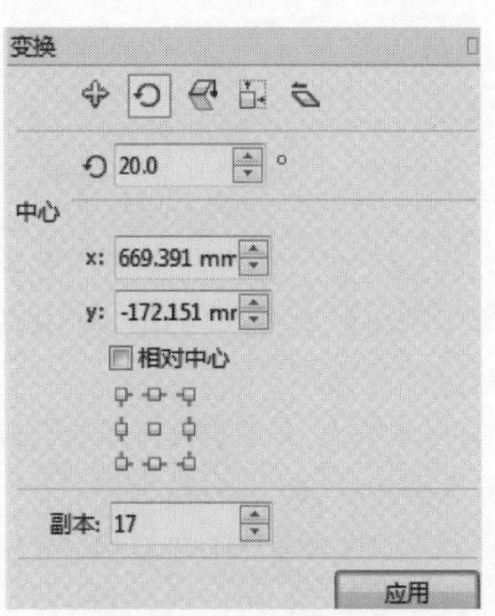

图 2-4-19　旋转设置

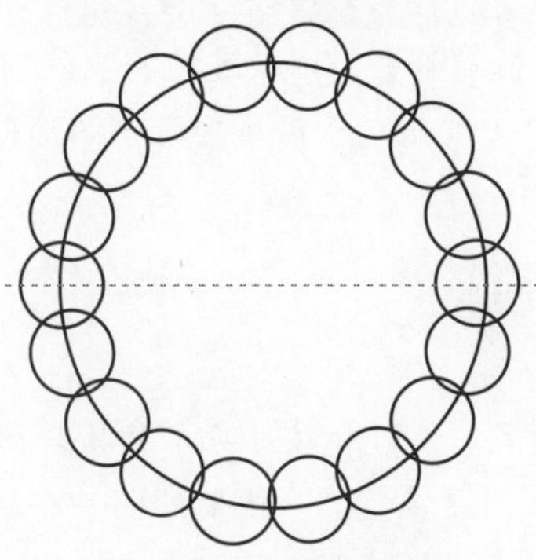

图 2-4-20　旋转复制

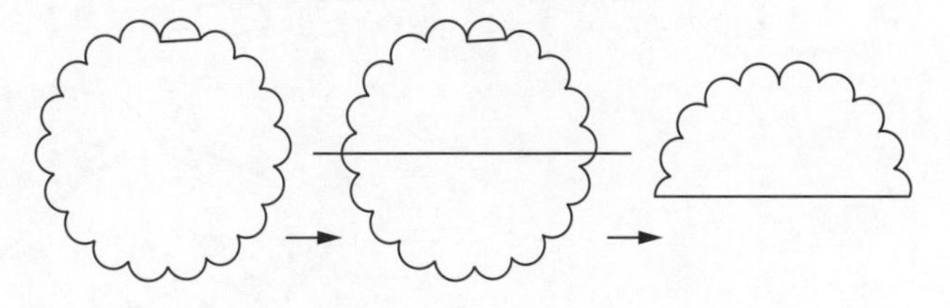

图 2-4-21　修剪对象

4. 根据设计需要还可以添加几个小椭圆，分别选中小椭圆和边界对象后，单击属性栏【修剪】按钮得到图形（图 2-4-22）。

图 2-4-22　修剪对象

10. 单击工具箱【艺术笔刷】工具，将图形创建成新的画笔，然后应用画笔，得到效果（图 2-4-23）。

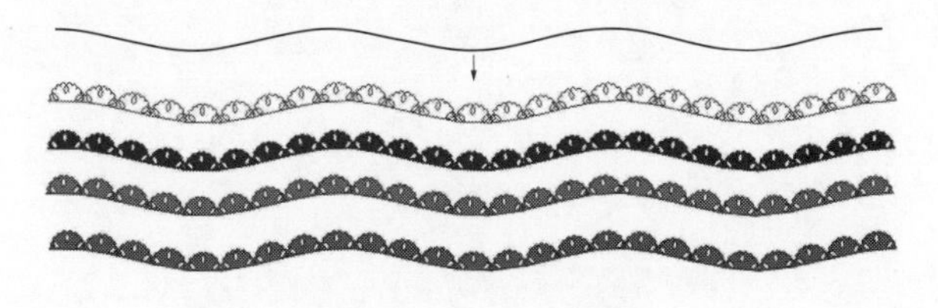

图 2-4-23　应用笔触

本章小结

本章从领子、袖子、口袋和常用拉链、绳线等几个方面进行实例绘制。绘图的基本思路是先用【钢笔工具】、【贝塞尔工具】或者几何图形工具绘制大体轮廓，然后用【形状工具】修改调整造型，最后添加细节绘制。绘图操作技巧提示：

1. 删除一个节点，用【形状工具】选中节点，单击【Delete】键即可。删除多个节点，先按住【Shift】键，选中多个节点后单击【Delete】键。

2. 【修剪工具】对于获取独立的封闭图形对象操作非常便捷，例如袖头、后领窝。

3. 【粗糙笔刷】可以快速地绘制不规则的边缘，如短毛领子的边缘线。

4. 【创建新笔触】命令可以自由设计并快速绘制具有连续性带状图形，如麻绳、花边、装饰线等。

5. 【拉链变形】可以快速地将直线变成有规律起伏的曲线。

6. 修整工具组对于用简单几何图形创建成较复杂图形非常有效。

思考练习题

1. 【钢笔工具】和【贝塞尔工具】在绘制图形对象时有何差异？

2. 如何用【修整工具组】绘制一个拉链头？

3. 完成下图的绘制。知识要点：用几何形工具或者【钢笔工具】绘制基本轮廓，用【形状工具】调整节点，用【轮廓笔工具】绘制虚线，用【艺术笔工具】的预设笔触绘制褶皱线，用【创建艺术笔】绘制拉链。

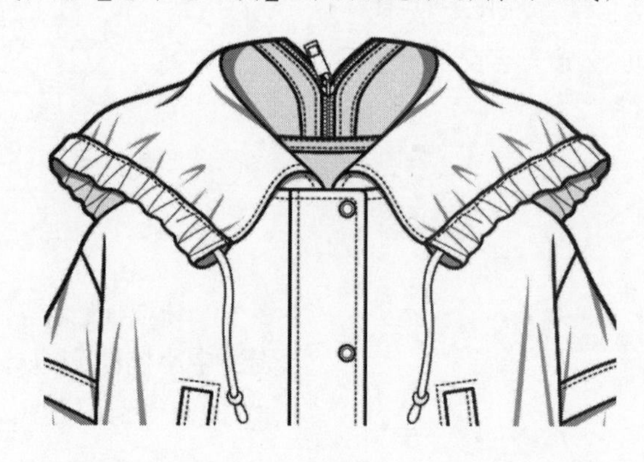

第三章

女装款式图绘制

在服装工业生产中，服装款式图又称服装平面图或者产品设计图，是服装设计师在服装设计过程中运用简洁的线条勾勒出服装的内部结构和外部轮廓而表现服装样式的图形，是以图代文的形式对设计进行说明。因此，款式图的绘制要求极其严格，不仅要清晰表现服装的款式造型、内部结构线、针迹线、装饰边及细节，还要注意平面图与实际成衣图尺寸之间的比例关系、面辅料样板，以及局部工艺说明等。根据款式特征，除正面图、背面图外，还可以有多种配色图、印花工艺图等。女装款式设计品类丰富、表现多样化，主要包括有连衣裙、套装、裙装、针织衫。

第一节　裙装款式图绘制

裙装是女装款式中重要的单品，包括有连衣裙、半身裙，风格多样化。根据长度分有超短裙、中裙、长裙，根据外形特征分有直身裙、宽摆裙、塔状裙。常用的工艺手法有省道、接缝、碎褶、褶裥，折叠、扭转、绣花、印花、珠饰等处理方法。本节以连衣裙为例进行绘制设计。

图 3-1-1　各种裙装实物展示

一、连衣裙绘制实例效果

图 3-1-2　连衣裙绘制实例效果

二、操作步骤

本款式为非对称过膝中裙，较宽松的铅笔轮廓造型，搭配腰部扭曲细节设计，后背装明拉链。

1. 绘制正面图。按住【Ctrl+N】新建一个文件。单击工具箱【矩形】工具绘制一个矩形（图 3-1-3 中 a），鼠标右键单击执行【转换为曲线】，单击【形状工具】，添加节点并移动节点（图 3-1-3 中 b），并通过【到曲线】命令调整造型至合适状态，用【3 点曲线】工具绘制连续弧线封闭图形作为袖口（图 3-1-3 中 c）。

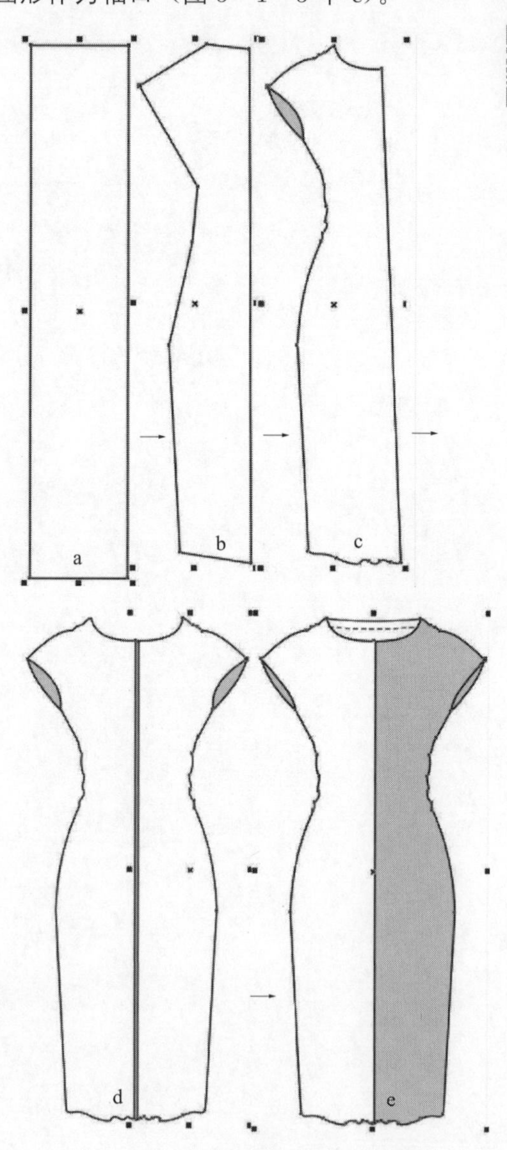

图 3-1-3　正面图绘制过程（一）

2. 选中 c 图，按住【Ctrl】键，在对象左边延展手柄处按下左键且往右边翻转拖动，同时右键单击结束，水平镜像复制对象（图 3－1－3 中 d）。

3. 选中 d 图中的左衣身片，单击数字键盘【＋】键原位复制，然后按住【Shift】键加选右衣身片，单击属性栏【合并】，填充浅灰色，鼠标右键单击执行【顺序/向后一层】。用【钢笔】工具绘制封闭图形作为后领（图 3－1－3 中 e）。

4. 单击【形状】工具调整左边衣片形状。用【钢笔】工具绘制封闭图形作为腰带。用【3 点曲线】绘制衣纹褶皱弧线（图 3－1－4 中 f）。

5. 改变衣纹褶皱线的形态。选中衣纹褶皱线，执行菜单【对象/将轮廓转换为对象】命令，然后用【形状】工具双击节点删除线条拐角处多余的节点，使衣纹褶皱弧线具有粗细变化。

6. 添加衣纹褶皱的阴影。用【选择】工具选中需要添加阴影的褶皱，单击数字键盘【＋】键复制，然后用【形状】工具局部调整（图 3－1－4 中 g）。

7. 用【矩形】工具绘制后片拉链（图 3－1－5 中 h）。

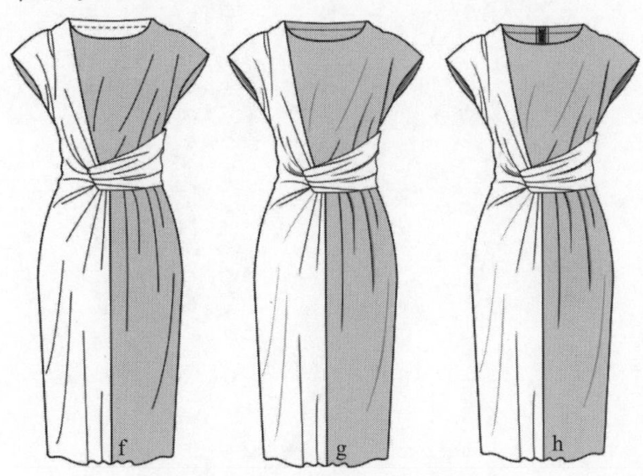

图 3－1－4　正面图绘制过程（二）

8. 绘制背面图（图 3－1－5）。用【选择】工具选中 h 图，单击数字键盘【＋】键原位复制，并移开，直接删除左边衣身片，并将衣纹褶皱移开以备用（图 i）。

9. 选中衣身，按下【Shift】键加选袖口和后领，单击属性栏【合并】按钮。将后拉链矩形垂直延展，移除多余的对象（图 3－1－5 中 j）。

10. 绘制后片拉链。拉链制作方法参考第二章第四节中图 2－4－4，或者直接调入已经绘制好的拉链，然后适当调整位置（图 3－1－5 中 k）。

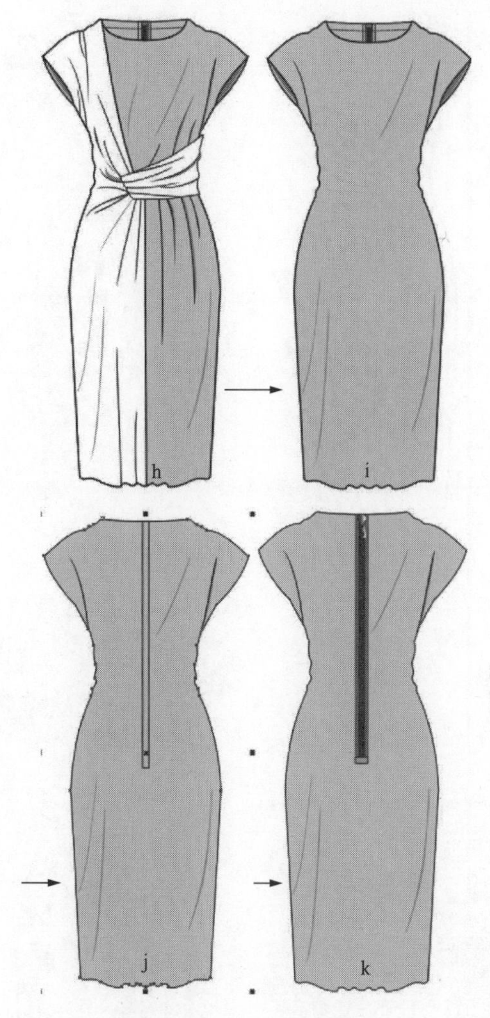

图 3－1－5　绘制背面图

11. 选中腰带对象并按住【Ctrl＋G】群组，并单击属性栏【水平镜像】按钮。用【矩形】工具绘制一个矩形，选中腰带和矩形，单击属性栏【修剪】按钮，裁切图形，用【形状】工具调整裁切后腰带的造型（图 3－1－6），然后移回至 k 图中，根据需要，将衣纹褶皱部分适当移回至 k 图中，得到效果（图 3－1－7）。

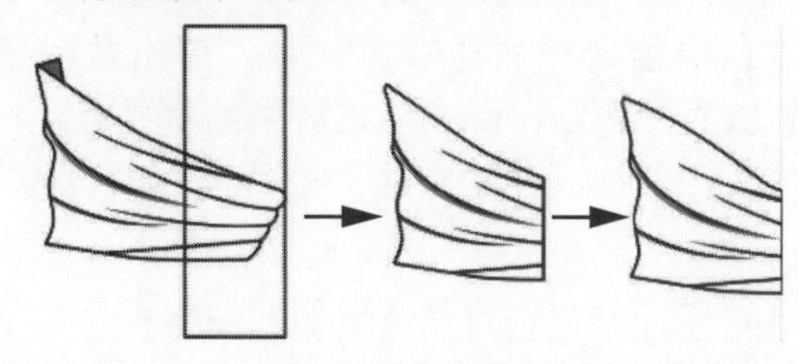

图 3－1－6　修剪腰带

12. 上色填充。选中白色前片，打开【双色图样填充】泊坞窗，挑选图样，设置前景色、背景色、大小及旋转角度，完成后单击【Enter】（图 3－1－8）。

图 3-1-7　最后效果

图 3-1-8　泊坞窗及填充效果

13. 选中灰色前片，重复前面的操作，设置完成后单击回车键，得到效果（图 3-1-9）。

14. 继续选中右边衣身对象，单击数字键盘【+】键原位复制，修改泊坞窗中的背景色，在旋转框输入－90°，设置完成，单击回车键（图 3-1-10）。

15. 选中对象，打开【透明】泊坞窗，在下拉菜单中选择合适的模式（图 3-1-11）。

16. 透明模式不同，会产生不同的外观效果。单击工具箱【属性滴管】工具，用复制属性的方式填充腰带部分，用【颜色滴管】工具复制填充后领及袖口部分（图 3-1-12）。

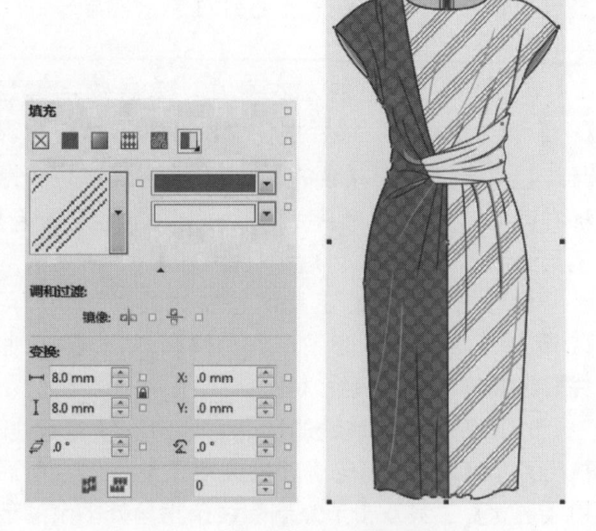

图 3-1-9　泊坞窗及填充效果

图 3-1-10　泊坞窗及填充效果

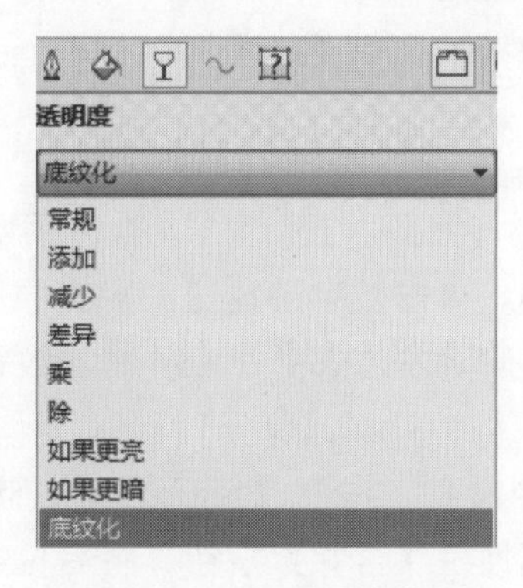

图 3-1-11　透明泊坞窗

17. 选中蓝色前片，单击数字键盘【+】键原位复制，执行菜单【位图/转换为位图】，弹出对话框，单击【确定】（图 3-1-13）。

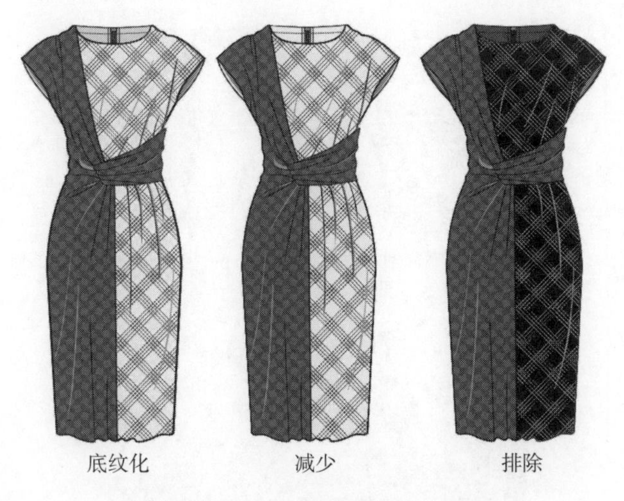

图 3－1－12　不同透明模式效果

图 3－1－13　对话框

18. 单击属性栏【编辑位图】编辑位图(E)...按钮，打开 Corel PHOTO-PAINT 软件界面（图 3－1－14）。

19. 单击工具箱【魔棒遮罩】工具，按住【Shift】键在背景处单击，选中所有背景后执行菜单【遮罩 / 反转】命令，图像被选中（图 3－1－15）。

20. 选择工具箱【绘制工具】，在属性栏设置笔尖形状，笔尖半径、透明度等参数 形状: 30 常规 60。然后设置前景色 R60、G69、B98，在需要阴影的地方绘制。完成后单击属性栏【完成编辑】按钮，弹出【保存】对话框，单击【是】。此时，软件切换回 CorelDRAW 界面。最后局部调整衣纹褶皱的透明度，得到效果（图 3－1－16）。

21. 用同样的方法填充衣身背面图（图 3－1－17）。完成后将文件“另存为”cdr 格式，命名为“女装连衣裙”。

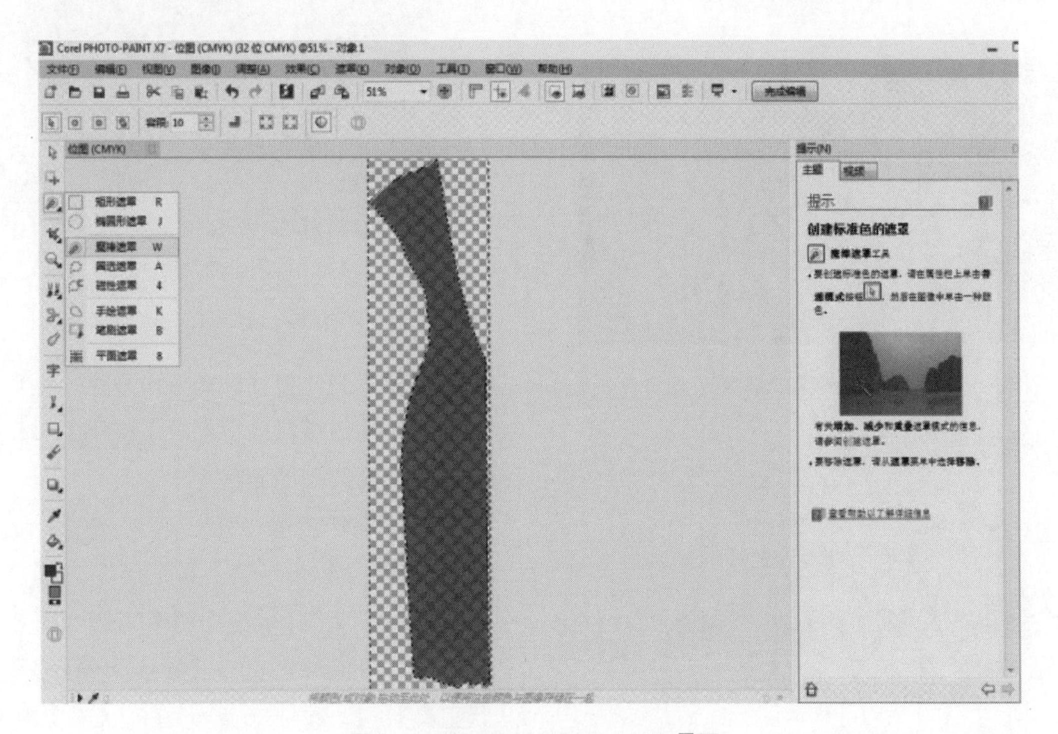

图 3－1－14　Corel PHOTO-PAINT 界面

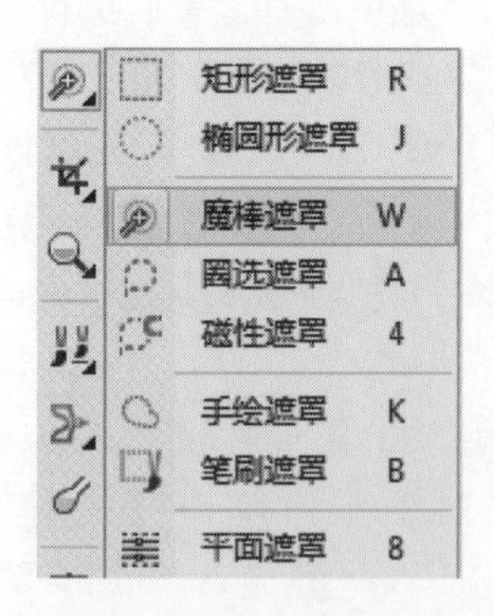

图 3-1-15　选择图像

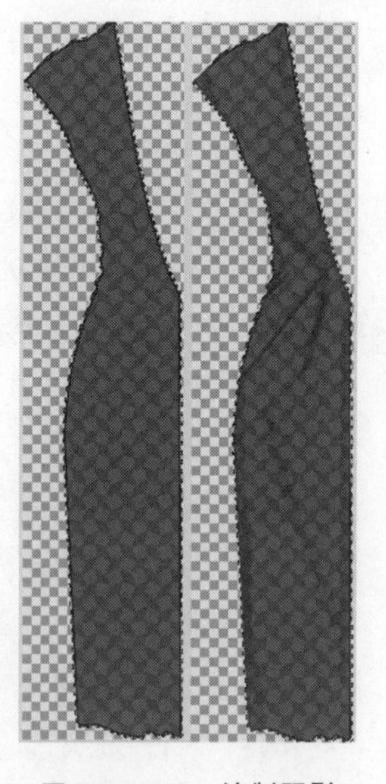

图 3-1-16　绘制阴影

图 3-1-17　完成效果

第二节　外套款式图绘制

首先要根据设计目的来确定外套的类别及风格，因为不同类别及材质的外套在绘制过程中表现的手法和选用的工具完全不同。因此，这就要求设计者能够依据不同的外观效果来选择合适的工具进行表现。

图 3-2-1　各种外套实物展示

一、外套绘制实例效果

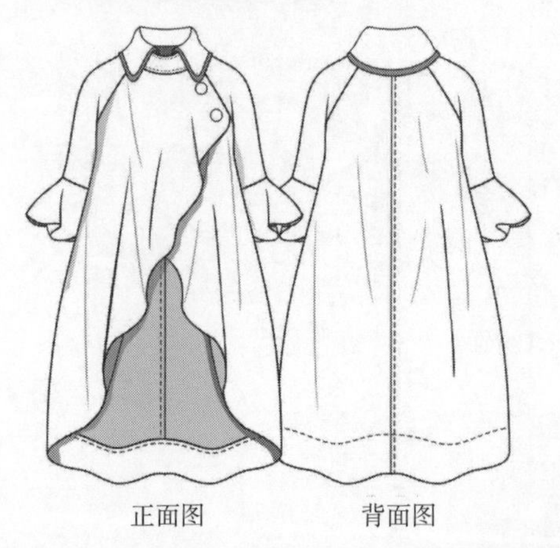

正面图　　背面图

不同面料质感效果

图 3-2-2　外套绘制实例效果

本款式为斗篷式外套，斜开襟，插肩袖型，荷叶袖口与前门襟曲线造型上下呼应，可根据需要可以采用不同类型的面料。

二、操作步骤

1. 按住【Ctrl+N】新建一个文件。单击工具箱【矩形】工具绘制两个矩形（图 3-2-3 中 a），鼠标右键单击执行【转换为曲线】，单击【形状工具】，添加节点（图 3-2-3 中 b），并通过【到曲线】命令调整造型至合适状态（图 3-2-3 中 c），用【3 点曲线】工具绘制连续弧线封闭图形作为袖口，调整顺序到后面（图 3－2－3 中 d）。

2. 选中 d 图，按住【Ctrl】键，在对象左边延展手柄处按下左键往右边翻转拖动，同时右键单击结束，水平镜像复制对象（图 3－2－3 中 e）。

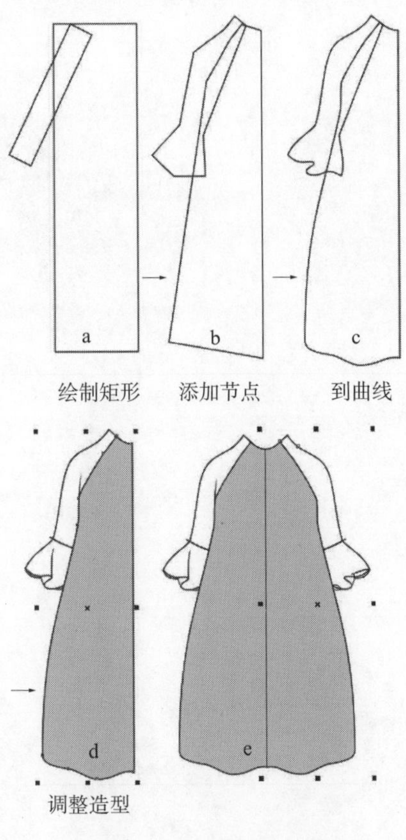

图 3－2－3　款式绘制过程

3. 选中 e 图中两个前片，单击属性栏【合并】按钮（两个前片连接地方要相交，否则合并后中间线条还将保留），调整袖子顺序至后面。

4. 分割前片。用【3 点曲线】工具绘制连续弧线作为前门襟，选中弧线与前片后单击属性栏【修剪】按钮，右键单击执行【拆分曲线】，移除弧线。选中拆分后的前片，单击数字键盘【＋】键复制，单击属性栏【水平镜像】按钮，然后按住【Ctrl】键水平移至合适位置，并调整顺序（图 3－2－4）。

5. 重复操作，分割衣服下摆，并添加缝纫线。用【3 点曲线】工具绘制连续弧线作为衣纹褶皱线。

6. 绘制领子，操作方法参见第二章第一节。选中衣纹褶皱线条执行【对象／将轮廓转换为对象】命令，然后用【形状】工具双击节点删除线条拐角处多余的节点，使衣纹褶皱弧线具有粗细变化，并适当添加阴影，完成效果（图 3－2－5）。

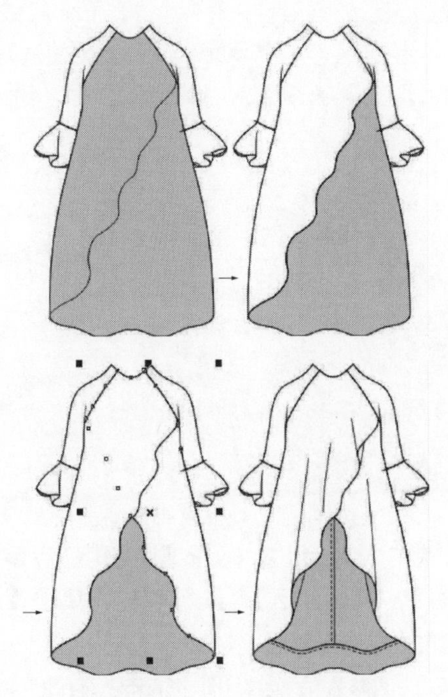

图 3－2－4　分割对象

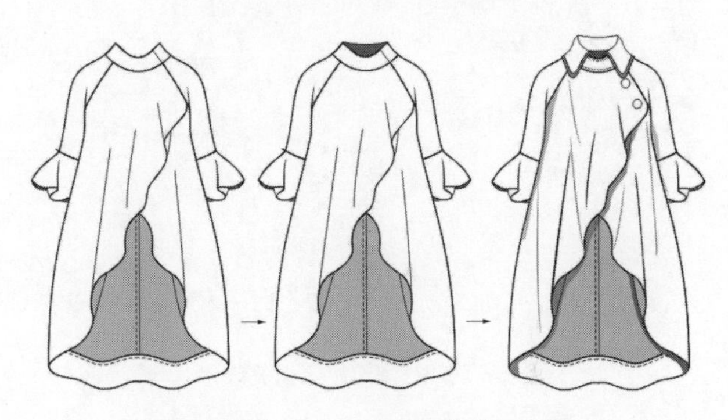

图 3－2－5　细节调整过程

7. 绘制背面图。选中正面图复制移开，按住【Shift】键选中两个前片和灰色后片，单击属性栏【合并】按钮，生成新的图形，正好是衣身的背面轮廓，根据需要移除一些不要的对象。领子部分同样是采用“合并”功能，然后用“形状”工具调整造型至满意为止（图 3－2－6）。

图 3－2－6　绘制背面图过程

8. 填充上色。选中对象，打开【底纹填充】泊坞窗，选中【样品/双色丝带】，进行填充，单击【编辑填充】按钮，弹出对话框，进行设置（图 3－2－7）。

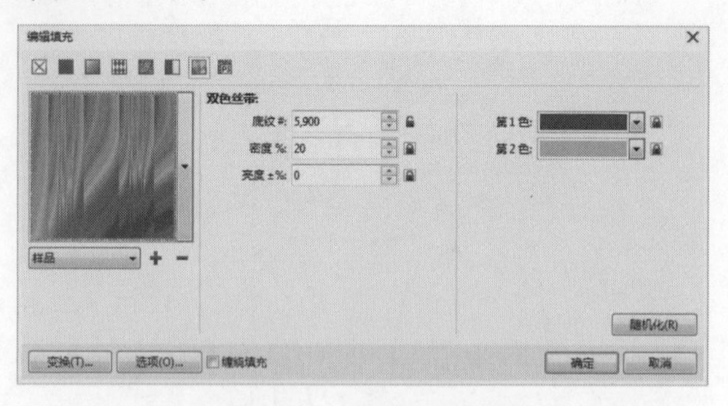

图 3－2－7　双色丝带对话框

9. 选中衣身后片，打开【底纹填充】泊坞窗，选中【样品/梦幻星云】，进行填充，单击【编辑填充】按钮，弹出对话框，进行设置（图 3－2－8），得到效果，调整衣纹褶皱和阴影颜色（图 3－2－9）。

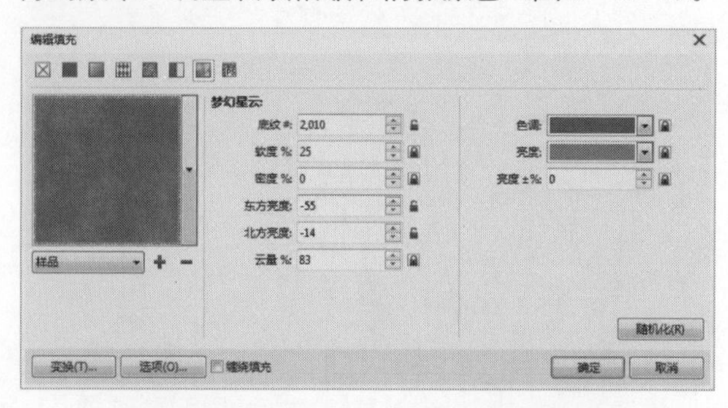

图 3－2－8　梦幻星云填充效果

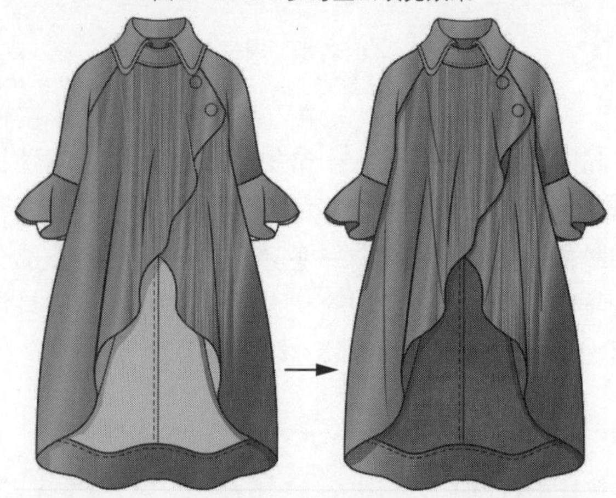

图 3－2－9　填充后效果

10. 填充肌理效果。全选对象复制移开，然后选中左侧袖子，单击数字键盘【＋】键复制，执行菜单【位图/转换为对象】，弹出对话框，勾选【光滑处理】和【透明背景】，然后单击【确定】。

11. 执行【位图/创造性/织物】，弹出对话框（图 3－2－10），选择【刺绣】，设置大小 36、完成 100、亮度 50、旋转 355，单击【确定】（图 3－2－11 中 a）。然后右键单击执行顺序【向后一层】（图 3－2－11 中 b），鼠标左键单击【调色板】无填充按钮，去掉原来的双色丝带填充（图 3－2－11 中 c），只保留轮廓（图 3－2－11）。

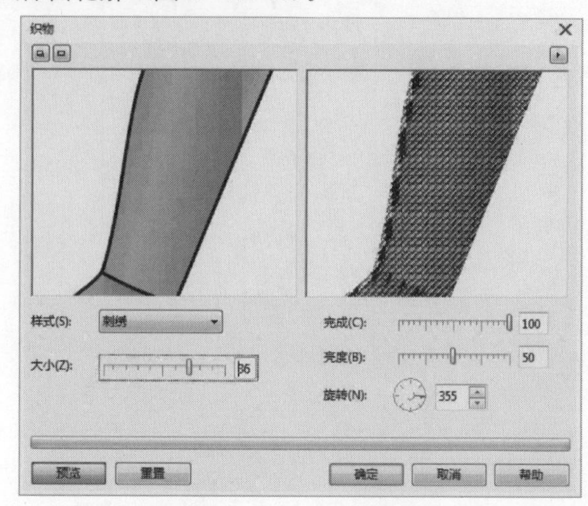

图 3－2－10　织物对话框

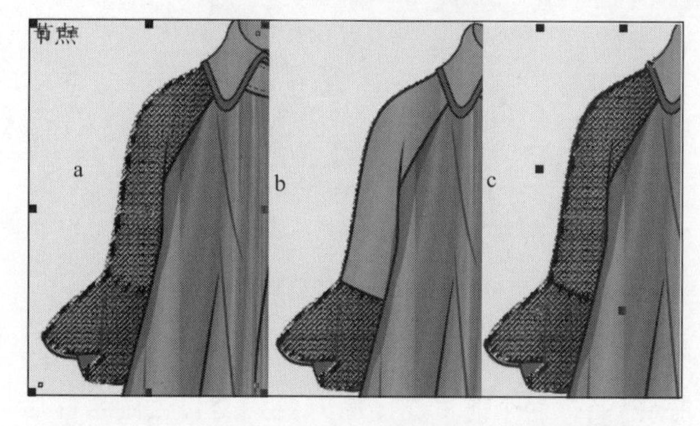

图 3－2－11　调整顺序

12. 重复操作，填充其他部位。在填充右边衣片和袖子的时候，要根据纹路倾斜的需要调整旋转角度的数值（图 3－2－12）。

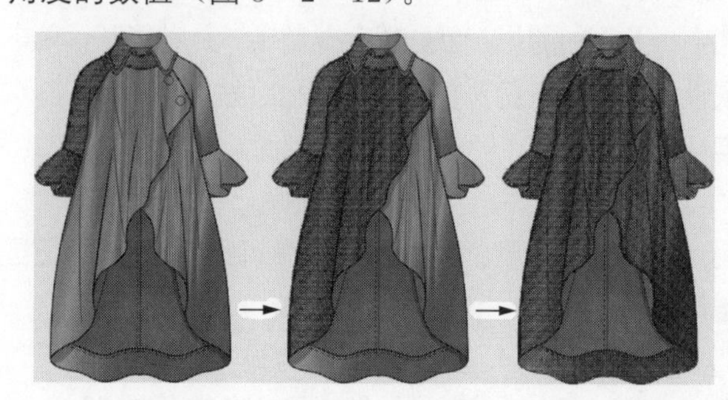

图 3－2－12　填充过程

13. 填充绒毛效果。全选对象复制移开，然后选中左侧袖子，单击数字键盘【＋】键复制，执行菜单【位图/转换为对象】，弹出对话框，勾选【光滑处理】和【透明背景】，然后单击【确定】。

14. 执行【位图/艺术笔触/木版画】，弹出对话框（图3-2-13），单击【确定】（图3-2-15中d）。选中d图，执行【位图/艺术笔触/蜡笔画】，弹出对话框（图3-2-14），设置蜡笔“大小”为11、“轮廓”为10，单击【确定】（图3-2-15中e）。然后再执行【位图/相机/扩散】，弹出对话框，设置扩散“层次”为70，单击确定（图3-2-15中f）。最后调整顺序（图3-2-15中g）。

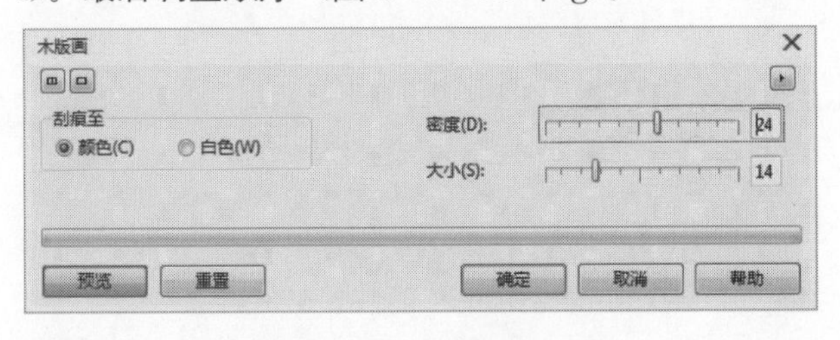

图3-2-13　木版画对话框

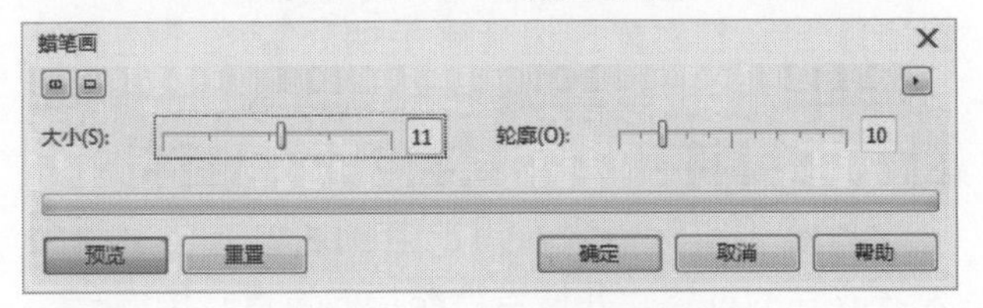

图3-2-14　蜡笔画对话框

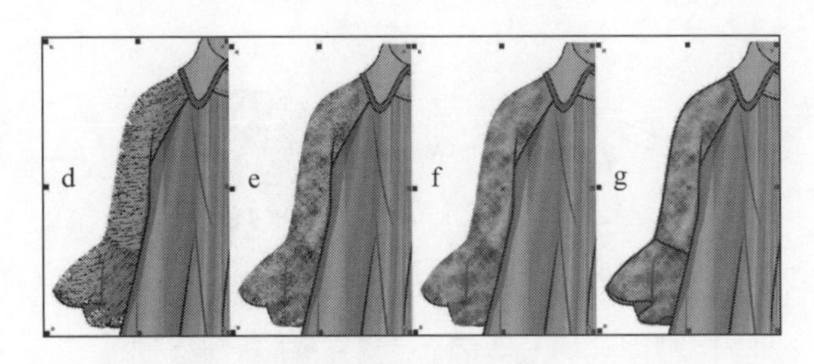

图3-2-15　填充过程

22. 重复操作，填充其他部位，并调整细节（图3-2-16）。

23. 完成后将文件“另存为”cdr格式，命名为“女装外套”。

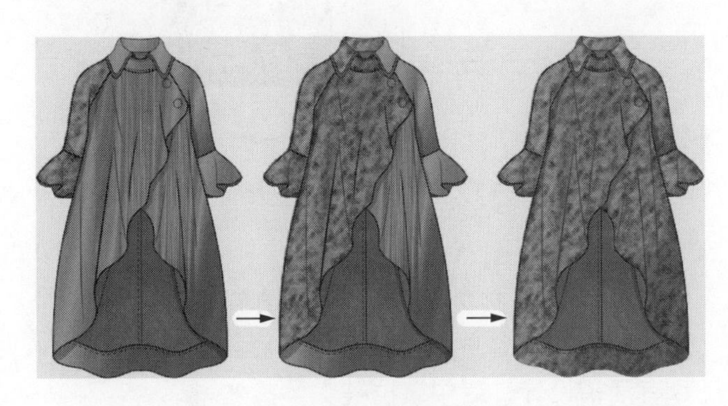

图3-2-16　填充后效果

第三节　套装款式图绘制

女士套装设计有上下衣裤配套或衣裙配套，或外衣和衬衫配套，通常由同色同料或造型格调一致的衣、裤、裙等相配而成。一般情况下用同色同料裁制，但有时也有异色异料裁制。套装造型风格要求基本一致，配色协调，给人整齐、和谐、统一的印象。因此平面款式图的绘画也要强调视觉上的协调与统一。

图3-3-1　各种套装实物展示

一、套装绘制实例效果

A

图 3-3-2　套装绘制实例效果

二、实例图 A 操作步骤

本款式上衣为无领、对称镶异色宽襟、明贴袋，后身收摆；裙子带腰头，前片有活褶设计，后中装拉链。

1. 绘制上衣正面图。按住【Ctrl+N】新建一个文件。单击工具箱【矩形】工具绘制两个矩形（图 3-3-3 中 a），鼠标右键单击执行【转换为曲线】，单击【形状工具】，添加节点（图 3-3-3 中 b），并通过【到曲线】命令调整造型至合适状态（图 3-3-3 中 c）。用【3 点曲线】工具绘制连续弧线作为前门襟的分割线（图 3-3-3 中 d）。选中分割线与前衣片，单击属性栏【修剪】按钮，鼠标右键单击执行【拆分曲线】（图 3-3-3 中 e）。

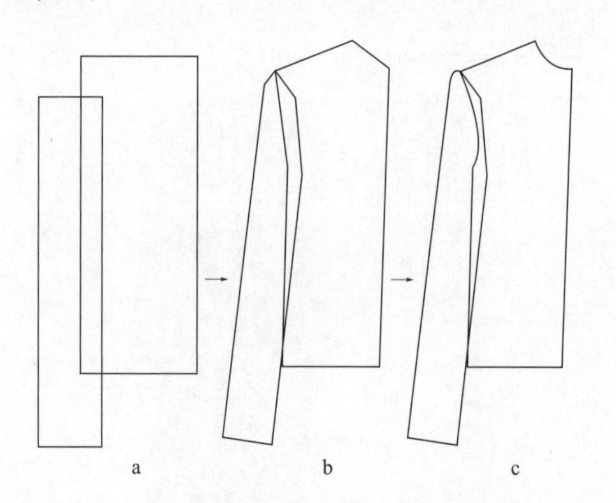

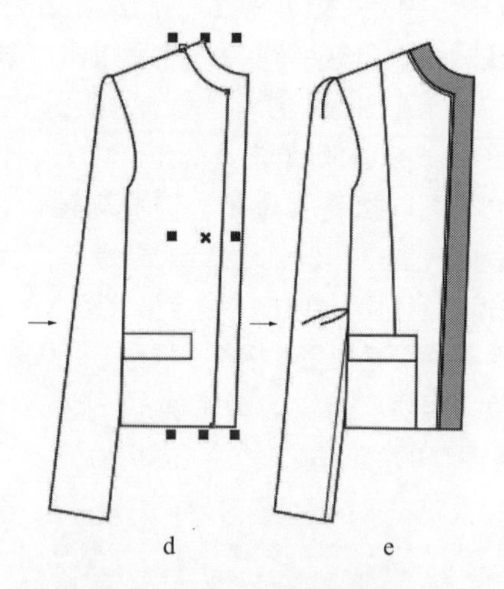

图 3-3-3　左前片绘制过程

2. 用【2 点线】工具绘制衣身与袖子装饰线，添加缝纫线，完成左前片。

3. 全选左前片，按住【Ctrl+G】组合。按住【Ctrl】键，在对象左边延展手柄处按下左键往右边翻转拖动，同时右键单击结束，水平镜像复制（图 3-3-4 中 f）。

4. 根据实际情况，用键盘上左右方向键调整左右衣片的位置，并适当调整横向宽度（图 3-3-4 中 g）。绘制衣身后片及后领（图 3-3-4 中 h），方法参见第二章第一节中图 2-1-6，调整完成。

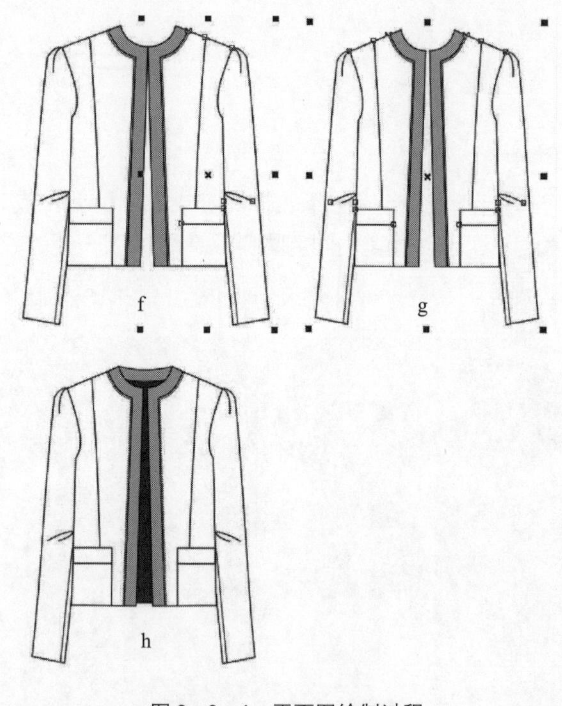

图 3-3-4　正面图绘制过程

5. 绘制上衣背面图（图 3-3-5）。全选正面图，单击数字键盘【+】键复制并移开，单击属性栏【创建边界】按钮，得到边界图形（图 3-3-5 中i）。用【形状】工具，删除一些节点，减少外轮廓的尖突。

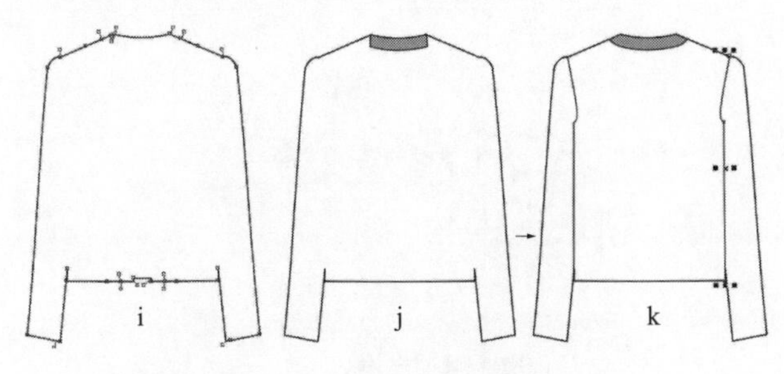

图 3-3-5　背面图绘制过程（一）

6. 选中正面图的后领复制并移至 i 图中，用【形状】工具调整外形（图 3-3-5 中 j）。用【3 点弧线】工具绘制腋下弧线，单击数字键盘【+】键复制弧线，单击属性栏【水平镜像】按钮，按住【Ctrl】键水平移至右边腋下位置（图 3-3-5 中 k）。

7. 分别选中腋下弧线与衣身，单击属性栏【修剪】按钮，右键单击执行【拆分曲线】，分割对象（图 3-3-6 中 l）。分别用【3 点曲线】工具和【2 点线】工具绘制袖侧缝和后背中缝，并添加缝纫线（图 3-3-6 中 m），调整完成。

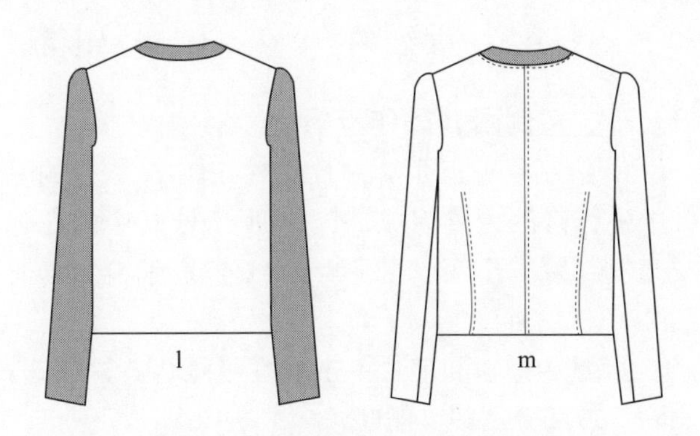

图 3-3-6　背面图绘制过程（二）

8. 绘制裙子正面图（图 3-3-7）。用【矩形工具】绘制一个矩形，鼠标右键单击执行【转换为曲线】，单击【形状工具】，添加节点并通过【到曲线】命令调整裙身造型。

9. 用【3 点曲线】工具绘制一条弧线作为腰头的分割线，选中分割线与裙身，单击属性栏【修剪】按钮，鼠标右键单击执行【拆分曲线】，并添加腰头缝纫线。

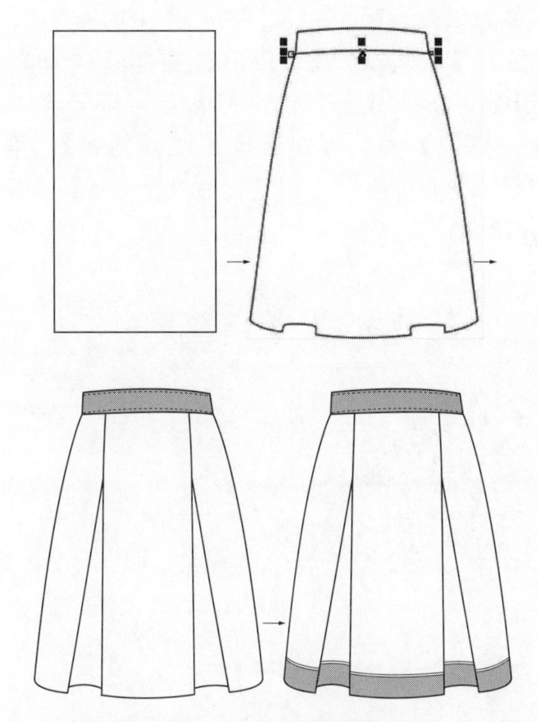

图 3-3-7　裙子正面图绘制过程

10. 继续用【3 点曲线】工具绘制裙身的褶裥。选中裙身，单击数字键盘【+】键复制并移开，然后用【形状】工具选中下摆弧线的两个节点，单击属性栏【断开曲线】按钮，右键单击执行【拆分曲线】。

11. 将拆分后的下摆弧线移回至裙身下摆合适位置，选中下摆弧线与裙身，单击属性栏【修剪】按钮，并右键单击【拆分曲线】，得到下摆处的闭合图形。

12. 按照绘制上衣背面图的方法绘制裙背面图（图 3-3-8）。

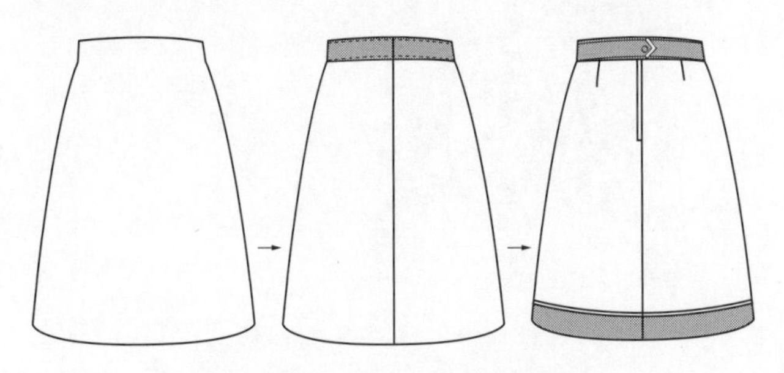

图 3-3-8　裙子背面图绘制过程

13. 填充上色（图 3－3－9）。选中衣身前片，打开【颜色】泊坞窗，输入 RGB 数值 R: 248 G: 221 B: 44。单击数字键盘【＋】键复制对象，打开【PostScript 填充】泊坞窗，选择底纹【地毯】，单击【编辑填充】按钮。用【属性滴管工具】重复操作，填充其他部位。

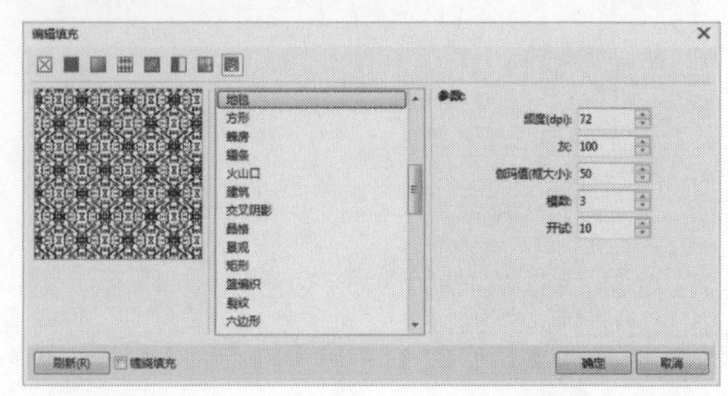

图 3－3－9　单色与底纹填充

14. 选中门襟，打开【双色填充】泊坞窗，参数设置参考（图 3－3－10），对门襟进行填充，并调整细节（图 3－3－11）。

15. 重复操作，填充裙子，并根据需要添加阴影（图 3－3－12）。

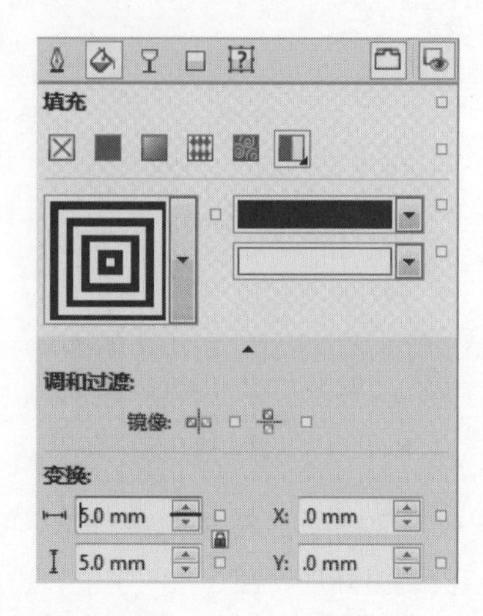

图 3－3－10　泊坞窗

图 3－3－11　双色填充　　图 3－3－12　裙子的填充

三、实例图 B 操作步骤

1. 绘制衣身正面，图 B 款式在图 A 款式的基础上进行修改调整完成。选中图 A 款式中的左边衣身复制后移开，按住【Ctrl＋U】取消群组（图图 3－3－13 中 a）。

2. 选中门襟和前片单击属性栏【合并】按钮，删除口袋和分割线（图 3－3－13 中 b）。

3. 用【形状】工具重新调整衣服外轮廓，加宽领口，调整袖笼弧线，增加腰带位置（图 3－3－13 中c）。用【矩形】和【形状】工具绘制调整肩袢、口袋、腰带和立领的造型（图 3－3－13 中 d）。

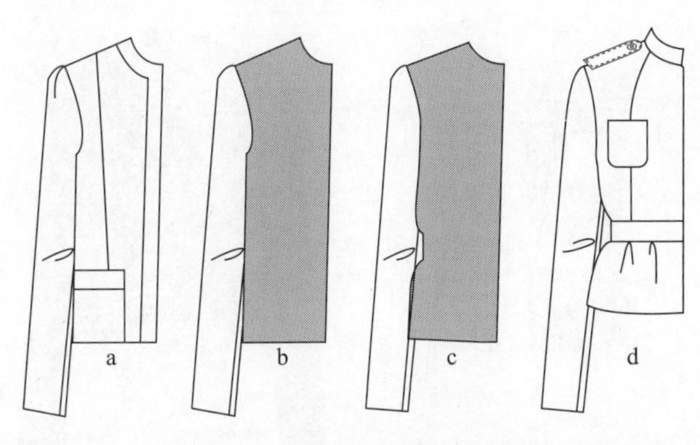

图 3-3-13　左片衣身修正过程

4. 肩袢绘制过程（图 3-3-14）。用【矩形】工具绘制一个矩形，用【形状】工具调整右边直角为圆角，单击【+】键原位复制，按住【Shift】键成比例缩放，在属性栏【线条样式】中改成虚线。添加绘制钮扣，完成后全部选择并按住【Ctrl+G】群组，再次单击对象，使其进入旋转状态，分别拖动上下、左右倾斜手柄，将对象倾斜至合适的位置。

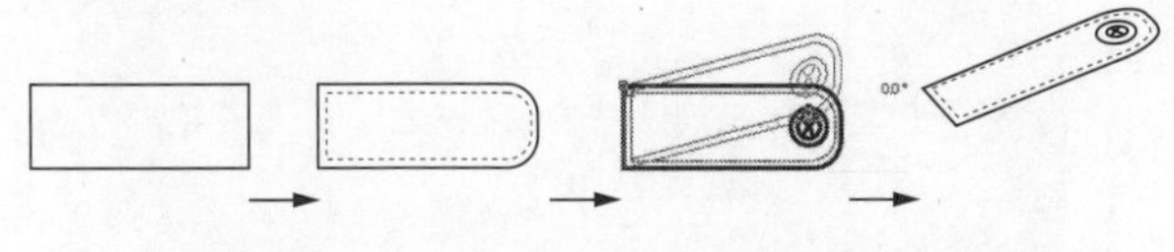

图 3-3-14　肩袢的绘制过程

5. 选中 d 图，单击数字键盘【+】键复制，单击【水平镜像】按钮，按住【Ctrl】键水平移动对象至合适位置。

6. 选中左右腰带，单击属性栏【合并】按钮，调整顺序。添加钮扣、腰带扣、后领座及后片，细节调整完成（图 3-3-15）。

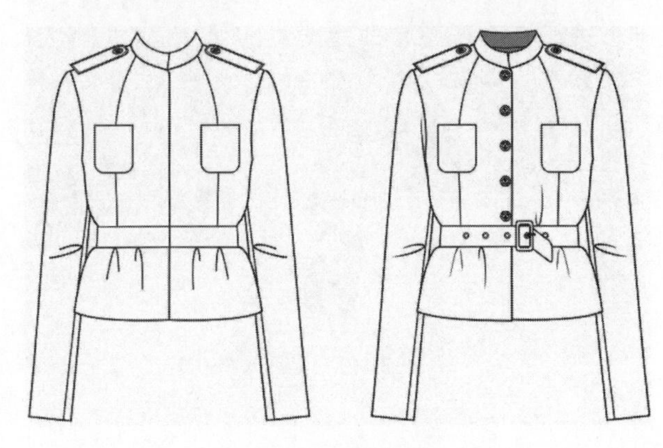

图 3-3-15　组合左右衣身

7. 后领座及后片绘制过程（图 3-3-16）。用【矩形】工具在后领处绘制一个矩形，用【形状】工具将上端两个直角修改成小圆角，右键单击【转换为曲线】，将上端直线调整为向下弧线，并调整顺序至于最低底层。用【3 点曲线】工具在装领线位置绘制一条弧线，选中弧线与后领，单击属性栏【修剪】按钮，按住【Ctrl+K】拆分曲线将后领座与后衣片分割，并修改颜色（图 3-3-16）。

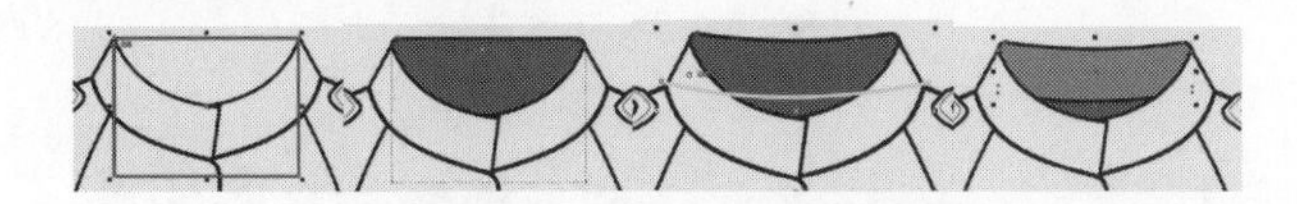

图 3-3-16　后领座及后片绘制过程

8. 绘制裙子正面图（图 3-3-17）。将图 A 裙子的背面图复制过来，按住【Ctrl+U】取消群组，删除不需要的细节。用【形状】工具重新调整裙子外轮廓造型，由原来的小 A 裙变成直筒裙，斜插袋设计，添加褶皱。

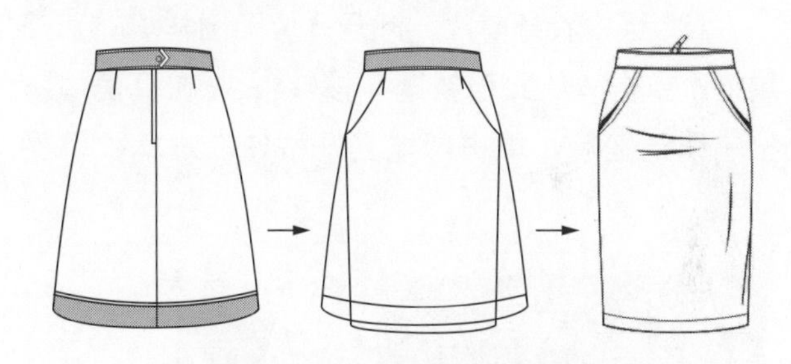

图 3-3-17　裙子的绘制过程

9. 绘制不规则条纹图案。用【2 点线】工具绘制一条 10cm 垂直线，轮廓宽度为 3mm。打开工具箱【变形】工具，选择属性栏【拉链】，设置“拉链振幅 20”、“拉链频率 20”，先单击“随机变形”按钮，然后单击“平滑变形”按钮，使直线变形。

10. 选中变形后的曲线，单击【+】键复制，按住【Ctrl】键水平移动，多次按住【Ctrl+D】再制多个对象。全选曲线并旋转 90°，添加一个矩形作为背景，填充颜色，完成后按住【Ctrl+G】群组对象（图 3-3-18）。

11. 选中群组后的对象，执行菜单【位图/转换为位图】，弹出对话框，默认设置，单击【确定】按钮。执行【位图/扭曲/龟纹】，弹出对话框，设置参数后，单击【确定】按钮，得到图形（图 3-3-19）。

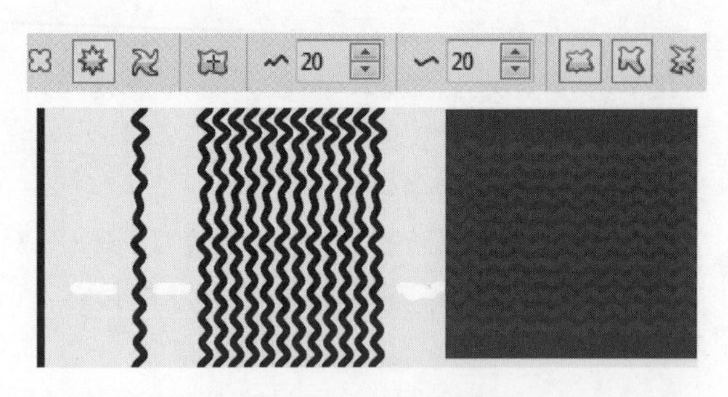

图 3-3-18　绘制曲线

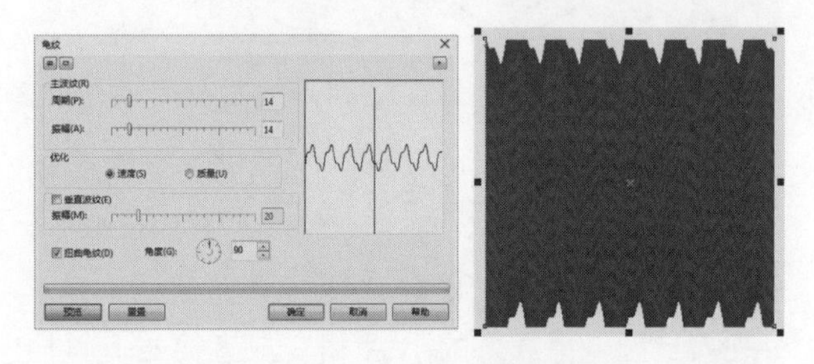

图 3-3-19　龟纹对话框和龟纹效果

12. 选中衣身前片，打开【位图图样填充】泊坞窗，单击“从文档新建”按钮，在页面中拖出一个范围后，单击“接受”按钮，对象被填充（图 3-3-20）。

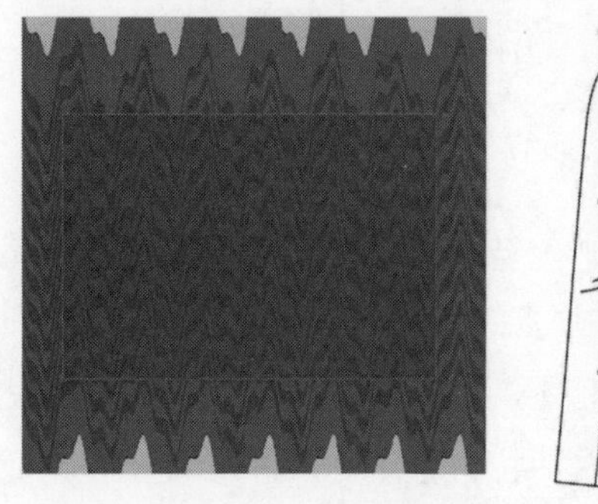

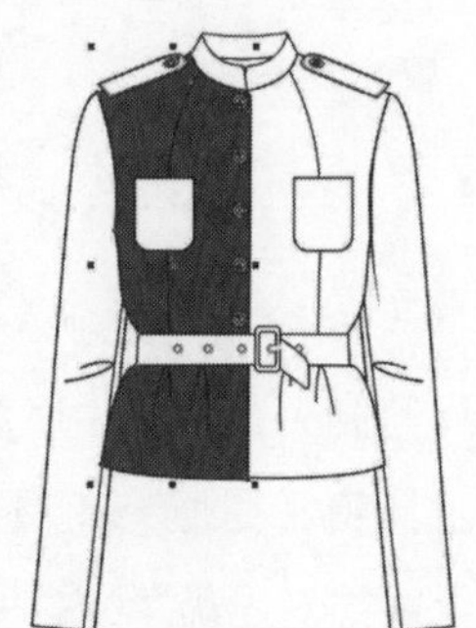

图 3-3-20　位图图样填充

13. 修改【位图图样填充】泊坞窗的“变换”数值可以修改图样大小。打开工具箱【属性滴管】工具，将其他部位复制填充（图 3-3-21）。

图 3-3-21　滴管填充

14. 金属扣件填充。选中金属扣件，打开【渐变填充】泊坞窗，在颜色滑块上添加两个颜色，并移动滑块位置（图 3-3-22）。

15. 重复前面的操作，填充裙子部分。完成后将文件“另存为”cdr 格式，命名为“女装套装”（图 3-2-23）。

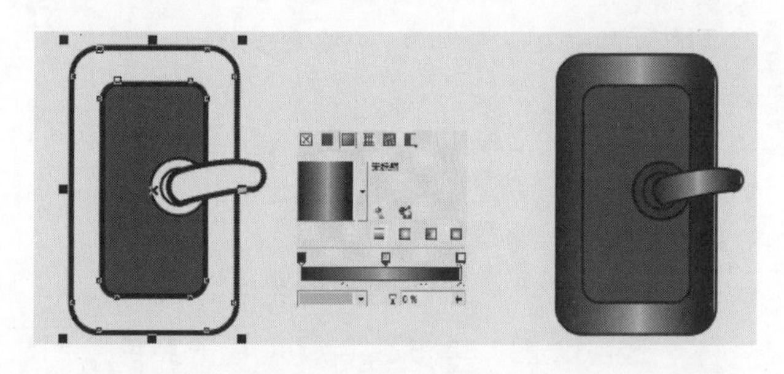

图 3-3-22　渐变填充

图 3-3-23　最后效果

第四节　针织服装款式图绘制

女士针织服装品类繁多，有T恤、针织背心、针织吊带衫、针织连衣裙以及毛衫、羊绒针织衫等。本节以挑花羊绒针织衫和棒针毛衫设计为例。

图3-4-1　各种针织衫实物展示

一、针织衫绘制实例效果

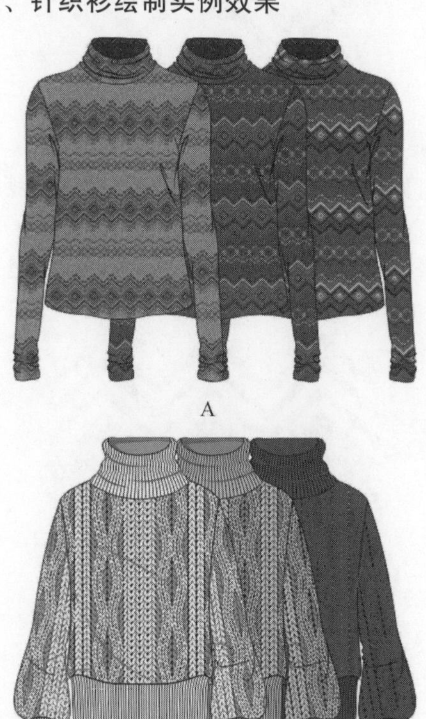

图3-4-2　针织衫绘制实例效果

二、实例图A操作步骤

1. 正面图绘制（图3-4-3）。按住【Ctrl+N】新建一个文件。单击工具箱【矩形】工具绘制两个矩形（图3-4-3中a），鼠标右键单击执行【转换为曲线】，单击【形状工具】，添加节点（图3-4-3中b），并通过【到曲线】命令调整造型至合适状态（图3-4-3中c）。

2. 用【3点曲线】工具绘制弧线作为衣纹褶皱（图3-4-3中d），选中所有的衣纹褶皱后执行【对象/将轮廓转换为对象】，然后用【形状】工具调整衣纹褶皱，使其具有粗细变化。

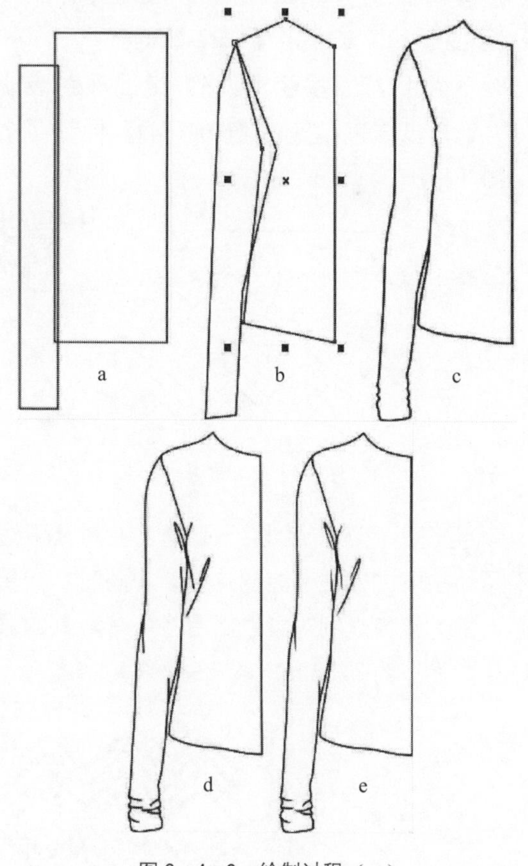

图3-4-3　绘制过程（一）

3. 全选图3-4-3中e图，按住【Ctrl】键，在对象左边延展手柄处按下左键往右边翻转拖动，同时右键单击结束，水平镜像复制对象（图3-4-4

中 f)。然后用【形状】工具调整连接部位的节点，使左右衣身在中线位置有重叠。选中左右衣身，单击属性栏【合并】按钮（图 3-4-4 中 g）。

4. 绘制领子部分，方法参见第二章第一节，完成（图 3-4-4 中 h）。

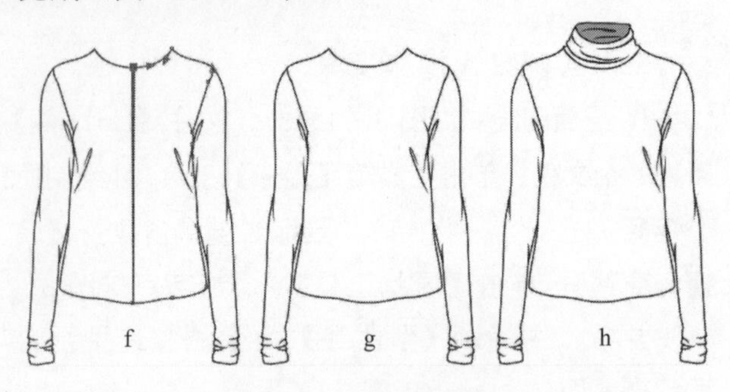

图 3-4-4　绘制过程（二）

5. 绘制提花。用【2 点线】工具绘制一条 10cm 的水平线，单击工具箱【变形】工具，选择属性栏中的【拉链变形】，设置“拉链振幅” 60，“拉链频率” 5，单击【Enter】键。

6. 选中折线，按住【Ctrl】键，垂直移动对象，右键单击结束，按住【Ctrl+D】再制两个对象（图 3-4-5）。

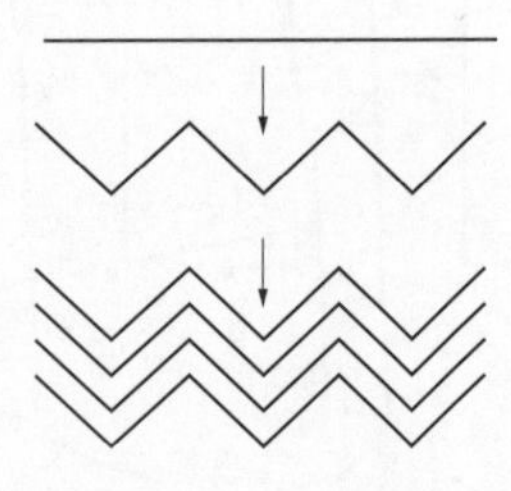

图 3-4-5　变形

7. 全选折线，按住【Ctrl】键，在对象下边延展手柄处按下左键往上边翻转拖动，同时右键单击结束，垂直镜像复制对象，然后将所有对象的【轮廓宽度】设置为 2.5mm（图 3-4-6）。

图 3-4-6　镜像复制、修改轮廓宽度

8. 选中红色和绿色折线，按住【Ctrl+L】合并对象，选择【形状】工具，选中左端的两个节点，单击属性栏【连接两个节点】按钮，重复操作，连接右端的两个节点，使对象成闭合图形并填充颜色（图 3-4-7）。

图 3-4-7　闭合图形

9. 选择工具箱【折线】工具，沿着菱形再绘制一个菱形，按住【Shift】键，成比例缩放。单击数字键盘【+】键原位复制，按住【Shift】键成比例缩放，重复操作，可以复制多个对象，并填充不同的颜色（图 3-4-8）。

图 3-4-8　复制并填充

10. 选中所有的菱形格子，单击数字键盘【+】键原位复制，按住【Ctrl】键移至第二个格子的合适位置，按住【Ctrl+D】再制对象（图 3-4-9）。

图 3-4-9　水平移动

11. 根据设计需要，修改折线的轮廓宽度，并填充不同的轮廓色，然后全选对象，执行菜单【对

象 /将轮廓转换为对象】，按住【Ctrl＋G】群组（图 3－4－10）。

图 3－4－10　调整轮廓宽度

12. 选中【矩形】工具绘制两个矩形，位置要对好，用来裁剪图形（图 3－4－11）。

图 3－4－11　绘制矩形

13. 全选对象，单击属性栏【修剪】按钮，移除矩形，得到一个循环单元图 A（图 3－4－12）。

图 3－4－12　循环单元图 A

14. 用【矩形】工具绘制一个正方形，用【2 点线】工具绘制一条水平线，与正方形垂直居中对齐和水平居中对齐。单击【＋】键复制水平线，在属性栏【旋转角度】中输入 90°，单击【Enter】回车键。

15. 选中矩形和两条中心线，在属性栏【旋转角度】中输入 45°，单击【Enter】回车键。然后修改矩形轮廓的宽度，中线设置成虚线，并改变颜色。按住【Ctrl】键水平移动，并右键单击结束，复制对象，按住【Ctrl＋D】再制 3 组对象，全选后执行菜单【对象 /将轮廓转换为对象】，按住【Ctrl＋G】群组对象（图 3－4－13）。

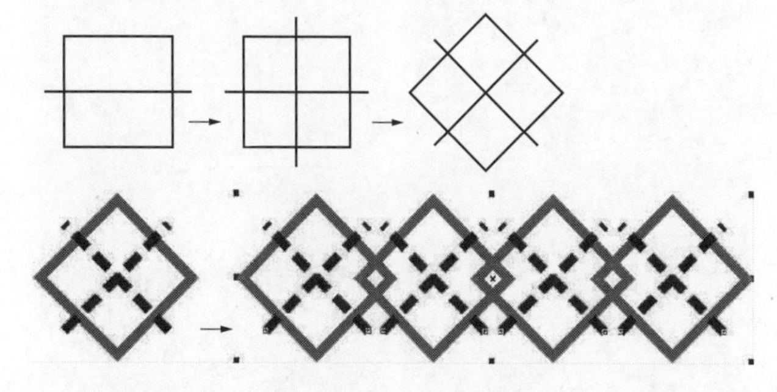

图 3－4－13　绘制过程

16. 绘制矩形继续裁切群组后的对象，将其也生成一个循环单元图 B，并且在属性栏【对象大小】框中调整其宽度与循环单元图 A 的宽度一致（图 3－4－14）。

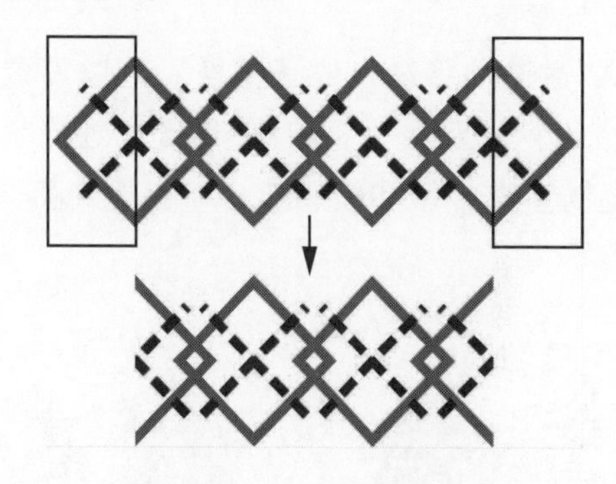

图 3－4－14　循环单元图 B

17. 选中两个循环单元图，按住【C】键执行垂直居中对齐。绘制一个矩形作为背景并填充颜色，根据需要，还可以添加一组折线（图 3－4－15），完成后群组。

18. 选中对象，执行菜单【位图 /转换成位图】命令，然后执行【位图 /创造性 /散开】，弹出对话框，设置“水平 26”、“垂直 26”，单击【确定】。执行【位图 /杂点 /添加杂点】，弹出对话框，设置“类型为均匀”、“层次 95”、“密度 86”，单击【确定】。执行【位图 /艺术笔触 /蜡笔画】，弹出对话框，设置“大小 11”、“轮廓 10”，完成后效果（图 3－4－16）。

19. 选中衣身，打开【位图图样填充】泊坞窗，单击【从文档建立】按钮，在页面中框选位图图形，然后单击页面中【接受】按钮，完成（图 3－4－17）。

图 3－4－15 对齐调整　　图 3－4－16 位图效果

20. 通过泊坞窗口的【变换】可以设置填充图样的大小（图 3－4－18），用【属性滴管】工具，复制填充袖子和领子部分，完成（图 3－4－19）。

图 3－4－17 位图填充　　图 3－4－18 调整图样大小

21. 根据设计需求，可以有多种配色，操作方法相同，完成后将文件“另存为”cdr 格式，命名为“女装羊绒衫”（图 3－4－20）。

图 3－4－19 属性滴管

图 3－4－20 完成效果

三、实例图 B 操作步骤

1. 正面图绘制（图 3－4－21）。单击工具箱【矩形】工具绘制两个矩形（图 3－4－21 中 a），鼠标右键单击执行【转换为曲线】，单击【形状工具】，添加节点，并通过【到曲线】命令调整造型至合适状态（图 3－4－21 中 b）。

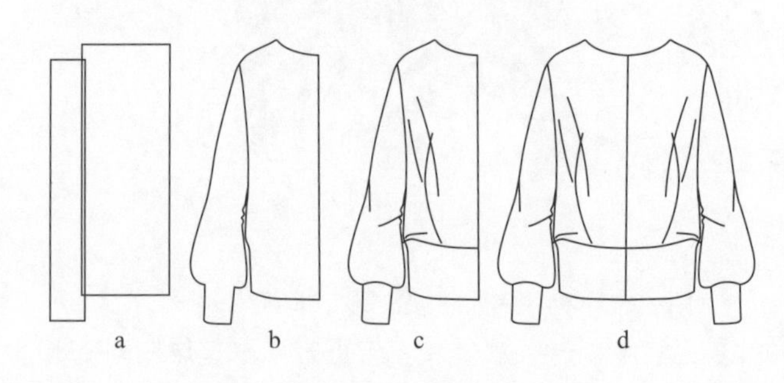

图 3－4－21 正面图绘制过程

2. 用【3 点曲线】工具绘制袖头弧线、罗纹下摆弧线，以及衣纹褶皱线。选中袖头弧线、下摆弧线与衣身执行【修剪】，分割对象（图 3-4-21 中 c）。

3. 选中所有的衣纹褶皱弧线后执行【对象/将轮廓转换为对象】，然后用【形状】工具调整衣纹褶皱，使其具有粗细变化。然后全选对象，按住【Ctrl】键，在对象左边延展手柄处按下左键往右边翻转拖动，同时右键单击结束，水平镜像复制对象（图 3-4-21 中 d）。

4. 选中左右衣身，单击属性栏【合并】按钮，将衣身合并，重复操作合并下摆。然后用【钢笔】工具绘制领子和褶皱，细节调整完成（图 3-4-22）。

5. 绘制领圈双罗纹。用【钢笔】工具沿着领子外轮廓绘制一条相似曲线，单击数字键盘【+】键复制后移开，并单击属性栏【水平镜像】按钮（图 3-4-23）。

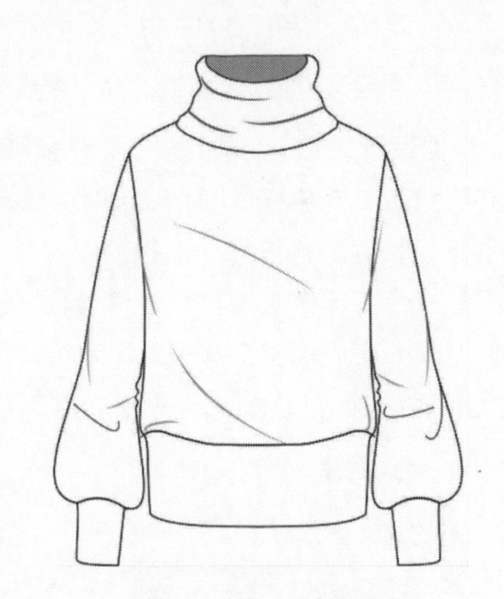

图 3-4-22 添加领子

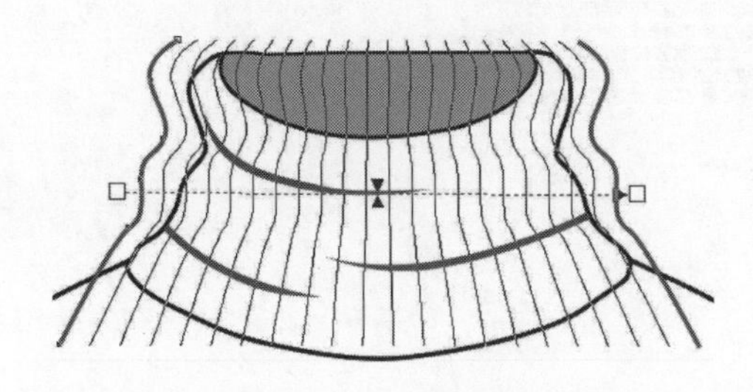

图 3-4-23 调和对象

6. 选中工具箱【调和】工具，将其调和（图 3-4-23）。执行菜单【对象/图框精确剪裁/置于图文框内部】命令。单击页面【编辑 PowerClip】按钮，修改“步长”，根据实际情况调整首尾两条曲线造型及颜色，完成后单击【停止编辑内容】按钮（图 3-4-24）。

7. 重复操作，填充下摆和袖口罗纹（图 3-4-25）。

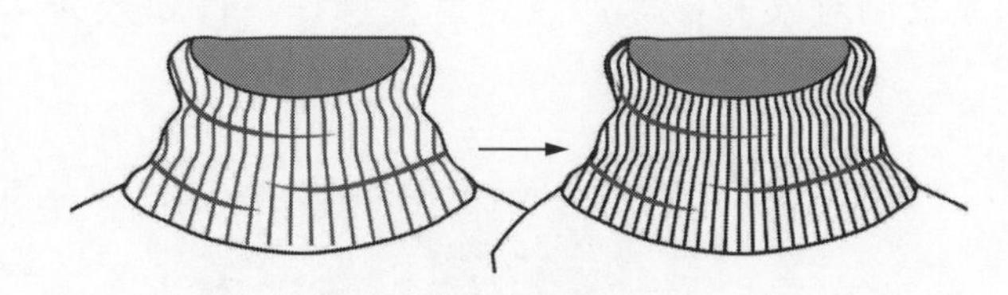

图 3-4-24 编辑罗纹

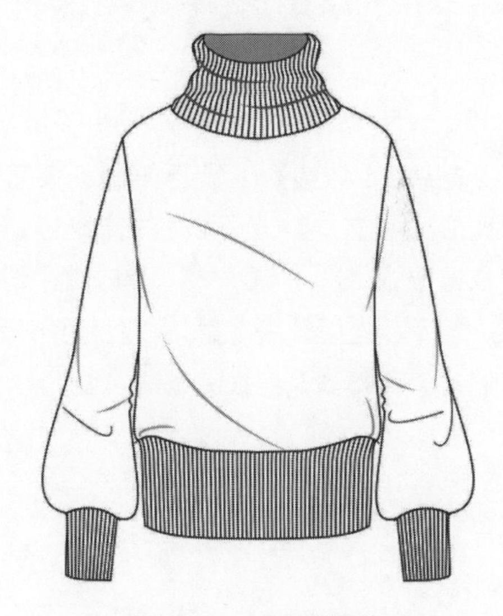

图 3-4-25 填充罗纹

8. 绘制衣身毛衫纹路，方法参见第二章第四节中图 2-4-7。选择【钢笔工具】绘制纹路基本单元图，水平复制后再旋转 90°。打开【艺术笔】泊坞窗，将对象保存为新笔触（图 3-4-26）。

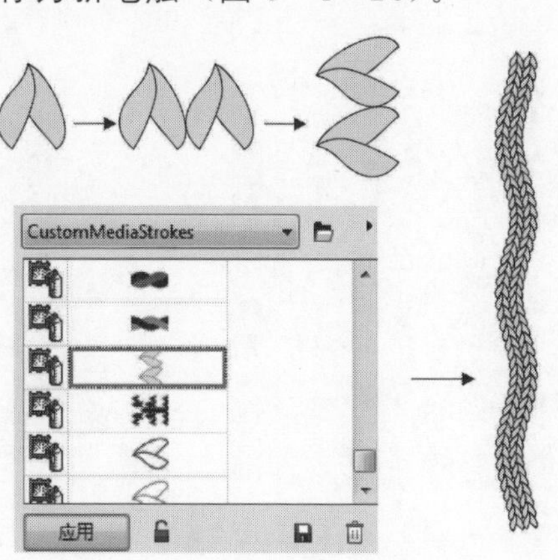

图 3-4-26 新建纹路笔触

9. 选择【2 点线】工具绘制一条垂直线，选择【喷涂列表中的纹路笔触】，单击【应用按钮】。在属性栏修改“对象大小”、“每个色块中的图像像素和图像距离”、“旋转”中选择“相对于路径”的操作。选中对象，按住【Ctrl】水平复制对象并修改颜色，重复操作，得到效果（图 3-4-27）。

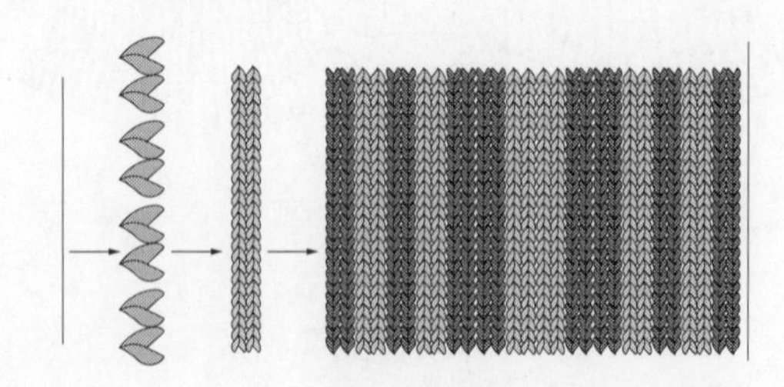

图 3-4-27　直线纹路

10. 选择【2 点线】工具再绘制一条垂直线，打开【变形工具】，单击属性栏的【拉链】变形，设置“拉链振幅 15”、“频率 5”，单击【平滑变形】按钮。然后应用纹路笔触，按住【Ctrl】水平镜像复制对象，得到效果（图 3-4-28）。

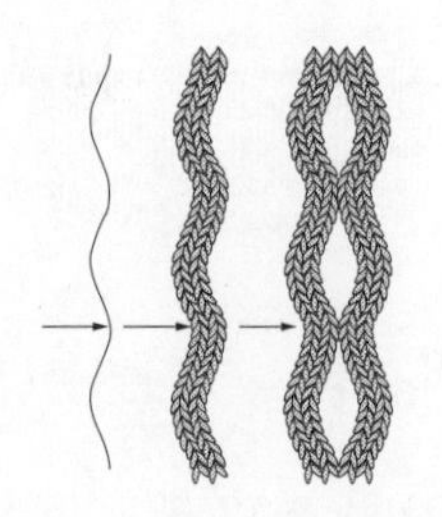

图 3-4-28　曲线纹路

11. 根据设计需求，组合两组纹路，得到效果，完成后按住【Ctrl+G】群组。右键单击执行【PowerClip】内部，单击衣身（图 3-4-29）。

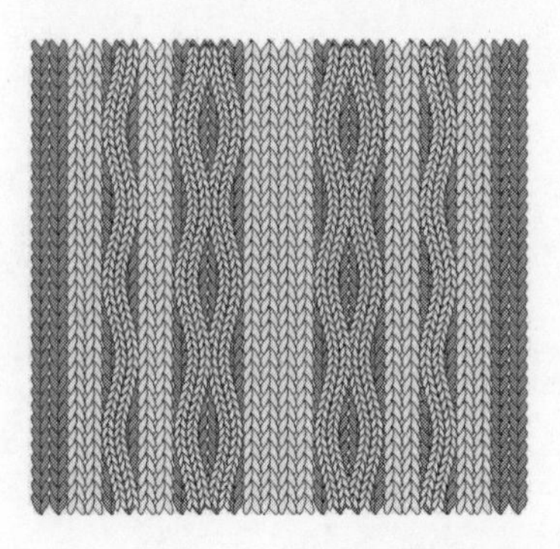

图 3-4-29　填充

12. 单击页面中【编辑 PowerClip】按钮，在调整修改页面，选中对象执行菜单【位图/转换为位图】命令，然后按住【Shift】键成比例缩放对象，完成后单击【停止编辑内容】按钮（图 3-4-30）。

13. 打开工具箱【属性滴管】工具，复制填充袖子纹路，并通过单击【编辑 PowerClip】按钮，旋转纹路，以适应袖子的倾斜角度，直到满意为止（图 3-4-31）。

图 3-4-30　编辑内容　　　图 3-4-31　最后效果

14. 根据设计需要，有时候需要有多种配色。其操作方法如下：选中图 3-4-29 中的纹路组合图，单击【+】键复制移开，执行菜单【位图/转换为位图】命令。选中位图，执行【位图/位图颜色遮罩】命令，在泊坞窗口选中隐藏颜色，用吸管笔在位图白色底上单击，单击【应用】（图 3-4-32）。

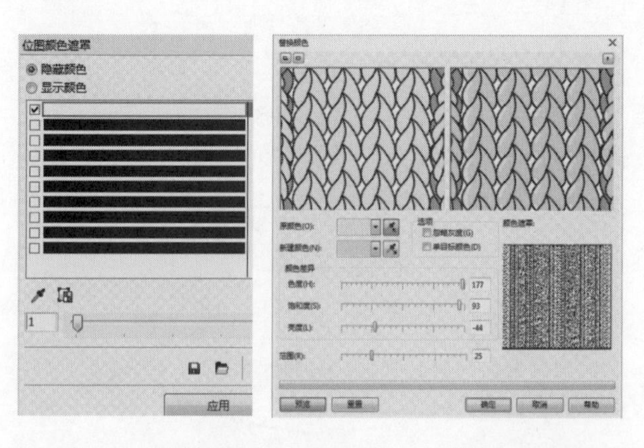

图 3-4-32　遮罩泊坞窗　　　图 3-4-33　替换颜色设置

15. 选中位图，执行菜单【效果/调整/替换颜色】命令，弹出对话框（图 3-4-33），单击“原颜色”吸管笔，然后在位图中单击要替换的颜色，选择合适的新颜色，根据需要设置参数后单击【确定】按钮，得到效果（图 3 - 4 - 34）。

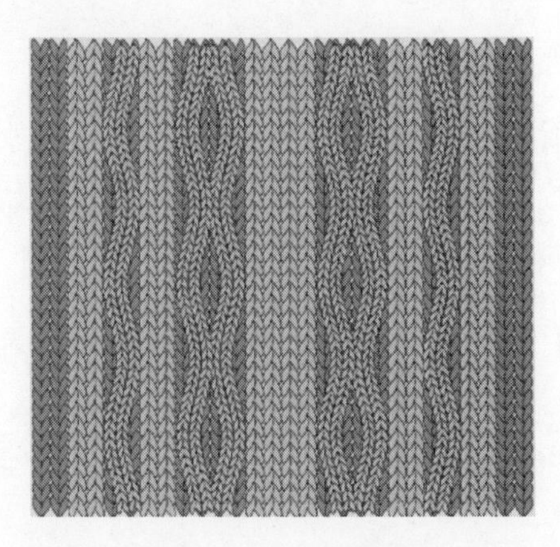

图 3 - 4 - 34　颜色替换

图 3 - 4 - 35　最后效果

16. 重复操作，可以得到不同的配色效果。完成后将文件保存（图 3 - 4 - 35）。

本章小结

本章分别从女装裙子、外套、套装、针织衫四个类别进行绘制，应用的主要工具有形状工具、复制、镜像、钢笔、2 点曲线、合并、修剪、调整顺序等，同时，针对每个类别的款式图形/图样填充强调了不同工具的应用。在裙子案例中强调的是【双色图样填充】、【透明模式】以及【编辑位图】；在外套案例中强调的是【位图】菜单下不同命令产生的不同面料肌理效果；在套装案例中强调的是【拉链变形】、【位图图样填充】、【扭曲变形】、【渐变填充】；在针织衫案例中强调了羊绒衫的表现技法，创建新的艺术笔触和颜色替换等操作方法。操作技巧提示：

1. 在绘图时，建议勾选【视图/对齐辅助线和动态辅助线】，有助于绘图过程中对位。

2. 快速移动复制。选中对象后按下鼠标左键不松手拖动对象，右键单击结束操作即可。

3. 水平镜像复制。选中对象，按住【Ctrl】键，在对象左边延展手柄处按下左键并往右边翻转拖动，同时右键单击结束。

4. 利用属性栏中【修剪】工具，可以快速将一个对象分割成两个封闭的对象。

5. 单击【F11】可以打开编辑填充面板。单击【F9】全屏预览对象。

6. 对象只有【转换为位图】后，才可以执行【位图】菜单下的各种命令。

思考练习题

1. 完成下图的绘制，要求比例合适、结构准确、细节描绘清楚。知识要点：用【矩形】和【钢笔工具】绘制轮廓，用【形状工具】调整节点修改造型，用【轮廓笔】绘制虚线。

第四章

男装款式图绘制

相对于女装设计而言，男装设计在造型方面的变化要少得多，更多地注重材质、细节和工艺方面的表现。因此，男装平面款式图的绘制可以通过建立基本款型，然后在基本款型的上面进行变化与衍生，塑造不同细节的服装款式。

第一节　衬衣款式图绘制

男式衬衣款式廓形较稳定，更多的是注重局部细节的变化，如线的分割、面料拼接、刺绣图案、褶裥装饰等变化。因此，在绘制男式衬衣款式图时，可以在基本型上进行复制、修改和变化。

图 4-1-1　各种衬衣实物展示

一、衬衫绘制实例效果

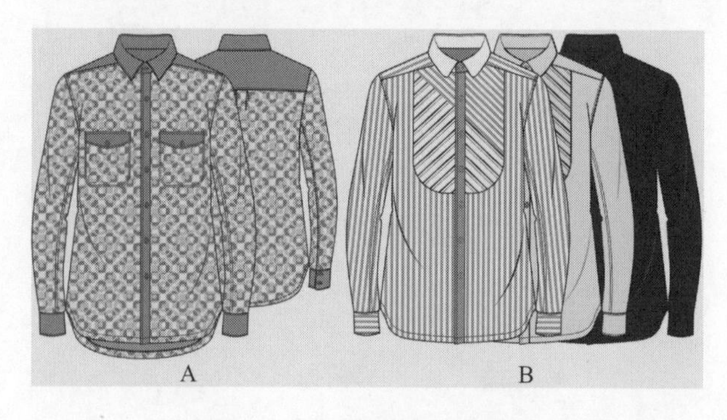

图 4-1-2　衬衣绘制实例效果

二、实例图 A 操作步骤

1. 绘制衣身左片（图 4-1-3）。按住【Ctrl+N】新建一个文件。单击工具箱【矩形】工具绘制两个矩形（图 4-1-3 中 a），鼠标右键单击执行【转换为曲线】，单击【形状工具】，添加节点（图 4-1-3 中 b），并通过【到曲线】命令调整造型至合适状态（图 4-1-3 中 c）。

2. 用【3 点曲线】工具绘制袖头弧线、袖子侧缝线、过肩弧线、前片下摆弧线以及衣纹褶皱线。用属性栏【修剪】按钮分割对象，将袖头、过肩、前后衣身生成独立的封闭图形，操作方法参见第三章第二节中图 3-2-4。用【矩形】工具绘制口袋，转换曲线后用【形状】工具添加节点，修改口袋造型（图 4-1-3 中 d）。

3. 选中衣纹褶皱弧线，执行【对象 / 将轮廓转换为对象】命令，然后用【形状】工具调整造型。用复制移开方式添加缝纫虚线，下摆分割的操作与袖头分割相同，最后调整细节完成（图 4-1-3 中 e）。

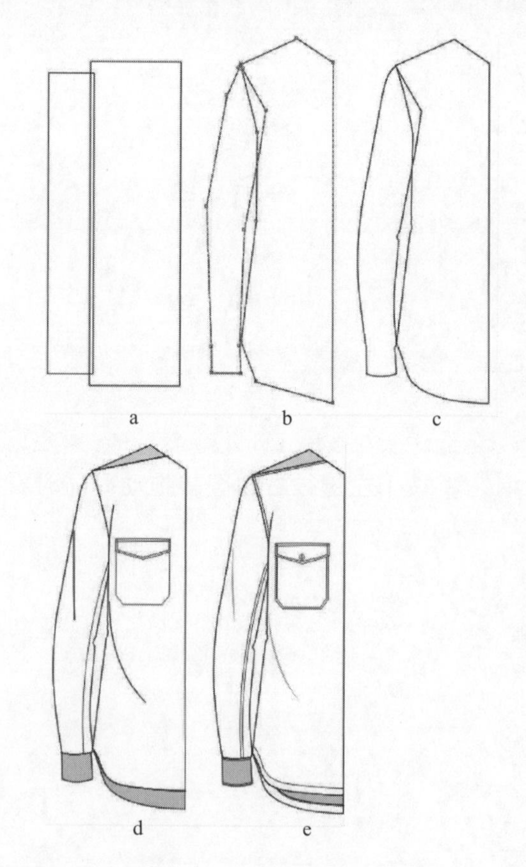

图 4-1-3　左片衣身绘制过程

4. 绘制钮扣（图 4-1-4）。选择【椭圆】工具，按住【Ctrl】键，绘制一个 10mm×10mm

的正圆，单击数字键盘【＋】键原位复制，按住【Shift】键成比例缩放。继续绘制四个 1.5mm 小正圆并对齐。

5. 用【3 点曲线】绘制一条弧线，在属性栏【轮廓宽度】框中输入数字 1.3mm，然后执行菜单【对象/将轮廓转换为对象】，并填充白色，轮廓色为黑色，单击【＋】键复制，单击属性栏【水平镜像】按钮，按住【Ctrl＋G】群组。

6. 绘制扣眼。用矩形工具绘制一个 13mm×3mm 的长方形，位于钮扣下方，并与钮扣执行"垂直居中对齐"和"水平居中对齐"。用【形状】工具将矩形直角变成圆角，并右键单击转换为曲线。单击工具箱【粗糙工具】，在属性栏设置"笔尖宽度 1.1mm""笔尖频率 5"，然后沿着椭圆轮廓拖动（图 4－1－4）。完成后将钮扣和扣眼全部选中，按住【F12】打开轮廓笔对话框，勾选"填充之后""随对象缩放"，然后移回至衣身口袋盖位置，并调整大小。

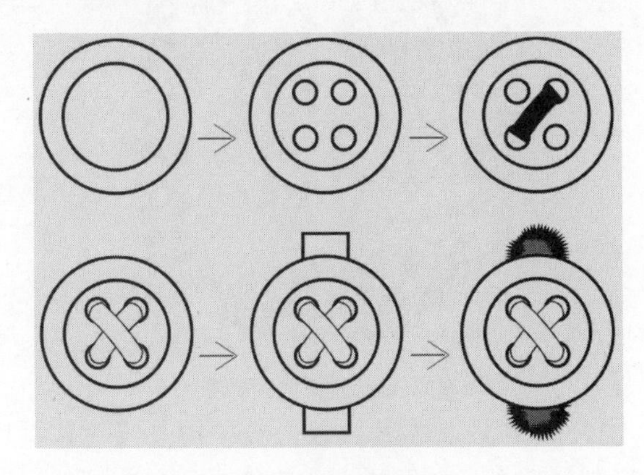

图 4－1－4　钮扣绘制过程

7. 全选对象，按住【Ctrl】键，在对象左边延展手柄处按下左键往右边翻转拖动，同时右键单击结束，水平镜像复制对象（图 4－1－5）。

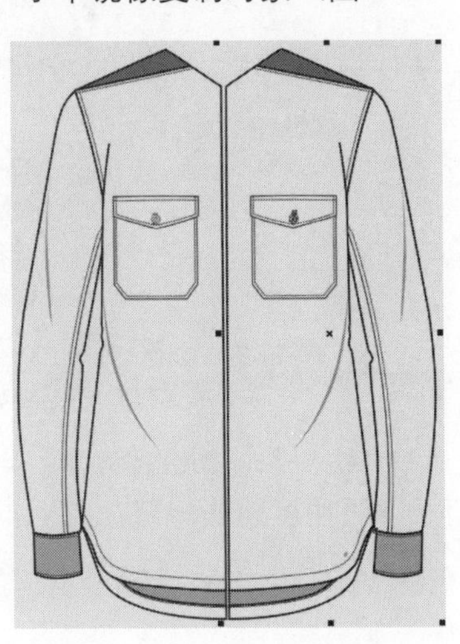

图 4－1－5　水平镜像复制

8. 绘制领子（图 4－1－6）。用【钢笔】工具绘制封闭图形作为领子轮廓，用【3 点曲线】绘制一条弧线作为领子翻折线。选择领子轮廓和翻折线，按住【Ctrl】键，水平镜像复制对象。选择左右领子，单击属性栏【合并】按钮。

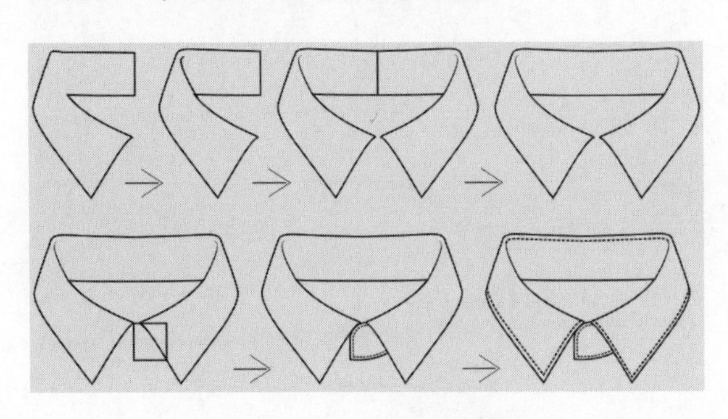

图 4－1－6　领子绘制过程

9. 用【矩形】工具绘制一个小矩形作为领座，用【形状】工具将左上角的直角修改成圆角，然后右键单击执行【转换为曲线】，最后修改调整对象。

10. 添加领子缝纫线。选中领子轮廓复制后移开，【形状】工具，在需要断开的地方选择节点，单击属性栏【断开曲线】按钮，重复操作，将外轮廓分解成多条线段，在属性栏【线条样式】中选择虚线，然后移回至领子合适位置。延伸出去的部分用【形状工具】添加节点和删除节点的方式进行调整（图 4－1－7）。

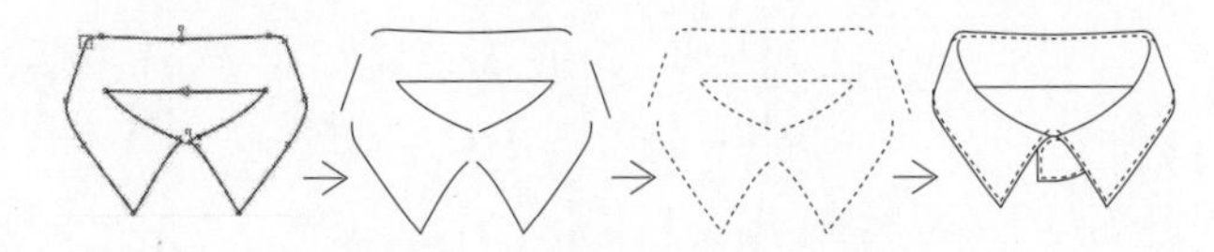

图 4－1－7　添加领子缝纫线过程

11. 选中领子，按住【Ctrl＋G】群组，然后移回至衣身部分。用【矩形】工具绘制门襟，根据情况调整对象顺序（图 4－1－8）。

12. 用属性栏【合并】按钮合并后片下摆。复制钮扣两个，分别放在门襟的上端和下端位置，然后单击【调和工具】将其调和，设置步长为 5（图 4－1－9）。

13. 绘制背面图（图 4－1－10）。全选正面图，单击属性栏【创建边界】按钮。然后用【3 点曲线】工具绘制领圈弧线、袖窿弧线、过肩弧线、背中育克以及袖头弧线。

图 4－1－8　绘制门襟　　　图 4－1－9　完成效果

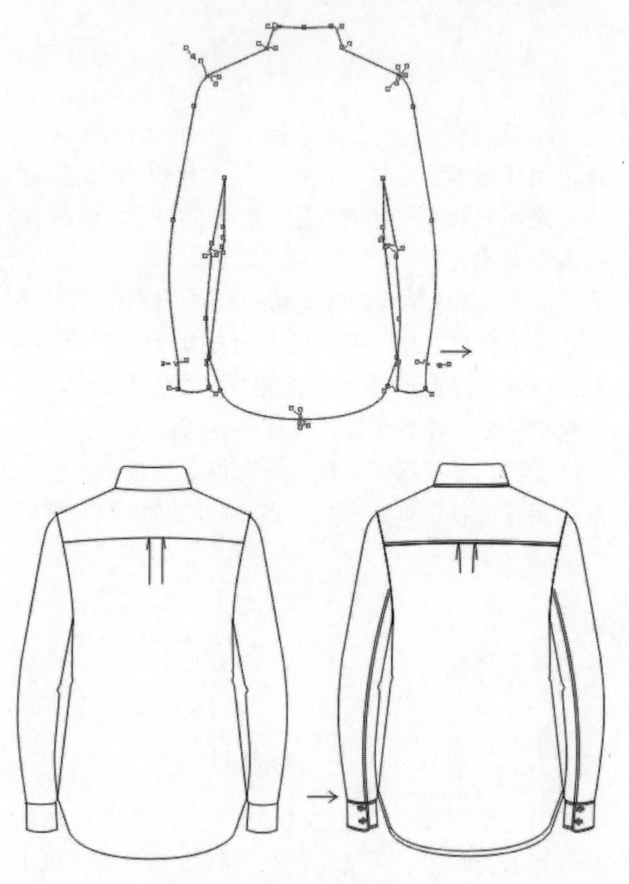

图 4－1－10　背面图绘制过程

14. 分别选中弧线和衣身边界进行【修剪】，然后右键单击【拆分曲线】，重复操作，将对象分解成独立的领子、过肩、衣袖及袖头。用复制的方式添加缝纫线，调整细节完成。

15. 图案填充。选中衣身左片，打开【双色图样填充】泊坞窗，选择图样和颜色，设置大小后，单击【Enter】键（图 4－1－11）。

16. 选择工具箱【属性滴管】工具，复制填充其他部分（图 4－1－12）。

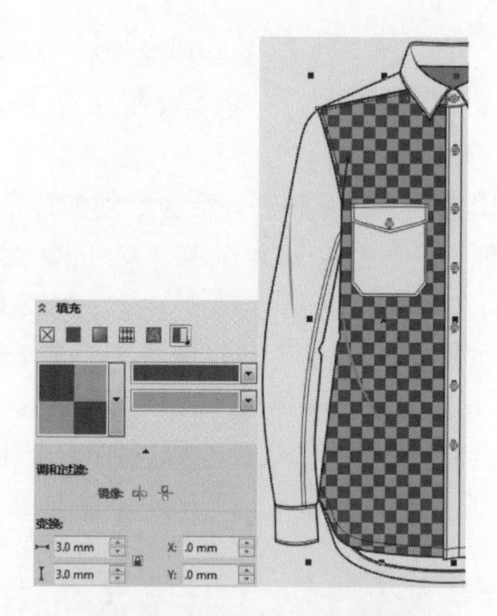

图 4－1－11　方格图样填充

图 4－1－12　属性滴管

17. 选中衣身左片，单击数字键盘【＋】键原位复制，选择另一图样，改变大小后单击【Enter】键（图 4－1－13）。

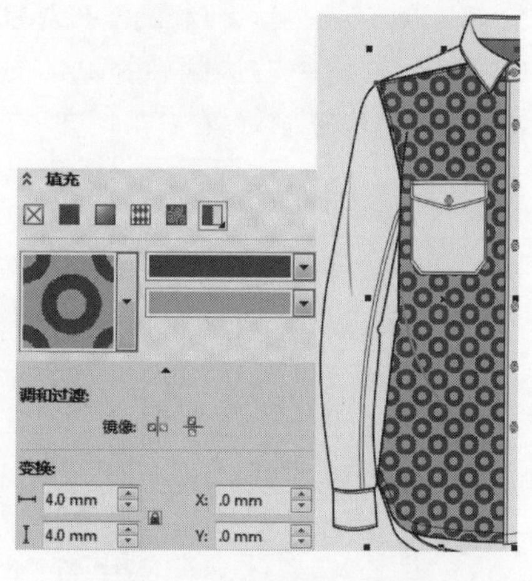

图 4－1－13　圆圈图样填充

18. 打开【透明度】泊坞窗，在下拉菜单中选择“屏幕”模式（图 4－1－14）。

图 4-1-14　屏幕模式

19. 重复制操作，填充其他部分（图 4-1-15）。

图 4-1-15　属性滴管

20. 单击工具箱【颜色滴管】工具，进行单色填充，最后调整细节，完成并保存文件（图 4-1-16）。

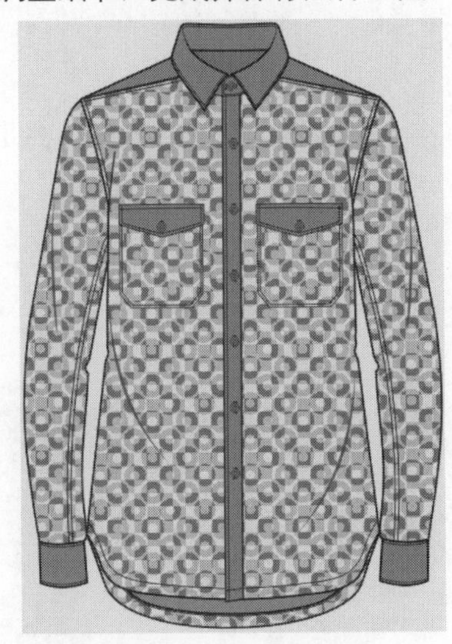

图 4-1-16　颜色滴管

三、实例图 B 操作步骤

1. 图 B 款式与图 A 款式差异不大，因此可以在图 A 款式上进行修改即可。首先选中图 A，单击数字键盘【+】键复制后移开，取消组合，并删除口袋和后片下摆部分。

2. 用【形状工具】修改过肩，在三角型过肩上双击添加一个节点，然后将其移至袖窿弧线上，根据实际情况调整顺序，使其位于前衣片的上方（图 4-1-17）。

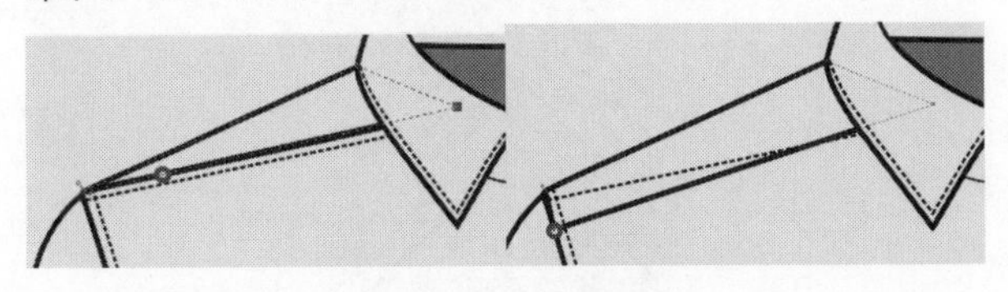

图 4-1-17　过肩修改

3. 将尖角领修改成圆角领型。拖出两条水平辅助线，用【形状工具】在红色圈的位置双击添加四个节点，按住【Shift】键，选择四个节点，单击属性栏【尖突节点】按钮。双击删除绿色圈处的节点，然后调整手柄至合适状态，删除缝纫线（图 4-1-18）。

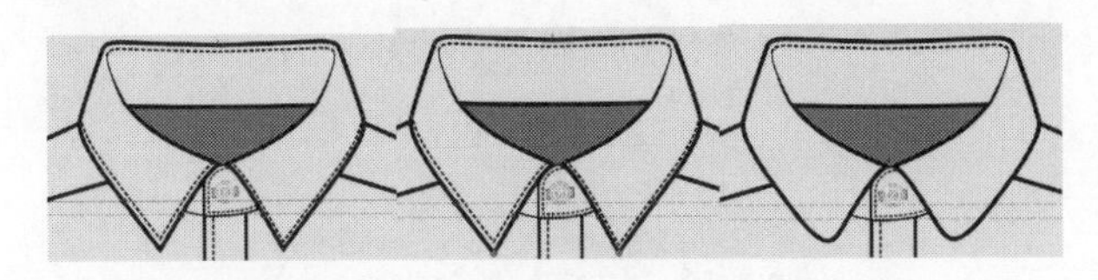

图 4-1-18　领子修改过程

4. 绘制前胸 U 形拼布。用【矩形】工具绘制一个矩形，垂直居中对齐，然后用【形状】工具将下方直角修改成圆角。右键单击执行【转换为曲线】命令，修改上方造型，根据实际情况调整顺序（图 4-1-19）。

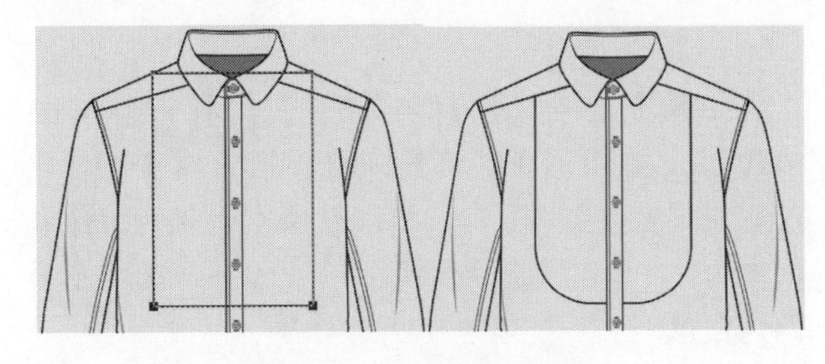

图 4-1-19　绘制 U 型拼布

5. 绘制拼布上的压褶装饰。用【2 点线】绘制一条水平线，拖出一条垂直辅助线放在水平线的中心点。用【形状】工具在中心点双击，添加一个节点，并将其往上垂直移动，形成一条折线，设置折线轮廓宽度为 0.5mm。

6. 选中折线，按住【Ctrl】键往下垂直拖动并右键单击，复制一条折线作为缝纫虚线，轮廓宽度为 0.2mm。选中两条折线，再次往下垂直拖动并复制，然后多次单击快捷键【Ctrl+D】快速再制，完成后，按住【Ctrl+G】群组对象（图 4－1－20）。

图 4－1－20　绘制装饰线

7. 选中群组后的折线，右键单击执行【PowerClip 内部】命令，单击 U 形对象。如果要修改，则单击页面中的【编辑 PowerClip】按钮，完成后单击页面【停止编辑内容】按钮（图 4－1－21）。

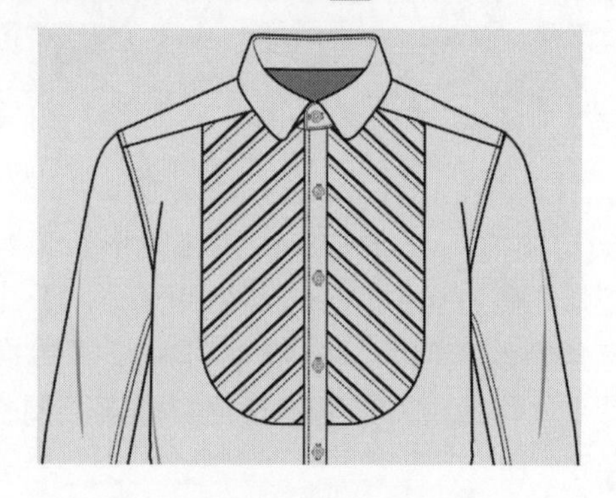

图 4－1－21　填充

8. 填充上色。用【矩形工具】绘制一个 6mm×100mm 的矩形条，填充灰色。打开【变换/位置】泊坞窗（图 4－1－22），设置水平轴为 6mm，副本为 1，单击【应用】按钮，然后将副本填充颜色为白色。

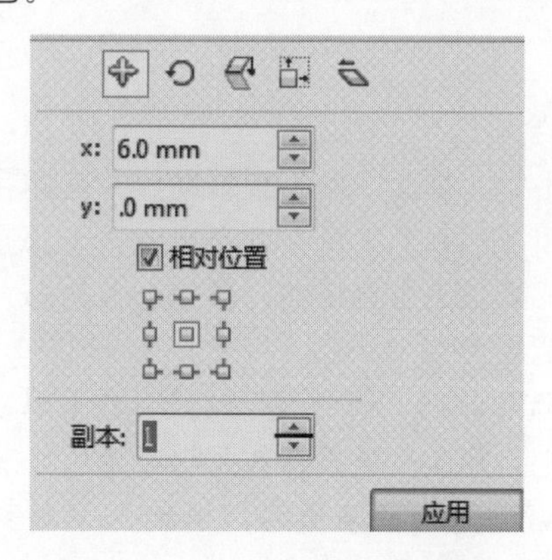

图 4－1－22　位置泊坞窗

9. 选中灰色和白色矩形并按住【Ctrl+G】群组，在【位置】泊坞窗口，设置水平轴为 12mm，副本为 15，单击【应用】按钮后群组对象（图 4－1－23）。

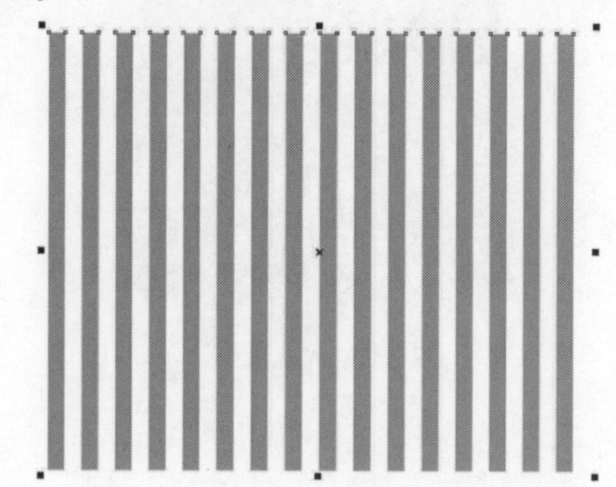

图 4－1－23　复制

10. 选中群组后的对象，右键单击执行【PowerClip 内部】命令，单击衣身左片。如果要修改填充图样大小、旋转等，则单击页面中的【编辑 PowerClip】按钮，完成后单击页面【停止编辑内容】按钮。重复操作，填充其他部分完成（图 4－1－24）。

图 4－1－24　填充过程

11. 根据设计需要，可以有多种形式的配色效果（图 4－1－25）。

图 4－1－25　多种配色效果

第二节　夹克款式图绘制

夹克服装因其造型轻便、活泼、富有朝气，所以是男士衣柜中的常见单品。早期夹克造型较固定，一般衣长较短，胸围宽松，多用暗扣或拉链连接，袖口克夫和下摆克夫收紧。但随着科学技术的进步以及时尚潮流理念的渗透，夹克服装与其他类型服装一样，以更加新颖和时尚的姿态出现在人们的生活中。

图 4-2-1　各种外套实物展示

一、夹克绘制实例效果

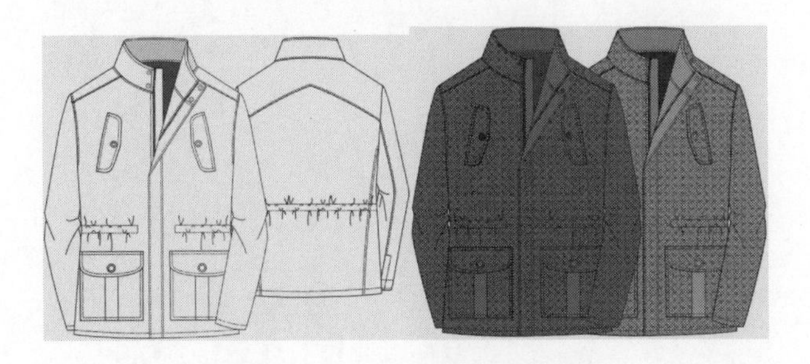

图 4-2-2　夹克绘制实例效果

二、操作步骤

1. 绘制衣身左片。按住【Ctrl+N】新建一个文件。单击工具箱【矩形】工具绘制两个矩形（图 4-2-3 中 a），鼠标右键单击执行【转换为曲线】，单击【形状工具】，添加节点，并通过【到曲线】命令调整造型至合适状态（图 4-2-3 中 b）。

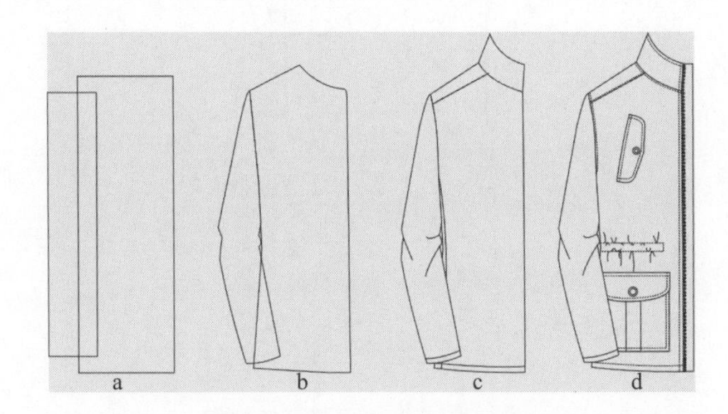

图 4-2-3　左前片绘制过程

2. 用【3 点曲线】工具绘制过肩弧线，下摆缝纫线，袖身褶皱弧线，以及领子封闭图形的连续弧线（图 4-2-3 中 c）。

3. 用【矩形】工具绘制口袋，转换成曲线后用【形状工具】修改调整口袋的外形，添加缝纫线。用【创建艺术笔】绘制单边拉链，方法参照第二章第四节图 2-4-4，并在拉链下方绘制一个门襟里布，调整完善细节（图 4-2-3 中 d）。

4. 绘制衣身右片。全选衣身左片，单击数字键盘【+】键原位复制后移开，删除门襟里布和拉链，重新绘制衣片门襟面布，至于最上方（图 4-2-4 中 e）。

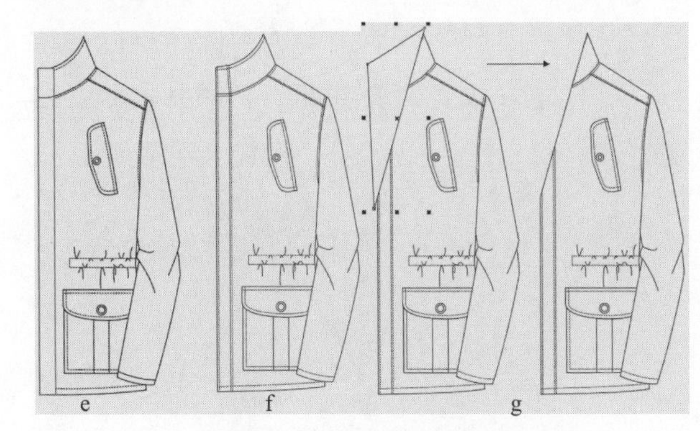

图 4-2-4　右前片绘制过程

5. 通过属性栏【合并】按钮，将领子和衣身与门襟面布拼合，根据实际情况调整顺序。然后选中所有右片对象，按住【Ctrl+G】群组（图 4-2-4 中 f）。

6. 将领子翻折。选中群组后的右片，单击

【+】键原位复制并移开，然后用【钢笔】工具绘制1个封闭图形，选中封闭图形与衣身单击属性栏【裁剪】按钮，分割衣身（图4-2-4中g）。

7. 重复操作，将衣领也分割出来（图4-2-5）。

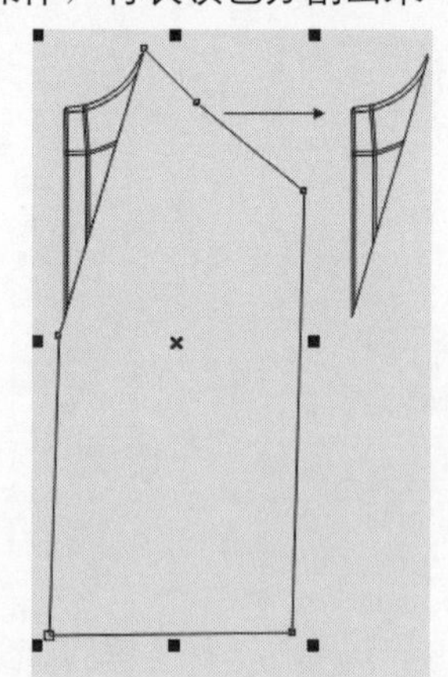

图4-2-5 分割对象

8. 重新组合领子与衣身。选中分割后的领子单击属性栏【水平镜像】，再次单击对象并旋转至合适位置（图4-2-6）。

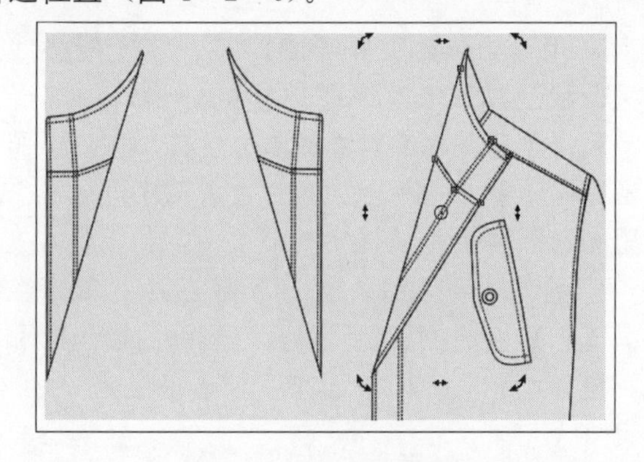

图4-2-6 镜像并移动

9. 将左右衣身对齐并组合，添加右边拉链（图4-2-7）。

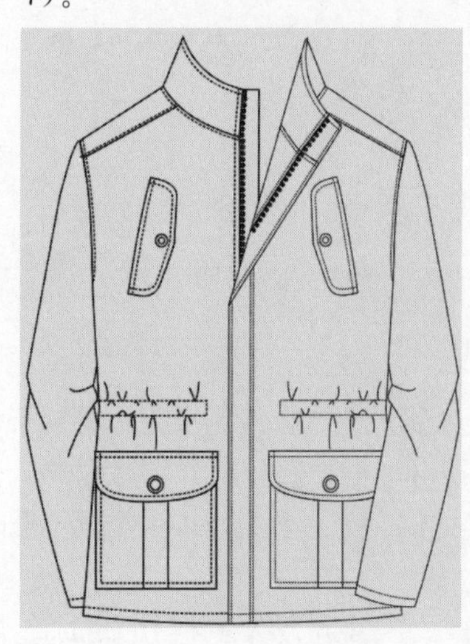

图4-2-7 组合左右衣片

10. 添加后领和后片，操作方法参见第二章第一节图2-1-6，并调整细节完成（图4-2-8）。

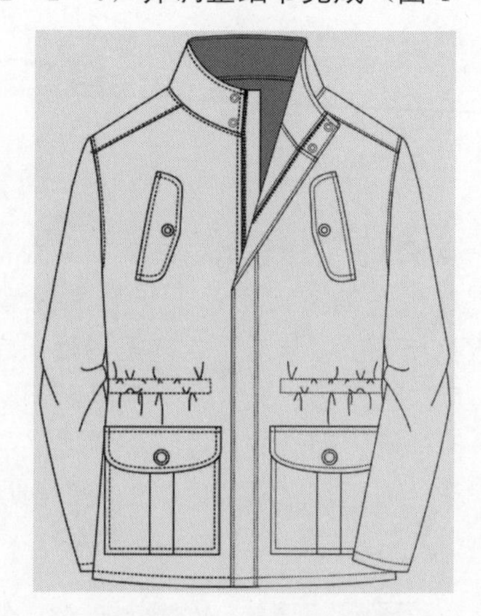

图4-2-8 正面图最后效果

11. 绘制背面图（图4-2-9）。全选正面图，删除口袋、拉链等内部细节，然后单击属性栏【创建边界】按钮，然后通过【3点弧线】、【钢笔】、【形状】、【修剪】、水平镜像复制等功能完善细节。

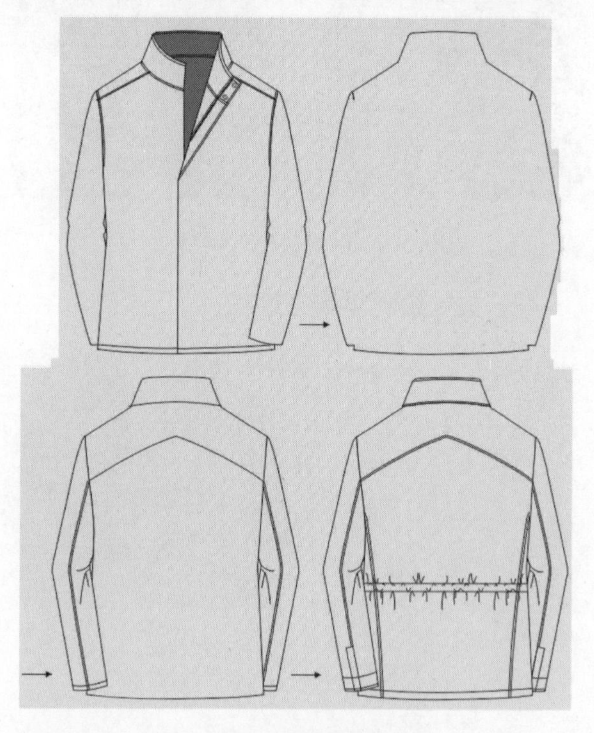

图4-2-9 背面图绘制过程

12. 填充上色。选中衣身左片，先填充一个单色。然后单击数字键盘【+】键原位复制，打开【双色图样填充】，选择菱形格，设置大小为3mm×3mm。打开【透明度】泊坞窗，选择“底纹化”，得到效果（图4-2-10）。

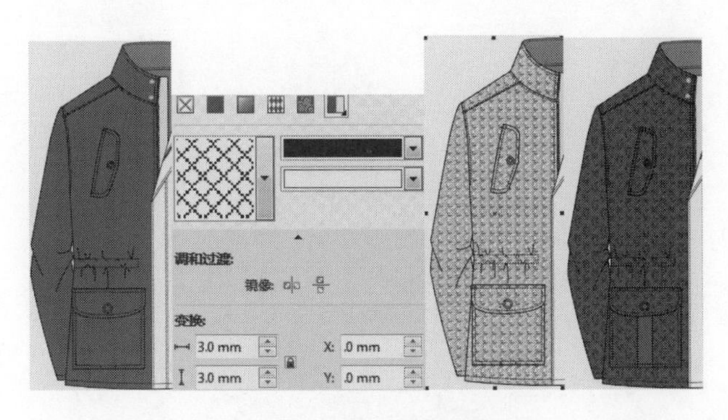

图 4-2-10　图样填充

13. 重复以上操作填充其他部分（图 4-2-11）。

图 4-2-11　完成效果

第三节　裤装款式图绘制

一、牛仔裤绘制实例效果

图 4-3-1　牛仔裤绘制实例效果

二、操作步骤

1. 单击工具箱【矩形】工具绘制 1 个矩形，鼠标右键单击执行【转换为曲线】，单击【形状工具】，添加节点（图 4-3-2 中 a），然后移动节点（图 4-3-2 中 b），在需要的线段上单击执行【到曲线】命令调整造型至合适状态（图 4-3-2 中 c）。

2. 用【3 点曲线】工具绘制脚口弧线，腰头弧线（图 4-3-2 中 d）。选中腰头下弧线和裤身片，单击属性栏【修剪】按钮，右键单击执行【拆分曲线】。然后选中腰头上弧线和裤身，重复修剪操作，将腰头和裤身分割成独立的封闭对象（图 4-3-2 中 e）。

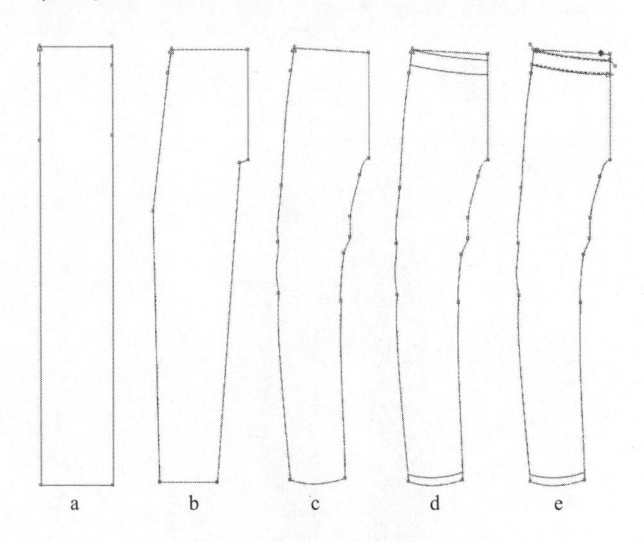

图 4-3-2　裤子绘制过程（一）

3. 添加裤子外侧缝和内侧缝缝纫线（图 4-3-3 中f），参照第二章第二节中图 2-2-3。用【3 点曲线】工具绘制口袋弧线（图 4-3-3 中 g）。

4. 全选图 g，按住【Ctrl】键，在对象左边延展手柄处按下左键往右边翻转拖动，同时右键单击结束，水平镜像复制对象（图 4-3-3 中 h）。

5. 调整、完善细节（图 4－3－3 中 i）。

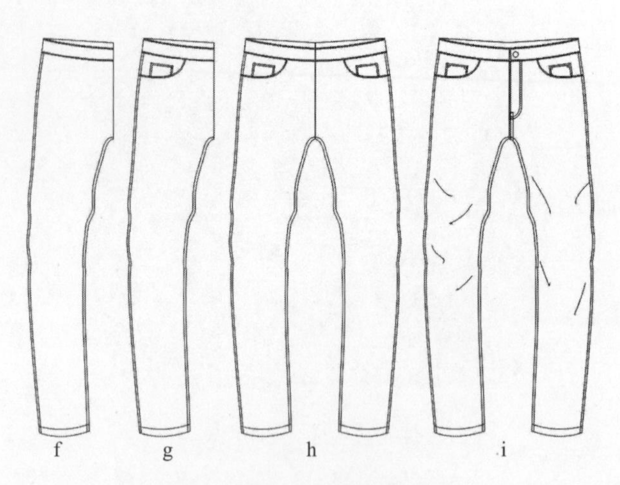

图 4－3－3　裤子绘制过程（二）

6. 全选对象，填充颜色 C: 60 M: 40 Y: 0 K: 40。然后用【2 点线工具】配合【Shift】键绘制一条垂直线，在属性栏“旋转”框中输入 45°，单击【Enter】键。按住【+】复制斜线，然后移动至合适位置（图 4－3－4）。

7. 单击工具箱【调和】工具，将斜线调和，属性栏【步长】设置为 220（图 4－3－5）。选中斜线，执行【对象 / 图框精确裁剪 / 置于图文框内部】（图 4－3－6）。

图 4－3－4　绘制 45°斜线

图 4－3－5　斜线调和

8. 单击页面中【编辑 PowerClip】按钮，编辑裁剪内容，效果（图 4－3－7）。

9. 选中裤身，单击【+】键原位复制，执行【位图 / 转换为位图】，弹出对话框，单击平【确定】按钮。执行【位图 / 杂点 / 添加杂点】，弹出对话框，选择“均匀”类型，“层次”为 76，“密度”为 66，“颜色模式”为强度，单击【确定】按钮，得到效果（图 4－3－8）。

10. 选择【椭圆】工具绘制一个椭圆，填充白色，去掉描边色（图 4－3－9）。

11. 选中椭圆对象，执行【位图 / 转换为位图】，然后执行【对象 / 模糊 / 高斯模糊】，弹出对话框，设置“半径”为 79 像素，单击【确定】，得到效果（图 4－3－10）。

12. 重复操作，完成其他部位的处理（图 4－3－11）。

13. 用【手绘工具】绘制一个封闭图形，填充颜色为 C: 60 M: 40 Y: 0 K: 40，描边色为白色。选择工具箱【粗糙工具】，在属性栏【笔尖半径】框中输入 2mm，沿着白色描边粗糙。选择【涂抹工具】，根据设计需要适当涂抹边缘线，选中对象执行【位图 / 转换为位图】命令，然后执行【位图 / 扭曲 / 湿笔画】。单击【+】复制破洞效果，适当调整大小和位置，最后添加裤袢（图 4－3－12）。

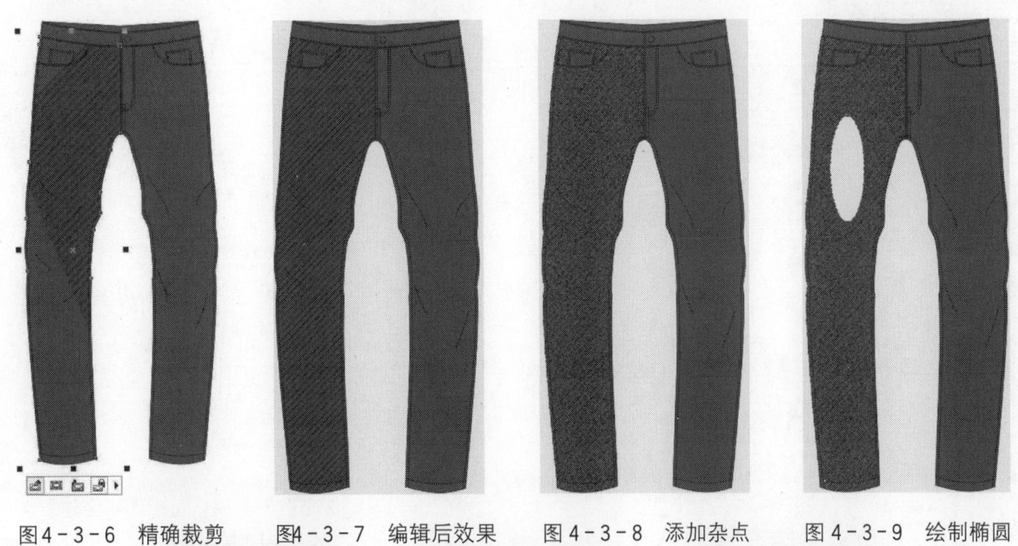

图4-3-6　精确裁剪　图4-3-7　编辑后效果　图4-3-8　添加杂点　图4-3-9　绘制椭圆

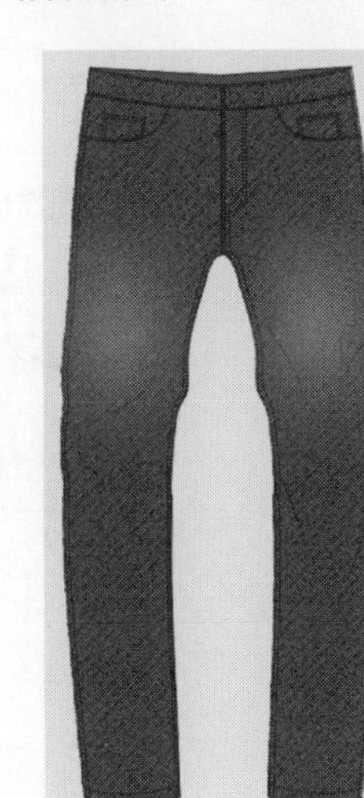

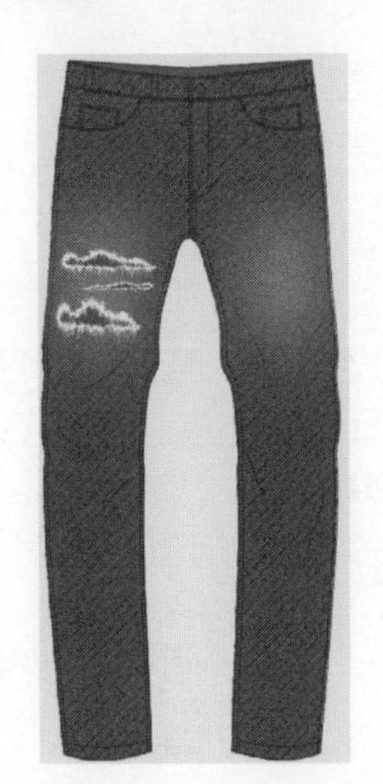

图4-3-10　高斯模糊　图4-3-11　完成效果　图4-3-12　最后效果

第四节　西装款式图绘制

西装款式虽然从风格上分有商务套装、休闲西装之分，从门襟形式上分有单排扣、双排扣，两粒扣、三粒扣、四粒扣和六粒扣等，但其款式的基本廓形却保持不变。根据流行需要，主要变化发生在材料选配、领部造型、扣子粒数等方面。在绘制平面款式图时，可以建立一个基本廓形，然后再修改变化，从而衍生出不同的款式。

图4-4-1　各种西装款式实物展示

一、西装绘制实例效果

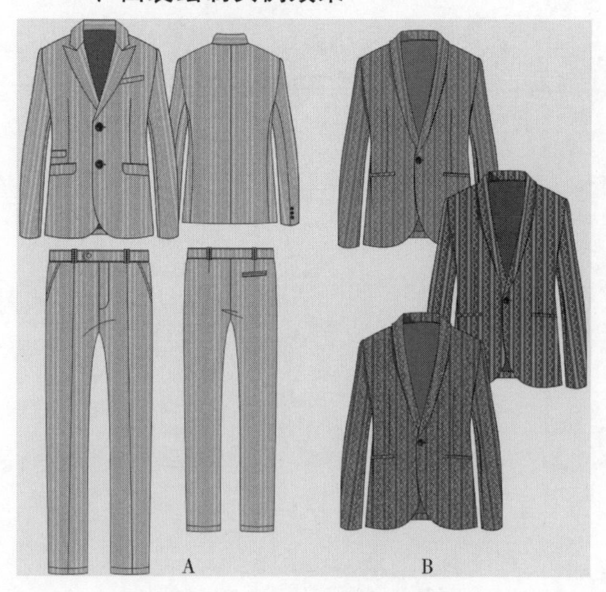

图 4-4-2　西装绘制实例效果

二、实例图 A 操作步骤

1. 绘制衣身左片。按住【Ctrl+N】新建一个文件。单击工具箱【矩形】工具绘制两个矩形（图 4-4-3 中 a），鼠标右键单击执行【转换为曲线】，单击【形状工具】，双击添加节点，并通过【到曲线】命令调整造型至合适状态（图 4-4-3 中 b）。

2. 选择【钢笔】工具绘制两个封闭图形作为领子的驳头和领面，并调整对象顺序（图 4-4-3 中 c）。绘制口袋及缝纫线，完成后全选对象按住【Ctrl+G】群组（图 4-4-3 中 d）。

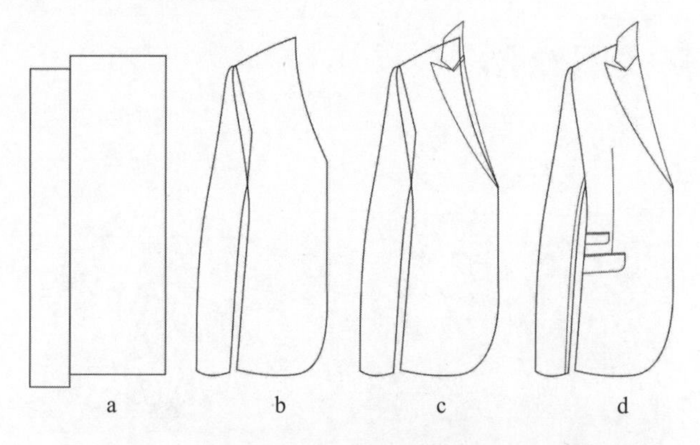

图 4-4-3　左片绘制过程

3. 组合对象。选择对象，单击数字键盘【+】键原位复制，再单击属性栏【水平镜像】按钮，按住【Ctrl】键水平移动至合适位置（图 4-4-4 中 e）。然后按住【Ctrl+U】取消右边衣身群组，删除小口袋，添加绘制手巾袋、钮扣、后领座以及后片（图 4-4-4 中 f），方法参见第二章第一节中图 2-1-6。

图 4-4-4　正面图组合过程

4. 钮扣绘制步骤（图 4-4-5）。选择【椭圆】工具，按住（Ctrl）键绘制正圆，然后复制并成比例缩放。打开【渐变填充】泊坞窗，每个正圆填充不同的渐变形式，最后执行【水平居中对齐】和【垂直居中对齐】，细节调整完成（图 4-4-5）。

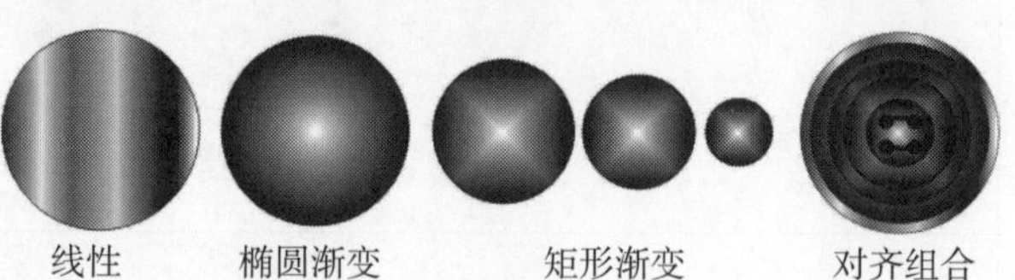

图 4-4-5　钮扣绘制过程

5. 绘制背面图。全选正面图，单击数字键盘【+】键复制并移开对象，按住【Ctrl+U】取消群组。选择【形状】工具，调整领子外轮廓以适合后领廓形（图 4-4-6）。

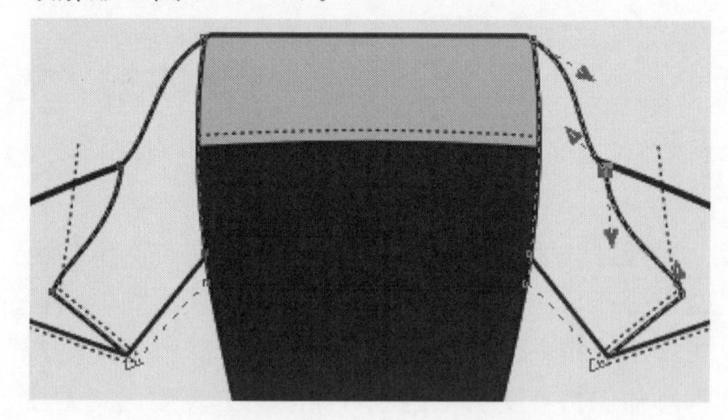

图 4-4-6　【形状】工具调整领型

6. 选中正面图中的一些细节，如驳头、口袋，钮扣等直接删除。选中除袖子外的衣身部分，单击属性栏【创建边界】按钮，删除多余的部分。然后按照第三章第三节中图 3-3-5 的方法完成后片绘制（图 4-4-7）。

7. 绘制西裤。绘制裤子正面图（图 4-4-8）。用【矩形工具】绘制一个矩形，鼠标右键单击执行

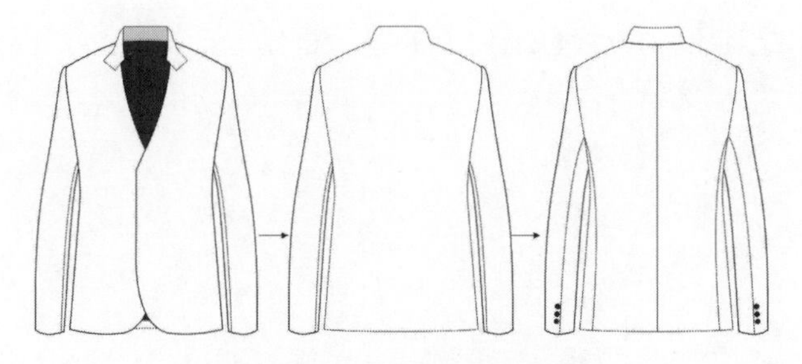

图 4－4－7　背面图绘制过程

【转换为曲线】，单击【形状工具】，添加节点并通过【到曲线】命令，调整裤身左片造型。

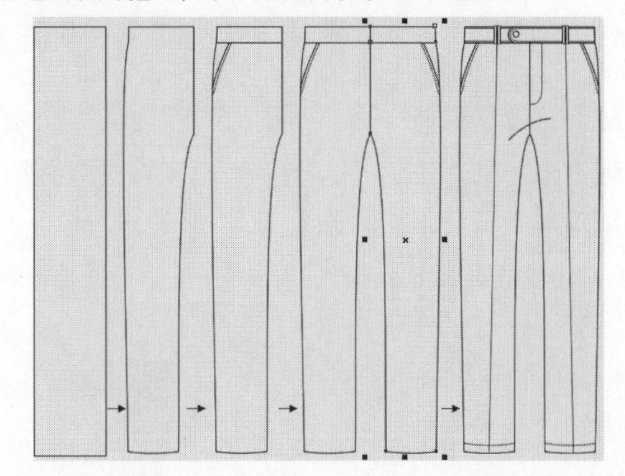

图 4－4－8　裤子正面图绘制过程图

8. 添加腰头及口袋分割线，并与裤身合并执行【修剪】命令。全选左裤片，按住【Ctrl＋G】组合对象，然后按住【Ctrl】键，在对象左边延展手柄处按下左键往右边翻转拖动，同时右键单击结束，水平镜像复制对象。

9. 用【形状】工具调整腰头造型，用【2 点线】工具绘制裤子挺缝线，用【3 点弧线】工具绘制前门襟及褶皱线。

10. 绘制裤子背面图。全选裤子正面图，单击【＋】复制并移开。直接删除挺缝线、口袋线、前门襟。添加绘制后口袋及省道线，调整腰头完成（图 4－3－9）。

11. 填充上色。选择【矩形】工具，按住【Ctrl】键绘制一个 10cm×10cm 的正方形。

12. 选择工具箱【2 点线】工具绘制一条 10cm 的垂直线，轮廓宽度设置为 3mm。执行菜单【对象/将轮廓转换为对线】命令，去掉轮廓色。

13. 单击数字键盘【＋】键原位复制，属性栏【对象大小】框中输入宽度 0.2mm，调整颜色后与正方形执行水平居中对齐（图 4－4－10）。

14. 选中条纹单元，按住【Ctrl】键水平移动至合适位置，然后多次按下【Ctrl＋D】键快速再制条纹（图 4－4－11）。

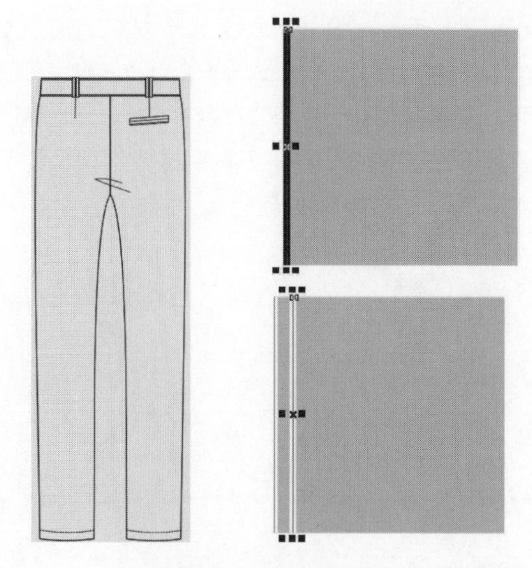

图 4－4－9　裤子背面图　　图 4－4－10　绘制条纹单元

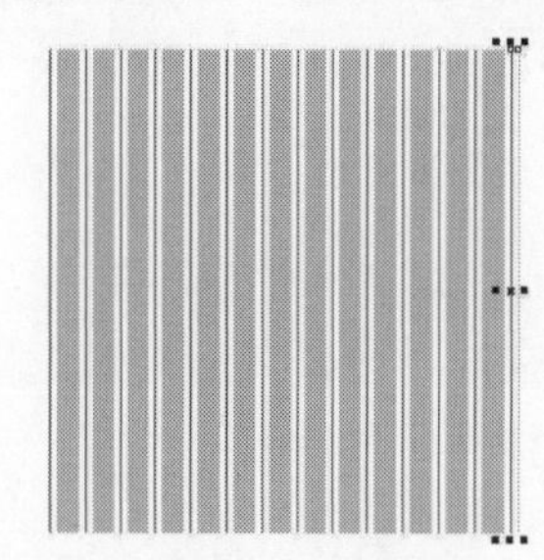

图 4－4－11　再制条纹

15. 全选对象，执行【位图/转换为位图】命令后，执行【位图/杂点/添加杂点】命令（图 4－4－12）。弹出对话框，设置参数后单击【确定】按钮（图 4－4－13）。

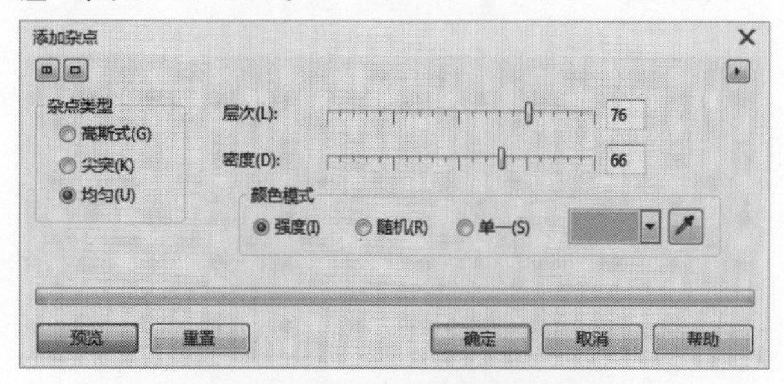

图 4－4－12　杂点设置

图 4－4－13　应用杂点

16. 选中衣身对象，打开【位图图样填充】泊坞窗，单击【从文档新建】按钮，在页面中框选对象后，单击页面中【接受】按钮（图 4-4-14）。

17. 调整图样大小。在泊坞窗口【变换】框中输入数值即可以调整（图 4-4-15）。

图 4-4-14　位图填充

图 4-4-15　调整图样大小

18. 单击工具箱【属性滴管】工具，复制填充其他部分，并在泊坞窗口【旋转】框修改数值可以调整图样的倾斜度，最后效果（图 4-4-16）。

图 4-4-16　属性滴管

19. 用同样的方法填充裤子。

三、实例图 B 操作步骤

本款式为青果领，一粒扣修身西装。在图 A 款式的基础上进行修改调整，完成款式图的绘画。

1. 绘制衣身左片（图 4-4-17）。选中图 A 款式的衣身左片复制并移开（图 4-4-17 中 a），按住【Ctrl＋U】取消群组，删除驳领、口袋，用【形状】工具在红色标记点位置双击添加一个节点（图 4-4-17 中 b）。

2. 选中【形状】工具，移动节点（图 4-4-17 中 c）。然后调整领子外轮廓为青果领型，并适当调整下摆弧线至合适状态（4-4-17 中 d），全选对象，按住【Ctrl＋G】进行群组。

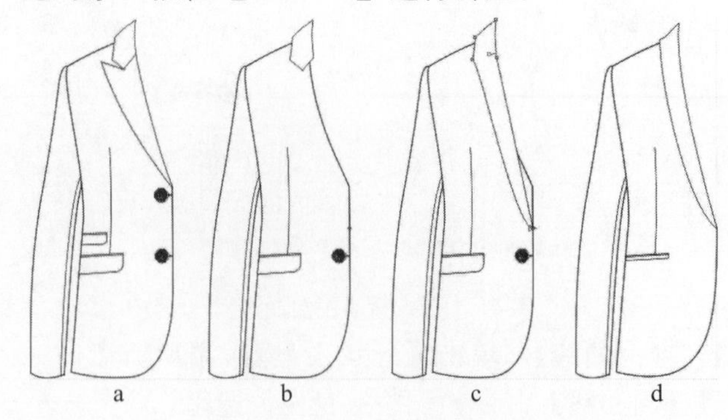

图 4-4-17　款式修改过程

3. 组合款式。选中图 4-4-17 中 d 图，单击数字键盘【＋】键复制，单击属性栏【水平镜像】按钮镜像对象，按住【Ctrl】键，将其水平移动至合适位置，将钮扣复制过来（图 4-4-18 中 e）。

4. 添加后领座及后片衣身，调整细节完成（图 4-4-18 中 f）。

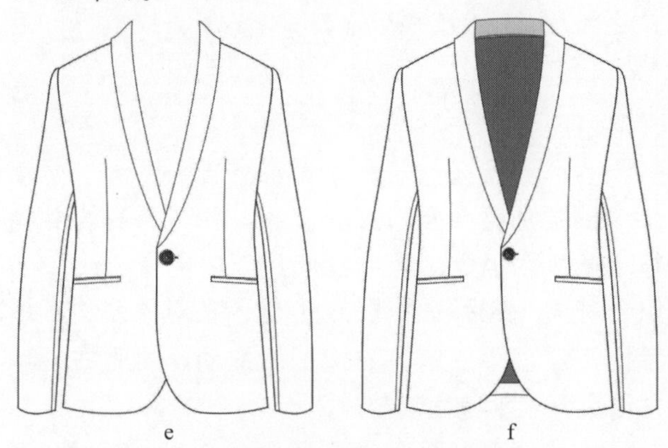

图 4-4-18　款式组合过程

5. 用矩形工具绘制两个矩形并填充上色（图 4-4-19）。

6. 用【2 点线】绘制一条垂直线，打开工具箱【变形】工具，在属性栏选择“拉链”，设置“振幅 10”，频率 20，单击“平滑变形”。单击【＋】键原位复制曲线，修改“振幅 20”，然后单击【水平镜像】按钮（图 4-4-20）。

图 4-4-19　　图 4-4-20　曲线变形

7. 选择条纹和曲线，按住【Ctrl】键水平移动至合适位置，然后多次按下【Ctrl+D】键快速再制对象（图4-4-21）。

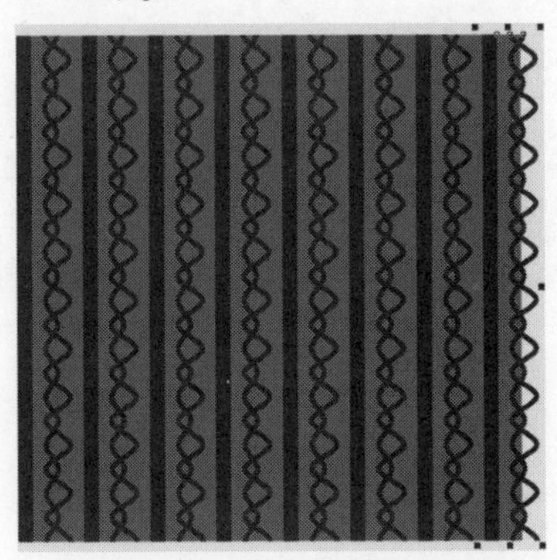

图4-4-21 再制对象

8. 全选对象，执行【位图/转换为位图】，然后再两次执行【位图/杂点/添加杂点】，完成后执行【位图/扭曲/湿笔画】，弹出对话框（图4-4-22），设置参数后单击【确定】按钮（图4-4-23）。

图4-4-22 湿笔画设置

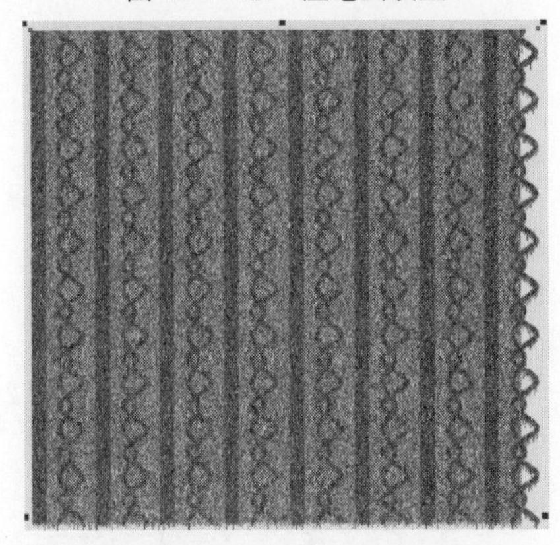

图4-4-23 应用湿笔画

9. 选中衣身对象，打开【位图图样填充】泊坞窗，单击【从文档新建】按钮，在页面中框选对象后，单击页面中【接受】按钮（图4-4-24）。

10. 调整图样大小后（图4-4-25），用工具箱【属性滴管】工具复制填充其他部分（图4-4-26）。

11. 多个配色操作。全选图4-4-21中的对象，执行【位图/转换为位图】命令，然后执行【效果/调整/替换颜色】，弹出对话框（图4-4-27），用“原颜色”吸管笔单击位图中的灰色底，选择合适替换颜色后，单击【确定】按钮，得到效果（图4-4-28）。

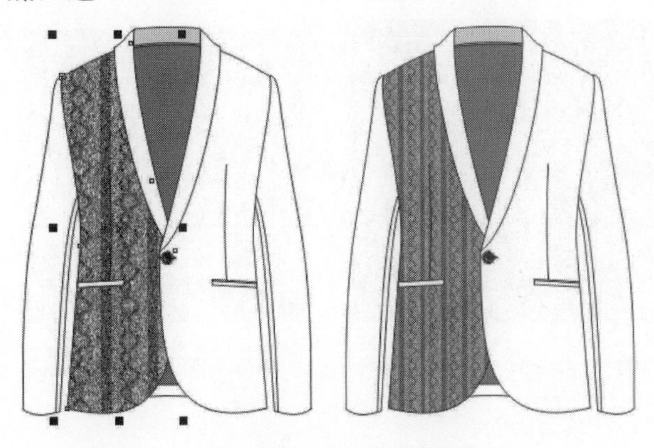

图4-4-24 位图填充　　图4-4-25 调整大小

图4-4-26 属性滴管

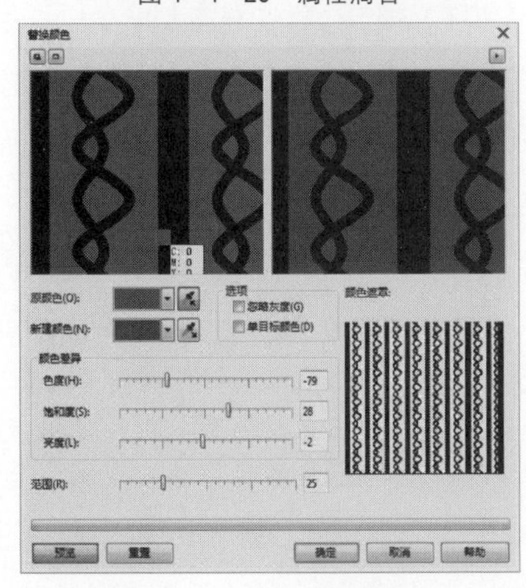

图4-4-27 替换颜色设置

12. 再次执行【效果/调整/替换颜色】，用“原颜色”吸管笔单击位图中的黑色图案，选择合适替换颜色后，单击【确定】按钮，得到效果（图4-4-29）。

13. 对位图进行编辑与衣身填充，得到最后效果（图 4－4－30）。

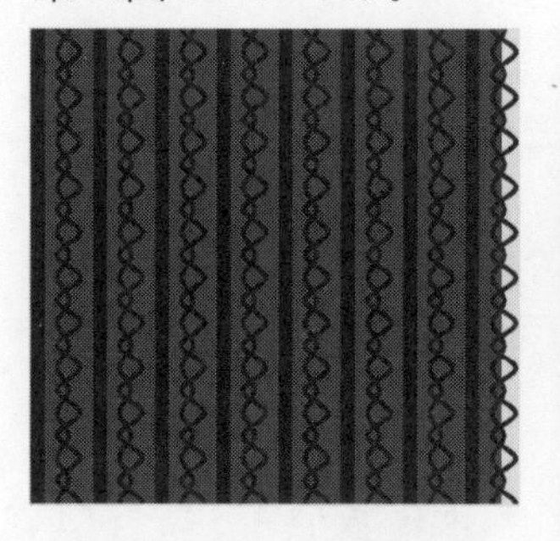

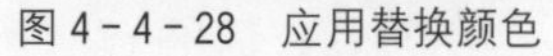

图 4－4－28　应用替换颜色

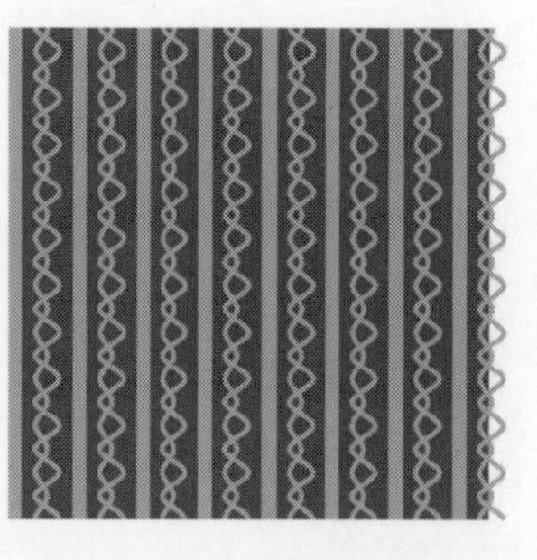

图 4－4－29　应用替换颜色

图 4－4－30　完成效果图

本章小结

本章从男式衬衫、外套、西装、裤子等几个类别进行绘制讲解，应用的主要工具有形状工具、复制、镜像、旋转、合并、修剪、调整顺序、创建边界等。同时，针对每个类别款式图形/图样填充强调了不同工具的应用。在衬衫案例中强调的是【双色图样填充】、【精确裁剪】；在外套案例中强调的是图样填充后执行【透明度】泊坞窗口的不同命令；在裤子案例中强调的是【转换为位图】、【添加杂点】、【高斯模糊】、【动态模糊】；在西服案例中强调了【渐变填充】、【扭曲】、【替换颜色】等工具。

操作技巧提示：

1. 【断开曲线】 可以将一条线段分成多个线段。
2. 【属性滴管】工具可以快速地复制填充到另外的对象中。
3. 单击【Ctrl＋D】可以快速复制多个对象。
4. 【PowerClip 内部】命令可以精确填充并编辑填充对象。
5. 对象转换为位图后，可以执行各种位图命令并编辑位图。
6. 【效果/调整/替换颜色】命令，可以快速修改对象的颜色。

思考练习题

1. 如何将轮廓转换为对象？这一工具在服装绘图中主要应用在哪些方面？

2. 如何利用【断开曲线】工具快速绘制与边缘平行的缝纫虚线，而不是依靠钢笔或贝塞尔工具来绘制？

3. 如何在服装正面图的基础上快速地完成背面图的绘制？

4. 按照提供的服装样式（见右图），完成平面款式图的绘制，要求比例合适、结构准确、细节描绘清楚。

第五章

内衣款式图绘制

随着科技的进步和人们生活水平的不断提高，内衣设计受到人们越来越多的关注，内衣也朝着功能性、舒适性、保健性等方向发展，各种造型不同、风格迥异的女性内衣款式层出不穷。与服装款式绘制一样，内衣款式绘制中也存在着造型、色彩、材料、装饰手法等问题。本章节主要从内裤、文胸、家居服等几个方面来讲解。

第一节　女式内裤款式图绘制

一、女士内裤绘制实例效果

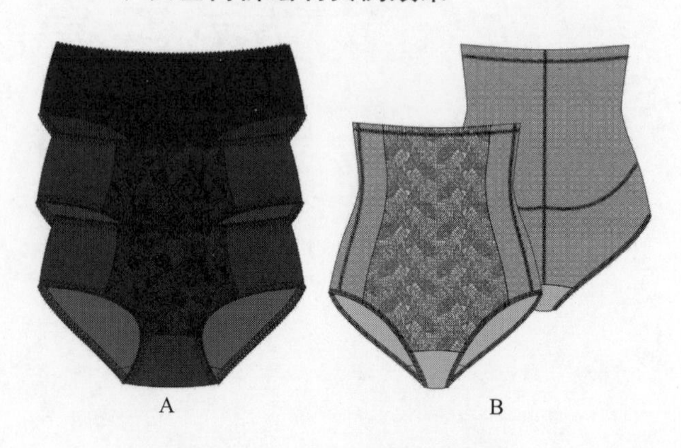

图 5-1-1　女式内裤绘制实例效果

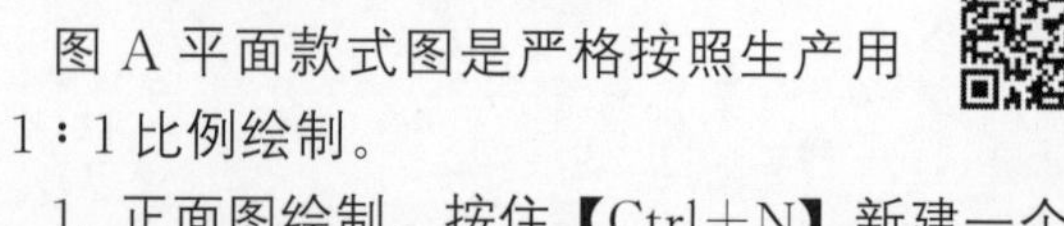
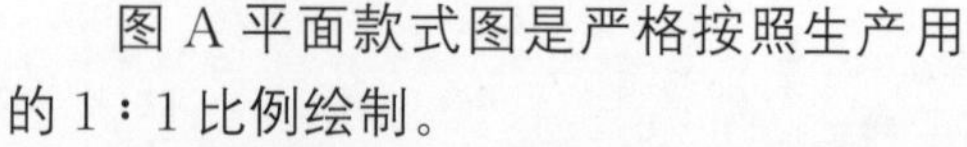

二、实例图 A 操作步骤

图 A 平面款式图是严格按照生产用的 1∶1 比例绘制。

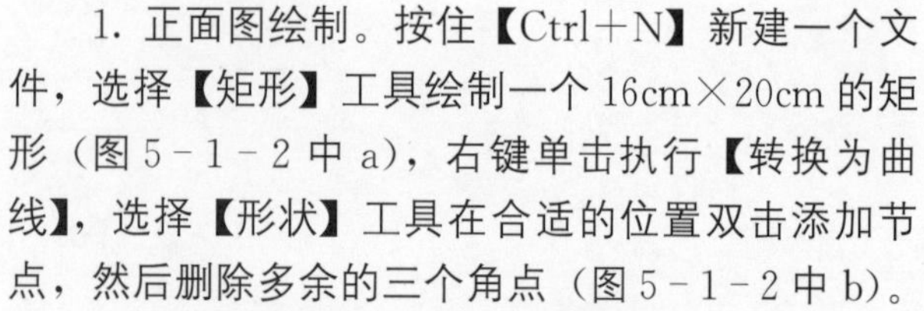

1. 正面图绘制。按住【Ctrl+N】新建一个文件，选择【矩形】工具绘制一个 16cm×20cm 的矩形（图 5-1-2 中 a），右键单击执行【转换为曲线】，选择【形状】工具在合适的位置双击添加节点，然后删除多余的三个角点（图 5-1-2 中 b）。

2. 选择【形状】工具，将鼠标移至直线段上右键单击执行【到曲线】命令，拖动手柄调整外轮廓造型（图 5-1-2 中 c）。

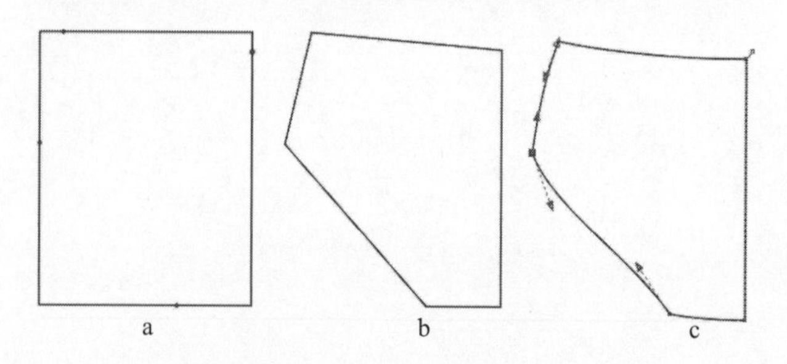

图 5-1-2　左片绘制过程

3. 选择【3 点曲线】工具绘制脚口弧线和蕾丝装饰分割线（图 5-1-3 中 d），先选中脚口弧线与外轮廓对象，单击属性栏【修剪】按钮，右键单击执行【拆分曲线】命令，移除脚口弧线。重复操作，分割蕾丝装饰部位（图 5-1-3 中 e）

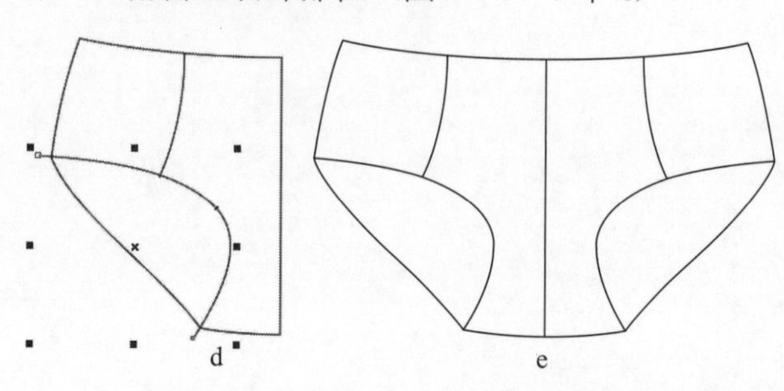

图 5-1-3　分割对象与镜像复制

4. 用【选择】工具选中前中两个对象，单击属性栏【合并】按钮，将其合并（图 5-1-4 中 f）。选择【3 点曲线】工具绘制前浪骨线和后浪骨线，调整后浪骨线的顺序。选中前浪骨线与前中片，单击【修剪】按钮，并右键执行【拆分曲线】命令，将浪底与前片分割。重复操作，将浪底与后片分割（图 5-1-4 中 g）。

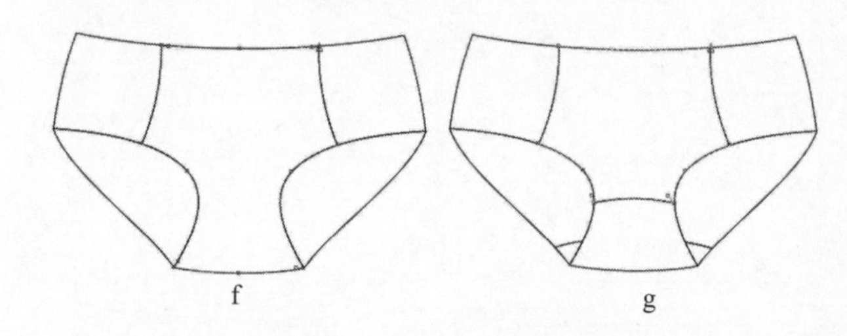

图 5-1-4　先合并后分割

5. 绘制人字形车缝线。拖出一条十字交叉的水平辅助线和垂直辅助线，然后选择工具箱【折线】工具，参照十字辅助线绘制一条折线，把折线移至到内裤腰头对比检查人字线大小的匹配（图 5-1-5）。

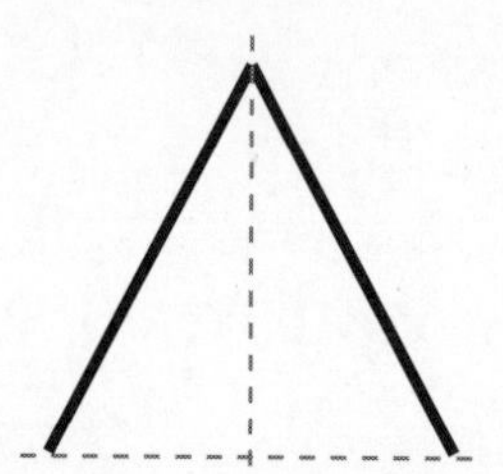

图 5-1-5　创建折线笔触

6. 选择工具箱【艺术笔】工具，在属性栏中按下【喷涂】按钮，然后单击【新喷涂列表】，鼠标自动切换成艺术笔形状，单击折线对象，回到属性栏单击【添加到喷涂列表】按钮，折线出现在喷涂列表中。

7. 全选内裤对象，单击属性栏【创建边界】按钮，用【形状】工具节点后单击属性栏【断开曲线】按钮，断开后的曲线备用（图 5－1－6）。

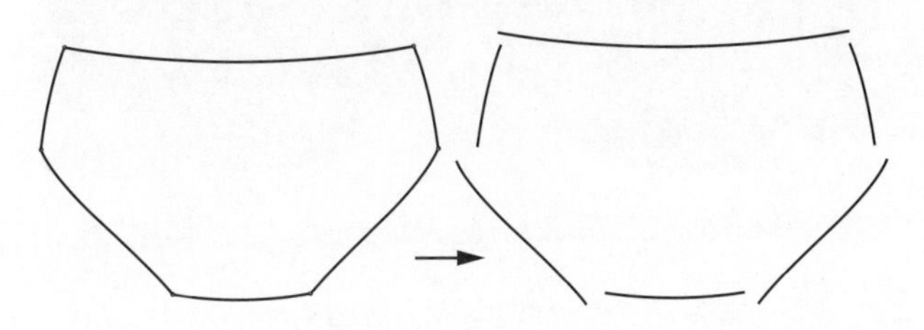

图 5－1－6 拆分曲线

8. 打开工具箱【艺术笔】工具，选择【新喷涂列表】中的“折线”笔触，单击腰头曲线，在属性栏设置“旋转角度 0”，“相对于路径”，“对象间距为 5.2”（图 5－1－7）。创建笔触也可以通过“泊坞窗口创建”，操作方法参见第二章第四节中图 2－2－7。

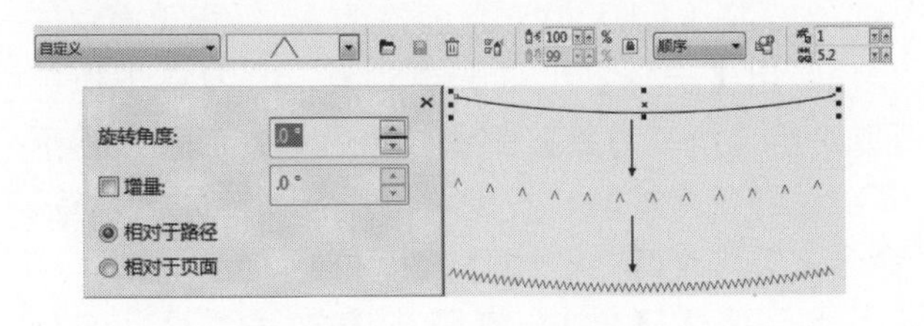

图 5－1－7 应用折线笔触

9. 重复操作，添加前脚口的车缝线（图 5－1－8）。

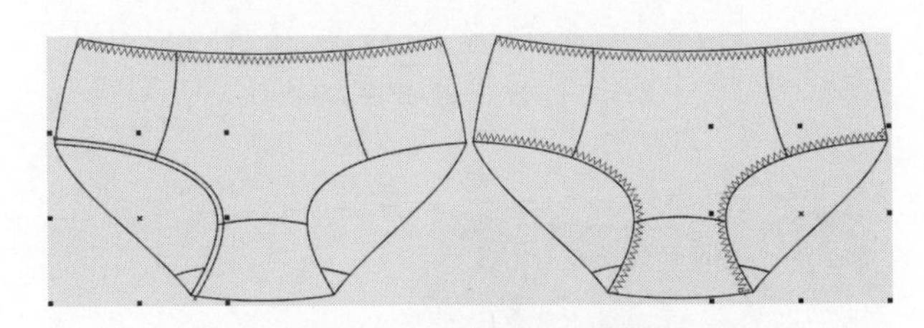

图 5－1－8 添加前脚口车缝线

10. 重复操作，绘制后脚口的车缝线，后脚口可以看见橡筋的边缘线（图 5－1－9）。

11. 绘制橡筋的花芽装饰。选择工具箱【基本形象工具】，在属性栏中选择【完美形状】，将完美形状按照图 5－1－7 的操作方式创建“花芽笔触（图 5－1－10）。在腰头应用“花芽笔触”时，属性栏选择“顺序”，在脚口应用“花芽

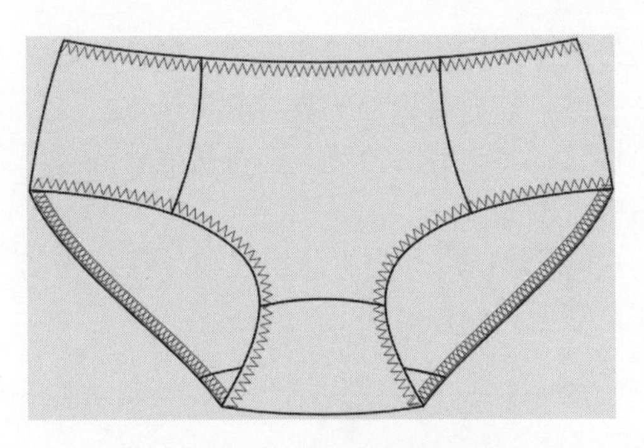

图 5－1－9 添加后脚口车缝线

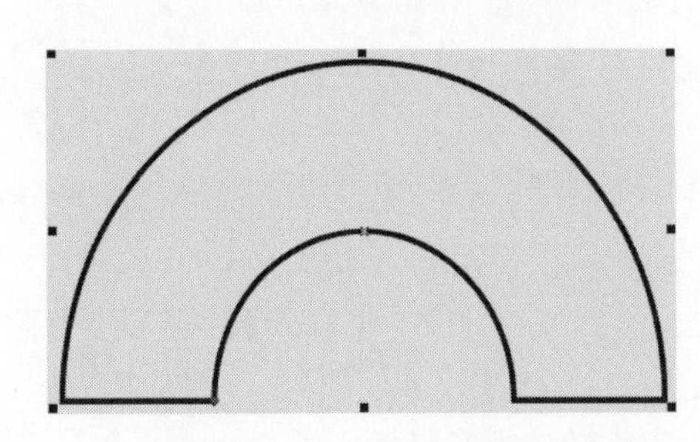

图 5－1－10 创建花芽笔触

笔触”时，在属性栏选择“按方向”，并将花芽填充颜色，得到效果（图 5－1－11）。

12. 修改细节。在笔触的应用过程中，边角有可能溢出外轮廓。用【选择】工具选中溢出的对象，按住【Ctrl＋K】执行“拆分艺术笔组”，然后再按住【Ctrl＋U】取消对象群组，将溢出部分的对象删除即可，正面图完成（图 5－1－12）。

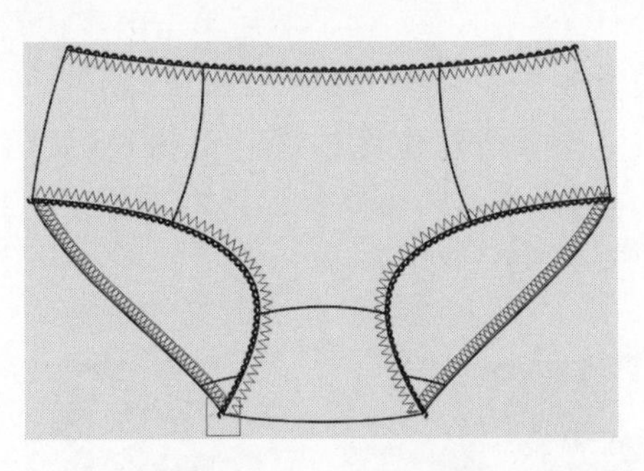

图 5－1－11 应用笔触

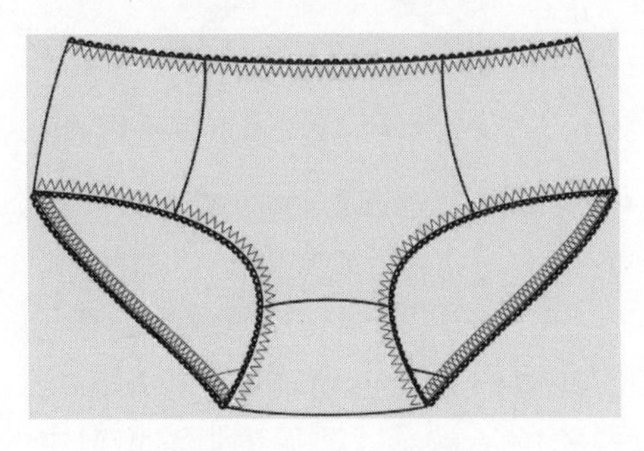

图 5－1－12 正面图

13. 绘制背面图。全选正面图复制后移开，用

框选方式分别选中缝纫线和花芽对象并移开，只保留外轮廓，然后全选外轮廓，单击属性栏【创建边界】按钮，将边界对象移开，将后浪骨线移回到边界图中（图 5－1－13）。

14. 用选择用具选中缝纫线和花芽，移回至边界图，完成背面图（图 5－1－14）。

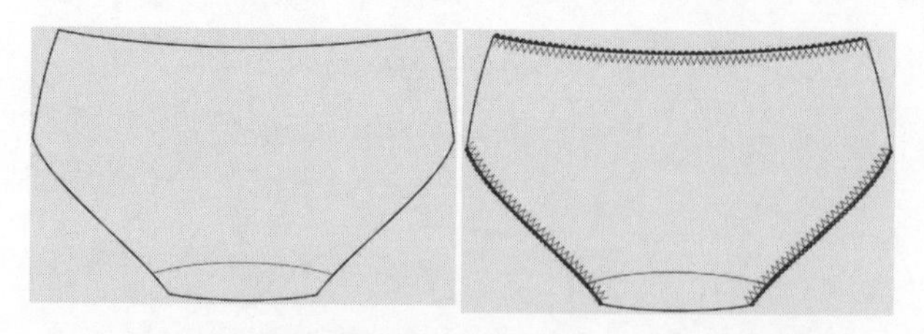

图 5－1－13　背面图外轮廓　　图 5－1－14　背面图

15. 执行菜单【文件 / 导入】，导入随书赠送的图片文件。执行【效果 / 调整 / 替换颜色】命令，对局部背景颜色进行替换（图 5－1－15）。

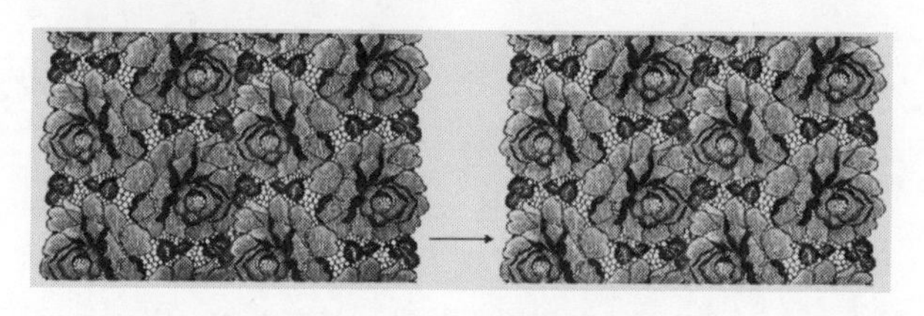

图 5－1－15　替换位图颜色

16. 选中正面图中的前中对象，填充红色，C38、M100、Y100、K4，然后单击数字键盘【＋】键原位复制前中对象（图 5－1－16）。

17. 选中蕾丝位图，右键单击执行【PowerClip 内部】，单击前中对象，再右键单击执行【顺序 / 向后一层】（图 5－1－17）。

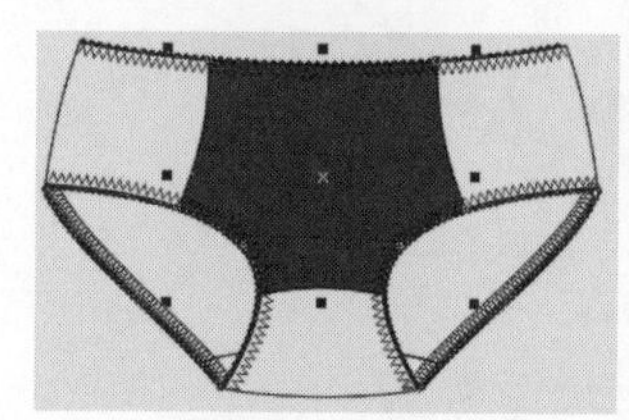

图 5－1－16　单色填充　　图 5－1－17　位图填充

18. 选中红色前中，打开【透明度】泊坞窗（图 5－1－18），选择“乘”模式，得到效果（图 5－1－19）

19. 其他部分红色填充 C38、M100、Y100、K4。后片部分，选择【透明度】泊坞窗中的“强光”模式，得到效果（图 5－1－20）。单色填充背面图（图 5－1－21）。

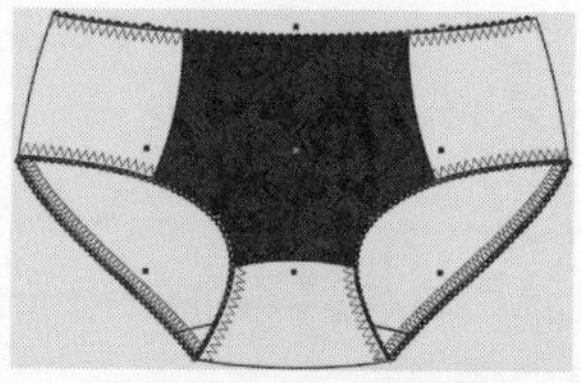

图 5－1－18　透明度泊坞窗　图 5－1－19　“乘”模式应用效果

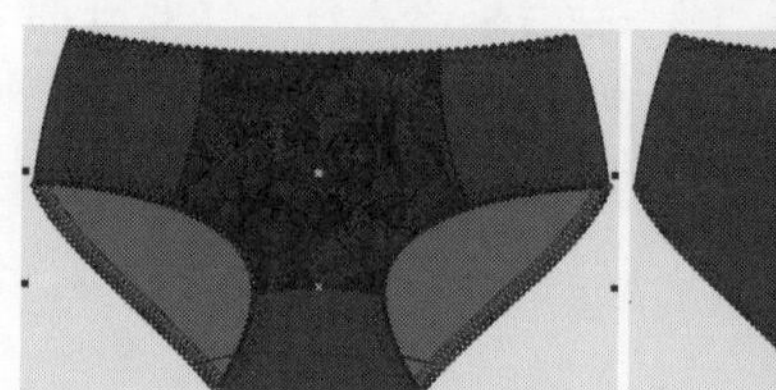

图 5－1－20　正面图效果　　图 5－1－21　背面图效果

20. 重复操作，可以有多个配色（图 5－1－22）。

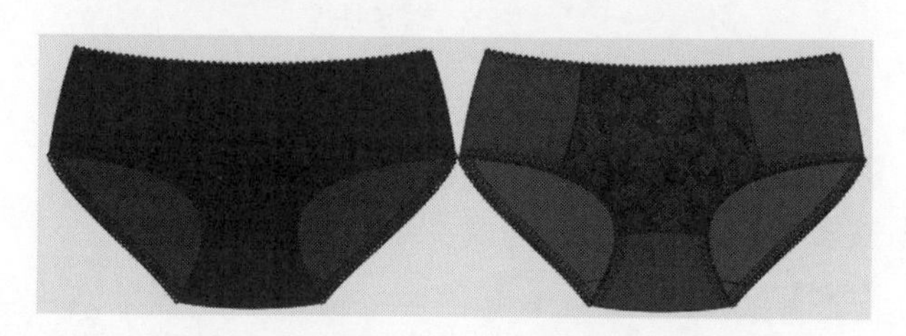

图 5－1－22　配色效果

21. 将 1∶1 尺寸对象缩放至 A4 纸张页面中的操作。用【选择】工具选中对象，右键单击执行【取消组合所有对象】命令，然后选中每条人字形车缝线和花芽笔触，右键单击执行【拆分艺术笔】命令，并按住【Ctrl＋U】取消群组。

22. 按住【F12】打开轮廓笔对话框，勾选“填充之后”和“随对象缩放”，只有这样，在缩放的时候线条会跟随比例同时缩放，单击【确定】。

23. 用框选方式全选对象，按住【Shift】键，拖动角点成比例缩放对象至页面合适大小（图 5－1－23）。

图 5－1－23　线条成比例缩放

三、实例图 B 操作步骤

1. 绘制衣身左片。选择【矩形】工具绘制一个矩形（图 5－1－24 中 a），右键单击执行【转换为曲线】，选择【形状】工具在合适的位置双击添加节点，然后删除多余的角点（图 5－1－24 中 b）。

2. 选择【形状】工具，将鼠标移至直线段上右键单击执行【到曲线】命令，拖动手柄调整外轮廓造型（图 5－1－24 中 c）。

3. 单击【3 点曲线】工具绘制前脚口弧线、侧骨弧线线和腰部分割线，选中脚口弧线与外轮廓对象，单击属性栏【修剪】按钮，右键单击执行【拆分曲线】命令，分割对象（图 5－1－24 中 d）。

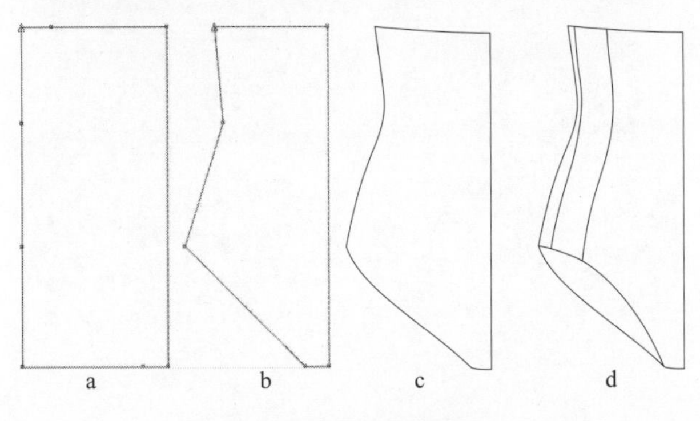

图 5－1－24　绘制过程

4. 全选对象，按住【Ctrl】键，在对象左边延展手柄处按下左键往右边翻转拖动，同时右键单击结束，水平镜像复制对象（图 5－1－25）。

5. 选中左右前中部分，单击属性栏【合并】按钮，将对象合并。然后单击【3 点曲线】工具绘制前浪骨线和后浪骨线，将前浪骨线分割前中部分，并调整后浪骨线的顺序（图 5－1－26）。

6. 添加脚口弧线。选中后脚口封闭图形，将其拆分成曲线（方法参见图 5－1－6）然后将其移至脚口合适位置，并用【形状】工具适当调整完成（图 5－1－27）。

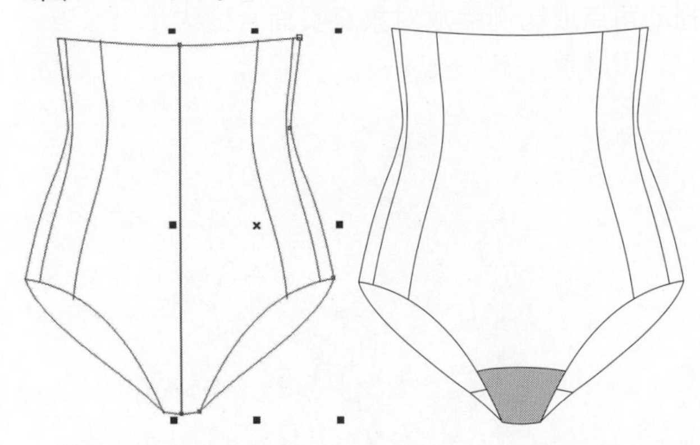

图 5－1－25　镜像复制　　图 5－1－26　合并和分割对象

7. 添加人字形车缝线。选中侧骨线，单击【＋】键原位复制，打开【艺术笔】工具，选择"折线笔触"，设置"大小 70""按方向""间距 2.3""旋转角度 0""相对于路径"。重复操作，完成所有人字形车缝线的添加（图 5－1－28）。

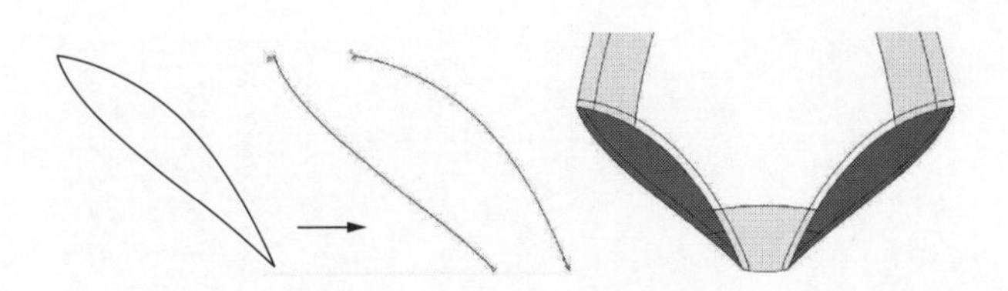

图 5－1－27　添加脚口弧线

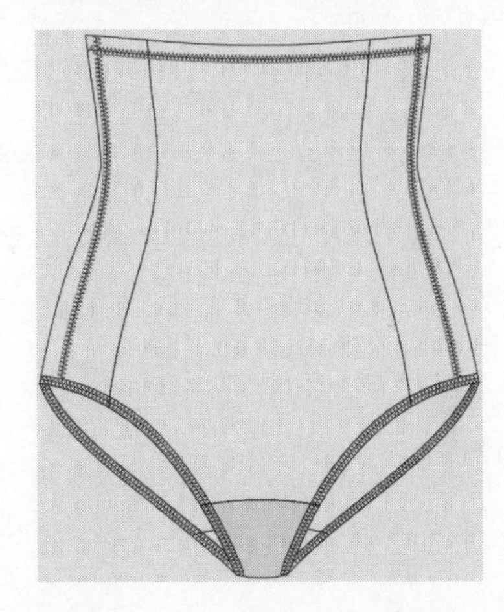

图 5－1－28　添加人字形车缝线

8. 调整车缝线细节部分，选择车缝线，右键单击【拆分艺术笔】，按住【Ctrl＋U】取消群组，用【形状】工具双击添加和删除节点，修改多余部分（图 5－1－29）。

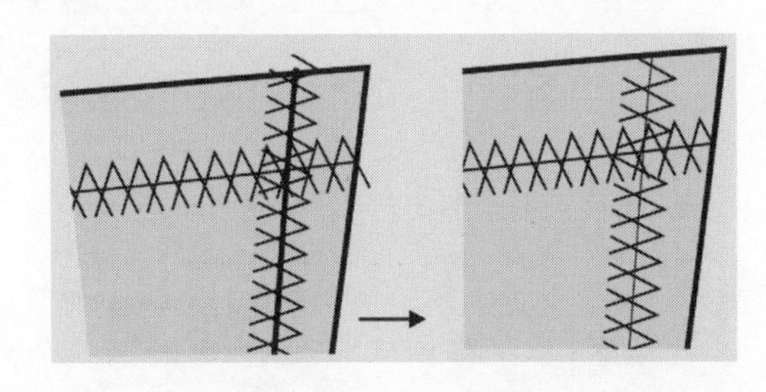

图 5－1－29　调整车缝线

9. 绘制背面图（图 5－1－30）。全选正面图复制后移开，并移除人字形车缝线，只保留轮廓，单击【创建边界】按钮，然后添加人字形车缝线，完成。

10. 绘制网眼并填充（图 5－1－31）。用【2 点线】工具绘制一条 5cm 的垂直线（图 5－1－31 中 e），打开工具箱【变形】工具，在属性栏选择"拉链变形"，设置"振幅 20"、"频率 20"、单击"平滑变形"（图 5－1－31 中 f）。选中曲线，单击【＋】键原位复制，再单击属性栏【水平镜像】按

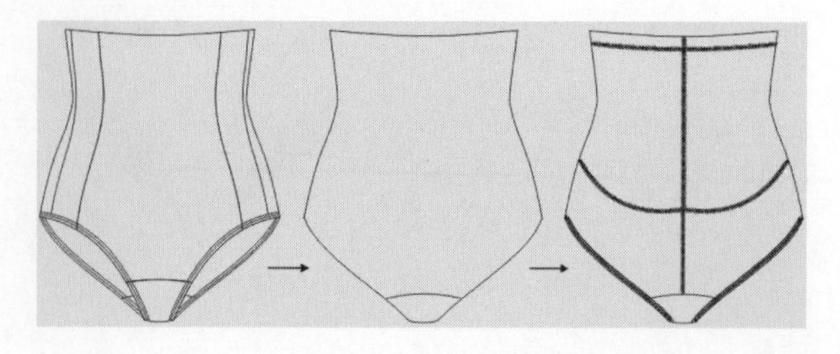

图 5-1-30　背面图绘制过程

钮（图 5-1-31 中 g）。

11. 选择两条曲线，在属性栏【对象大小】中查看对象的宽度 2.5 mm，打开【位置】泊坞窗，在水平轴上输入 2.5mm，垂直轴 0，副本 10，单击确定（图 5-1-31 中 h）。

12. 选择【矩形】工具绘制一个与 h 图形同样大小的矩形，并填充单色 C5、M14、Y24、K0，去掉轮廓色填充，置于后面（图 5-1-31 中 i）。全选图 i，执行【位图 /转换为位图】命令（图 5-1-31 中 j）。

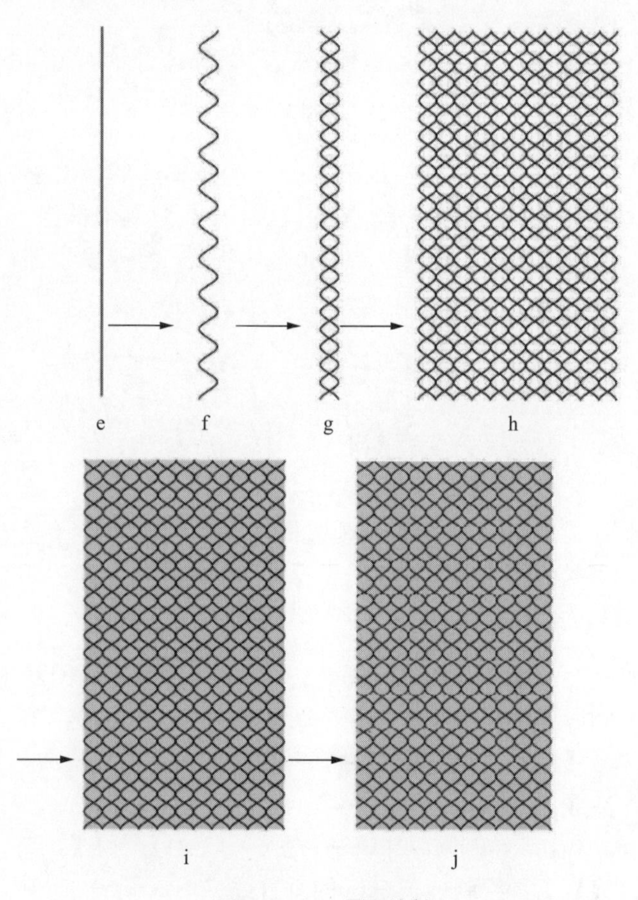

图 5-1-31　网眼绘制

13. 选择对象，打开【位图图样填充】泊坞窗，单击【从文档新建】按钮，在页面中款选图 j，单击页面中【接受】按钮。如果需要调整图样大小和位置，在泊坞窗口【变换】框中输入数值即可以，调整完成（图 5-1-32）。

14. 导入随书赠送的“jpg”图片文件，选中前中片单击【+】键原位复制，打开【位图图样填充】泊坞窗，单击【从文档新建】按钮，在页面蕾丝位图中框选出一个循环的基本单元，单击页面中【接受】按钮，并调图样填充位置及大小（图 5-1-33）。

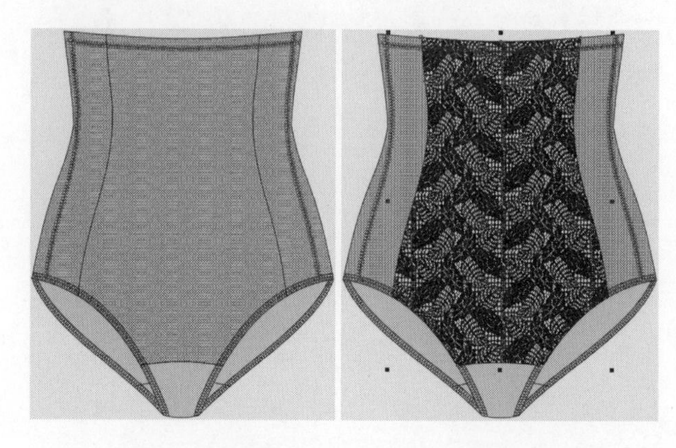

图 5-1-32　网眼填充　　图 5-1-33　蕾丝填充

15. 选中前中蕾丝对象，打开【透明度】泊坞窗，选择不同的模式将得到不同的效果（图 5-1-34）。

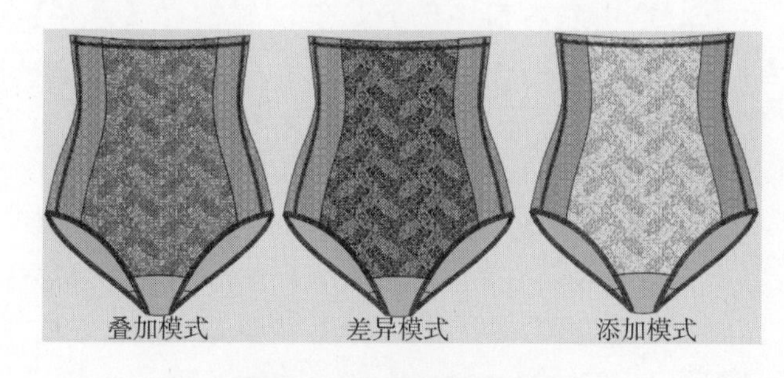

图 5-1-34　不同模式效果

16. 填充背面图（图 5-1-35）。

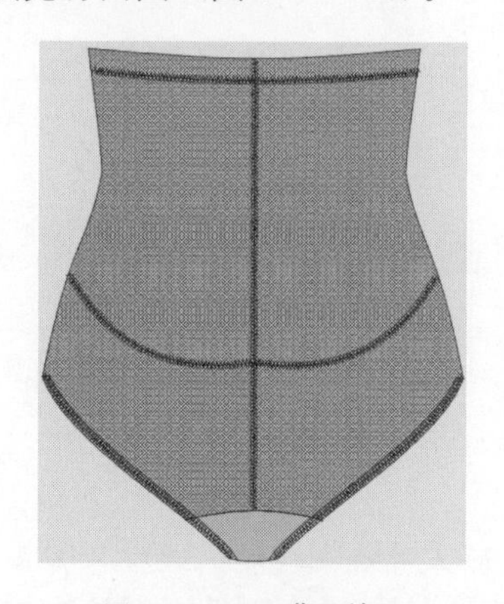

图 5-1-35　背面效果

第二节　男士内裤款式图绘制

一、男士内裤绘制实例效果

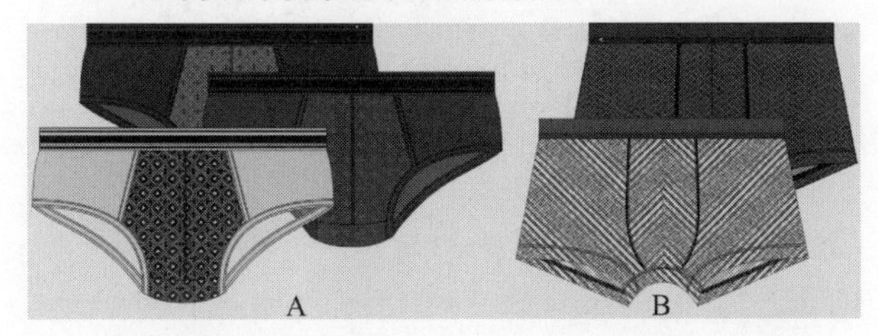

图 5－2－1　男式内裤绘制实例图效果

二、实例图 A 操作步骤

1. 左片裤身绘制（图 5－2－2）。按住【Ctrl＋N】新建文件，选择【矩形】工具绘制一个 21cm×24cm 矩形（图 5－2－2 中 a），右键单击执行【转换为曲线】，选择【形状】工具在合适的位置双击添加节点并移动至合适位置（图 5－2－2 中 b），将鼠标移至直线段上右键单击执行【到曲线】命令，拖动手柄调整外轮廓造型（图 5－2－2 中 c）。

2. 用【3 点曲线】工具绘制一条脚口弧线，选中弧线与外轮廓对象，单击属性栏【修剪】按钮 ，按住【Ctrl＋K】拆分曲线（图 5－2－2 中 d）。

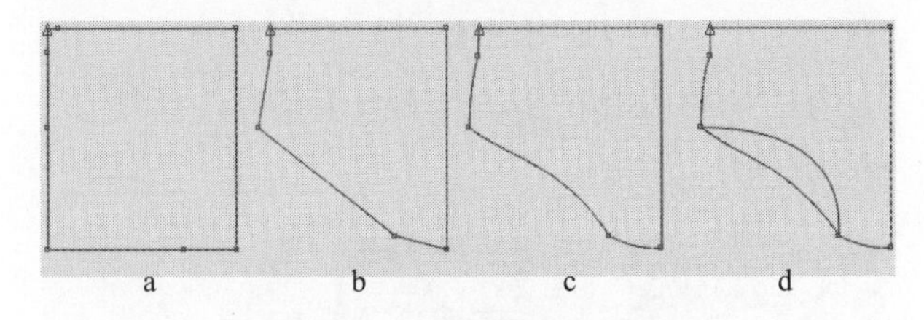

图 5－2－2　左片裤身绘制过程

3. 脚口绘制。用【选择】工具选中脚口弧线，按住【Shift】键适当放大，往上移至合适位置作为脚口捆条，并与裤身执行【修剪】并拆分（图 5－2－3 中 e）。

4. 用【选择】工具再次选中脚口弧线，按住【Shift】键适当缩小，往下移至合适位置作为捆条的上车缝线，在属性栏【线条样式】中选择虚线。单击【＋】键复制虚线，往下移至合适位置作为捆条的下车缝线，然后用【形状】工具适当调整（图 5－2－3 中 f）。

5. 选择后脚口对象（浅灰色部分），单击【＋】键复制并移开，按照图 5－1－5 的方法拆分曲线，然后将需要的曲线移回至对象（图 5－2－3 中 g）。重复上面的方法，将后裤脚口以及前片拆分并添加车缝线（图 5－2－3 中 h）。

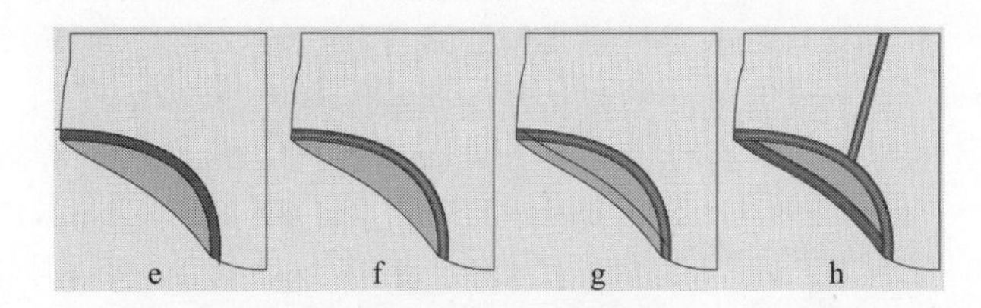

图 5－2－3　脚口绘制过程

6. 用【选择】工具全选对象，按住【Ctrl】键，在对象左边延展手柄处 按下左键往右边翻转拖动，同时右键单击结束，水平镜像复制对象（图 5－2－4）。

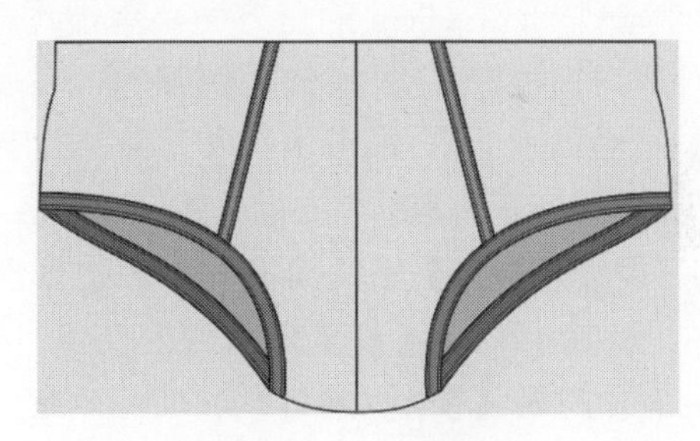

图 5－2－4　镜像复制

7. 用【选择】工具选择左右前中对象，单击属性栏【合并】按钮。用【矩形】工具绘制腰头明筋，用【3 点曲线】工具绘制前中线和前浪骨线。（图 5－2－5）。

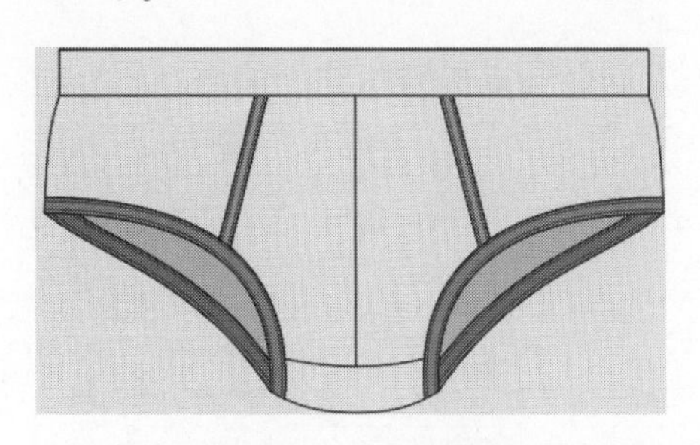

图 5－2－5　组合对象

8. 用【2 点线】工具绘制腰头明筋装饰线和前

中车缝线，正面图完成（图 5－2－6）。

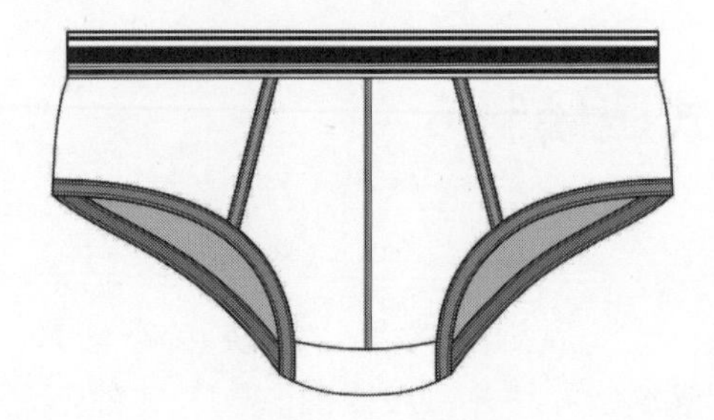

图 5－2－6　正面图

9. 绘制背面款式图（图 5－2－7）。全选正面款式图，复制并移开。将腰头明筋与裤身分开，全选裤身，单击属性栏【创建边界】按钮，将边界移出来。根据设计需要将腰头明筋以及脚口捆条移至边界对象，用【形状】工具适当调整后完成。

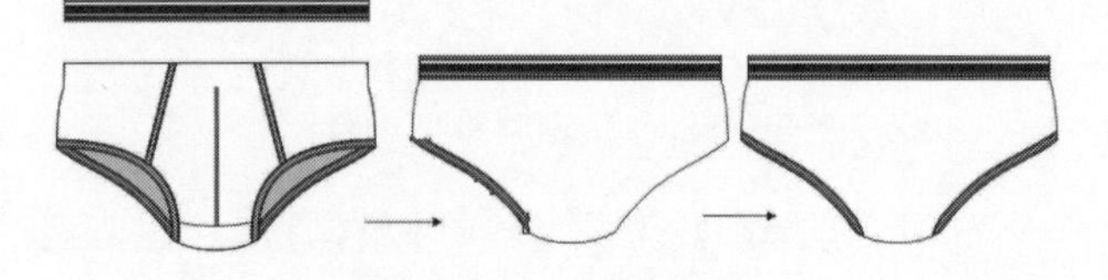

图 5－2－7　背面款式图

10. 绘制印花图案（图 5－2－8）。用【矩形】工具绘制一个 3cm×3cm 的正方形，单击【+】键原位复制，按住【Shift】键成比例缩放，在属性栏【旋转】框中输入 45°，拖出水平和垂直辅助线，辅助线交点正好是正方形的中心点（图 5－2－8 中 i）。

11. 用【多边形】工具绘制一个四边形至于合适位置，将其中心点拖放至辅助线的交点（图 5－2－8 中 j）。打开【变换 /旋转】泊坞窗，在“旋转角度”框输入 20°，“副本”框输入 17，单击应用（图 5－2－8 中 k）。

12. 全选对象，按住【Shift】单击 3cm×3cm 的正方形，减去对它的选择，然后单击属性栏【合并】按钮，填充单色 R238 G233 B227（图 5－2－8 中 l）。

13. 调整正方形顺序置于前面（图 5－2－8 中

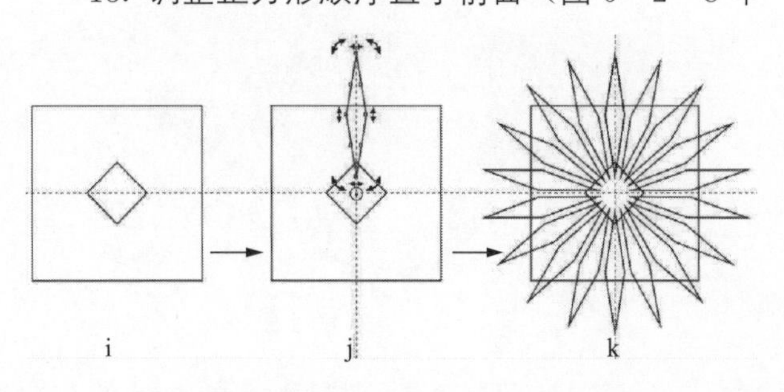

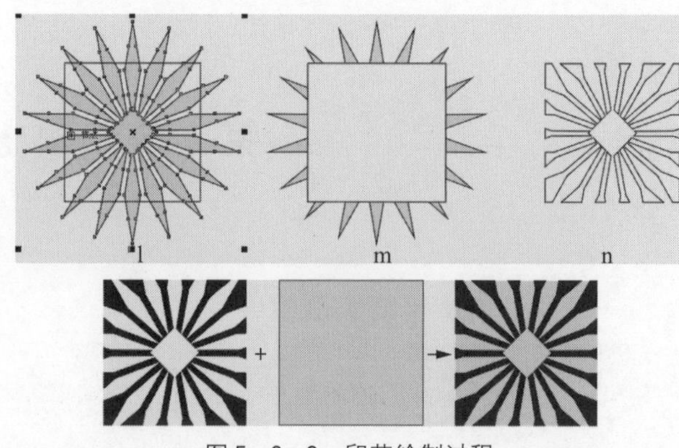

图 5－2－8　印花绘制过程

m），然后全选对象，单击属性栏【移除后面对象】按钮，得到新图形（图 5－2－8 中 n）。

14. 选中新图形，填充黑色，并添加一个背景矩形，去掉外轮廓。

15. 印花图案填充。选中前中部分，打开【向量图样填充】泊坞窗，单击【从文档新建】按钮，在页面中框选印花图案后单击【接受】按钮，图案被置入对象中。

16. 通过泊坞窗口中“变换”框可以调整图案的尺寸大小（图 5－2－9），其他地方填充单色。

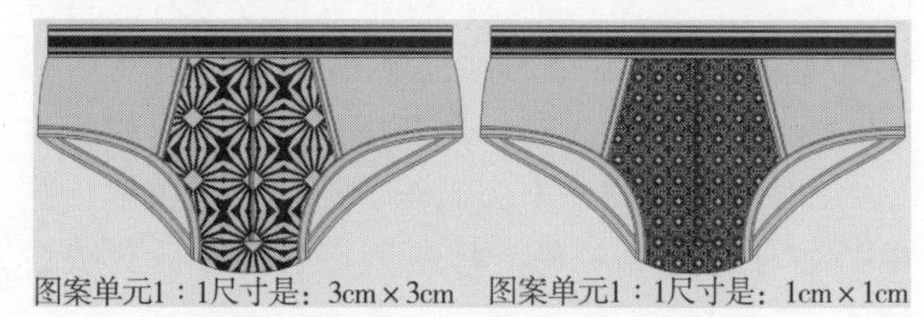

图 5－2－9　矢量图案填充

17. 根据设计需要，改变颜色搭配，操作方法与上相同（图 5－2－10）。

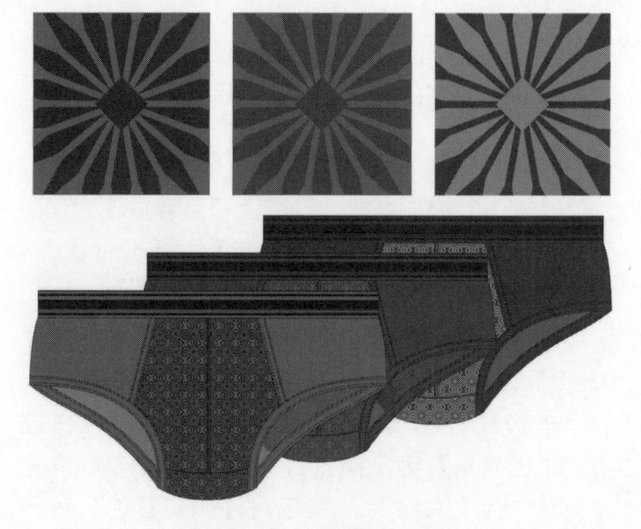

图 5－2－10　多个配色效果

三、实例图 B 操作步骤

1. 绘制左片裤身（图 5－2－11）。按住【Ctrl＋N】新建文件，选择【矩形】工具绘制一个 21cm×17cm 矩形（图 5－2－11 中 a），右键单击执行【转换为曲线】，选择【形状】工具在合适的位置双击添加节点并移动至合适位置（图 5－2－11 中 b），将鼠标移至直线段上右键单击执行【到曲线】命令，拖动手柄调整外轮廓造型。并用【3 点曲线】工具绘制脚口弧线、前中分割线和前浪骨线（图 5－2－11 中 c）。

2. 分别用弧线与衣身执行【修剪】按钮，然后按住【Ctrl＋K】拆分曲线，将衣身分割成多个独立的封闭图形（图 5－2－11 中 d）。

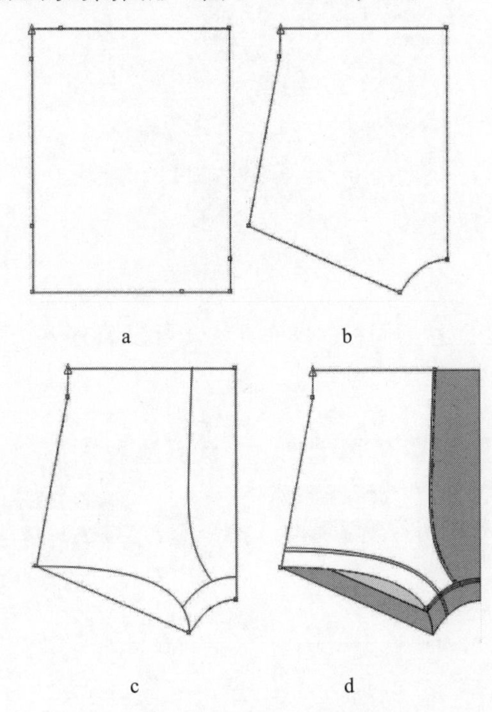

图 5－2－11　裤身绘制过程

3. 绘制脚口冚车线迹（三针五线）。用【2 点线】工具绘制三条相交的直线，轮廓宽度为 0.1mm，按住【Ctrl＋G】群组（图 5－2－12）。

4. 打开【艺术笔】泊坞窗，选中交叉的直线对象，单击泊坞窗口中的【保存】按钮，弹出"创建新笔触"对话框，选择"对象喷涂"笔触，单击【确定】，保存笔触。

5. 用【选择】工具选中后脚口缝纫线，单击【喷涂列表】中新笔触（图 5－2－13），单击【应用】按钮，然后根据实际情况在属性栏调整"对象大小"、"喷涂顺序"选择按方向、"间距为 0"、选择"相对于路径"等参数的设置，并在属性栏将【线条样式】设置为虚线，得到效果（图 5－2－14）。

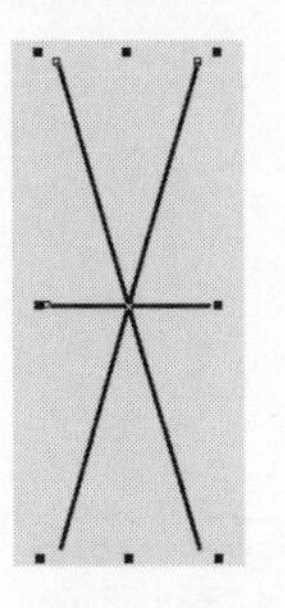

图 5－2－12

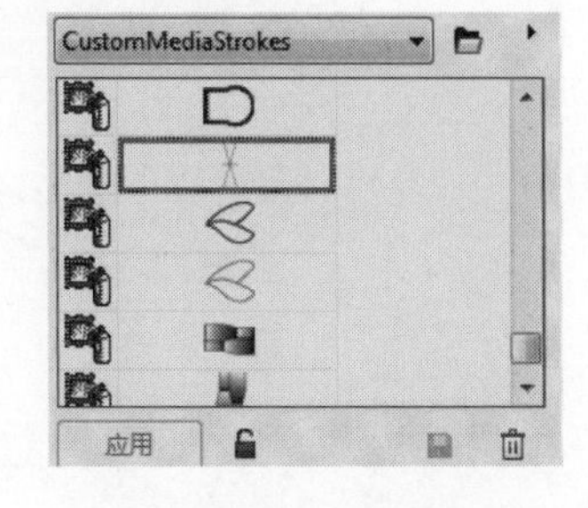

图 5－2－13　喷涂列表

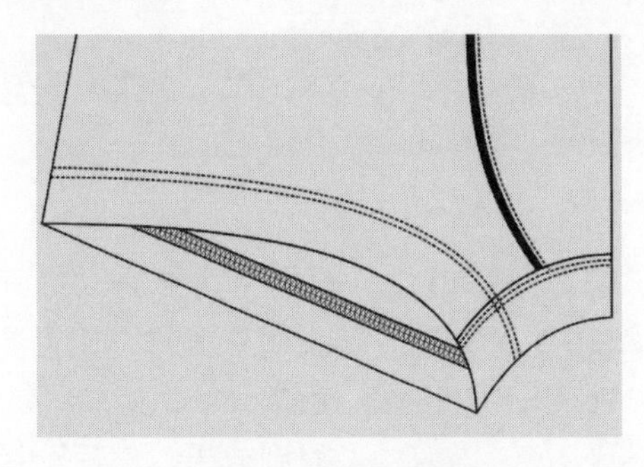

图 5－2－14　应用笔触

6. 全选对象，按住【Ctrl】键，在对象左边延展手柄处按下左键往右边翻转拖动，同时右键单击结束，水平镜像复制对象（图 5－2－15）。

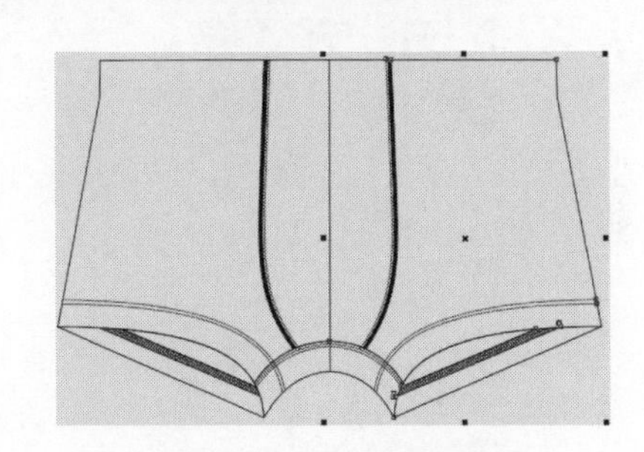

图 5－2－15　水平镜像复制

7. 合并前浪部分，用【矩形】工具添加腰头，用【2 点线】工具添加车缝线，正面图完成（图 5－2－16）。

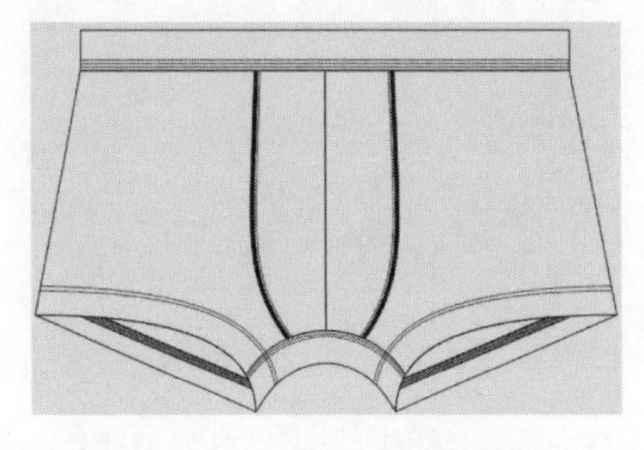

图 5－2－16　正面款式图

8. 绘制背面图。全选正面款式图复制后移开，在此基础上修改调整，完成（图 5－2－17）。

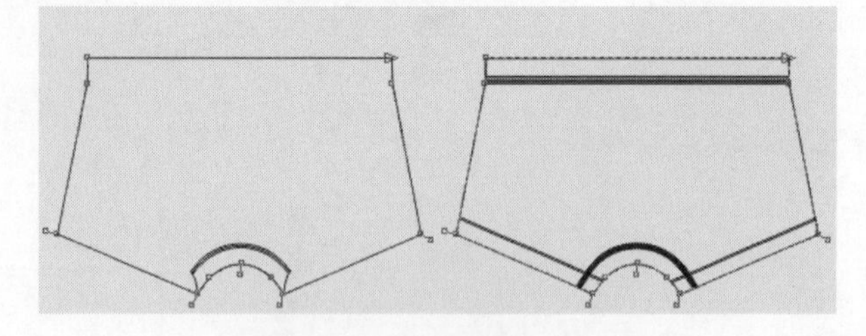

图 5-2-17　背面图调整过程

9. 位图图样填充。选中左边裤身，打开【双色图样填充】泊坞窗，选择填充式样，设置参数图样大小 20mm×20mm、倾斜-89°、旋转-45°、行偏移 45（图 5-2-18），得到效果，然后选择【属性滴管】工具复制填充其他部位，并调整脚口后片的透明度为 38%（图 5-2-19）。

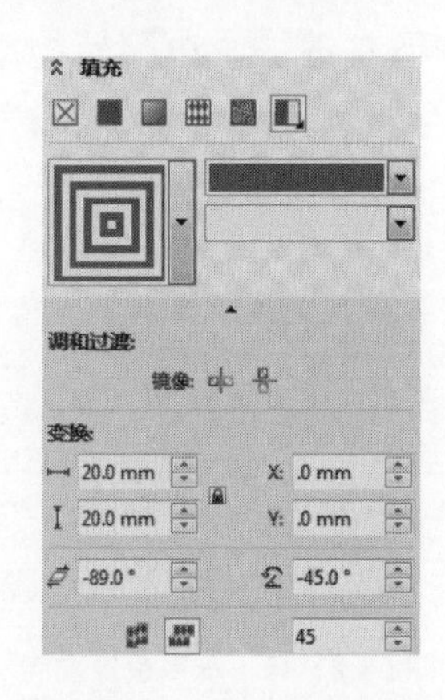

图 5-2-18　参数设置

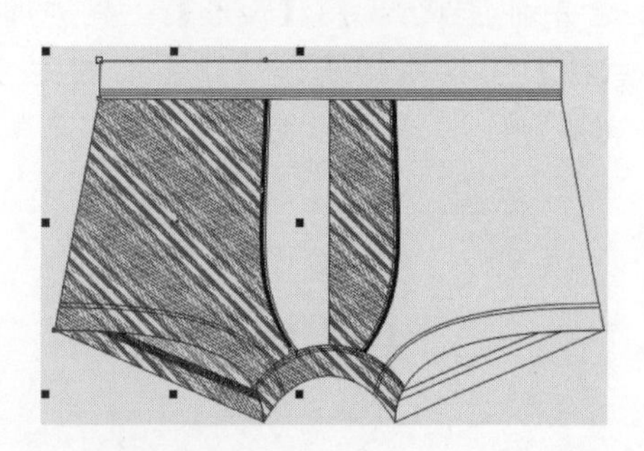

图 5-2-19　属性滴管

10. 选中右边裤身，设置参数图样大小 20mm×20mm、倾斜 89°、旋转 45°、行偏移 45，勾选“与对象一起变换”（图 5-2-20），得到效果，然后选择【属性滴管】工具复制填充其他部位，腰头单色填充（图 5-2-21）。

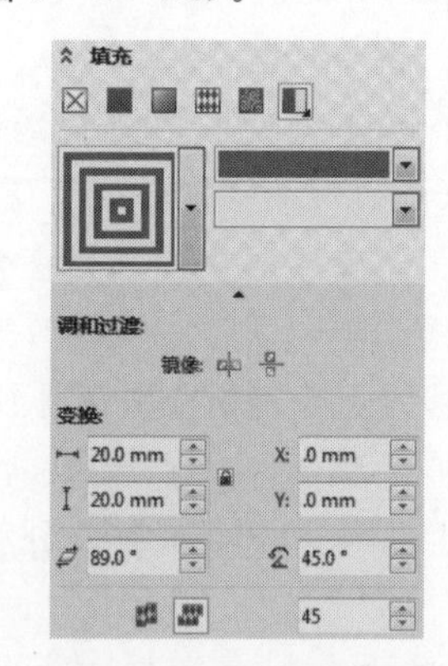

图 5-2-20　参数设置

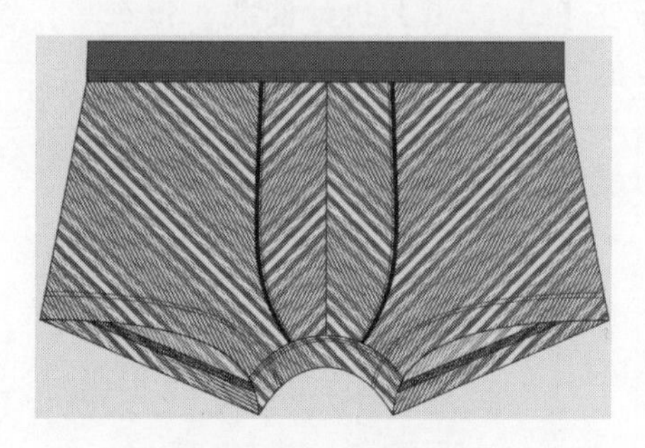

图 5-2-21　属性滴管

11. 按照同样的操作方法，可以填充不同的效果（图 5-2-22）。

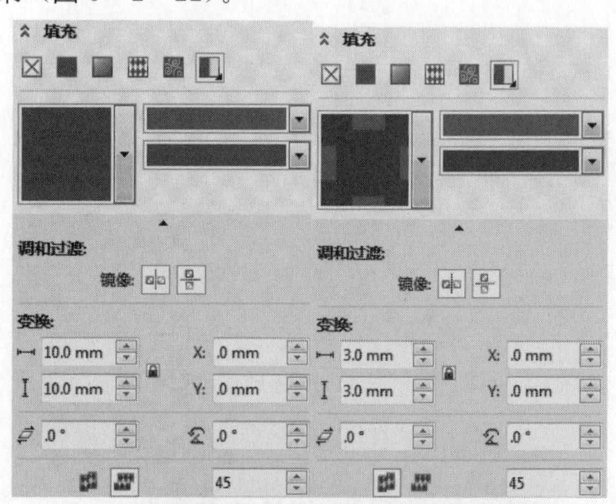

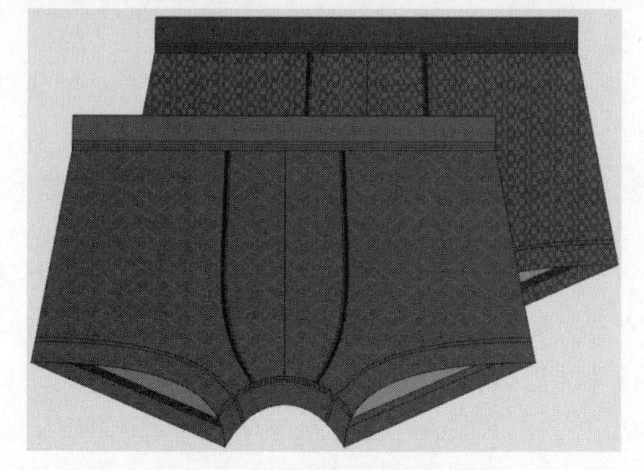

图 5-2-22　多种填充效果

第三节　文胸款式图绘制

一、文胸绘制实例效果

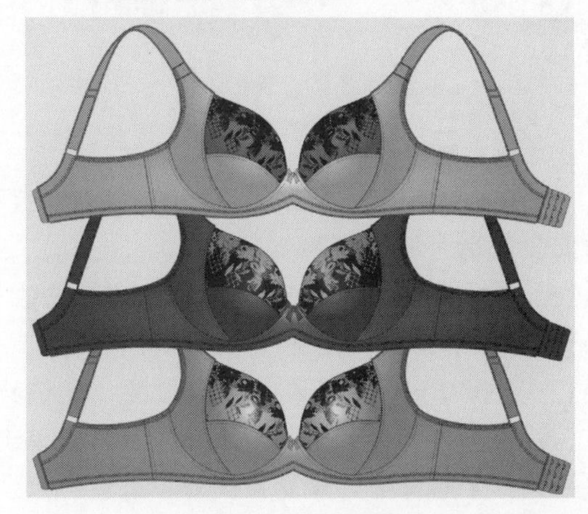

图 5-3-1　文胸绘制实例效果

二、操作步骤

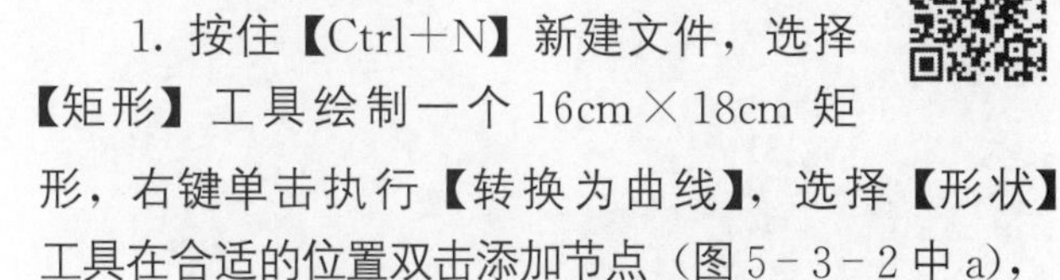

1. 按住【Ctrl+N】新建文件，选择【矩形】工具绘制一个 16cm×18cm 矩形，右键单击执行【转换为曲线】，选择【形状】工具在合适的位置双击添加节点（图 5-3-2 中 a），

用【形状】工具双击节点删除（图 5-3-2 中 b），将鼠标移至直线段上右键单击执行【到曲线】命令，拖动手柄调整罩杯轮廓造型（图 5-3-2 中 c）。

2. 用【矩形】工具绘制一个 17cm×9cm 矩形，并水平镜像复制，分别作为下比和后拉片，然后将罩杯移至下比合适位置（图 5-3-2 中 d）。

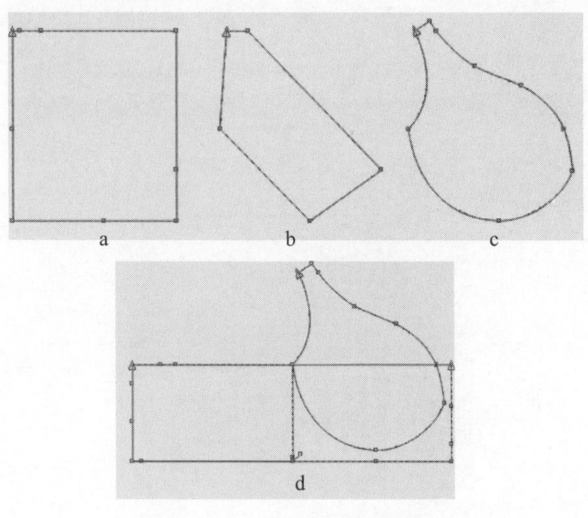

图 5-3-2　罩杯绘制过程

3. 用【形状】工具调整下比和后拉片的造型（图 5-3-3 中 e）。选中下比和后拉片单击属性栏【合并】按钮，并调整罩杯的顺序至于前面（图 5-3-3 中 f）。用【3 点曲线】工具绘制边缘弧线、栋比位置线、罩杯分割线（图 5-3-3 中 g）。

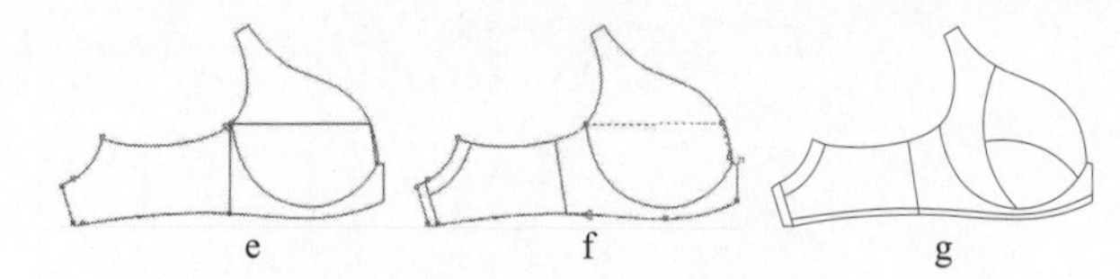

图 5-3-3　调整下比和后拉片

4. 肩带绘制。用【3 点曲线】工具绘制两条弧线，在肩带转折地方相交。选中两条弧线右键单击【合并】，快捷键【Ctrl+L】。用【形状】工具框选下端两个节点，执行【对象/连接曲线】命令，选择“倒棱角”，差异容限框输入 50mm，单击应用，上端两个节点重复操作（图 5-3-4 中 h）。

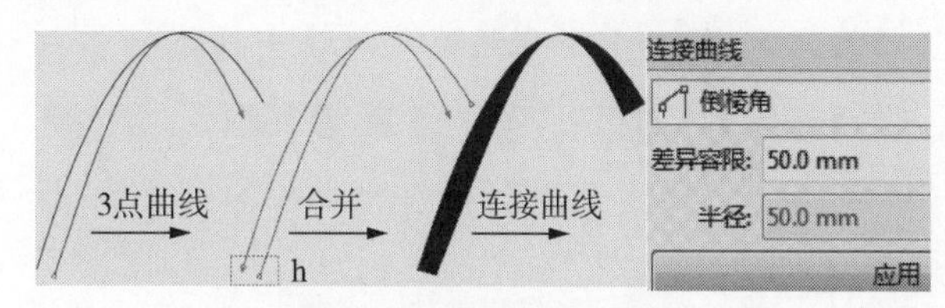

图 5-3-4　肩带绘制过程

5. 用前面所掌握的内容添加车缝线。肩带打枣线，绘制直线后用【变形】工具中的“拉链”变形，根据需要设置“振幅”和“频率”（图 5-3-5）。

6. 添加三针 Z 字形车缝线（图 5-3-6），操作方法同本章第一节中图 5-1-7。

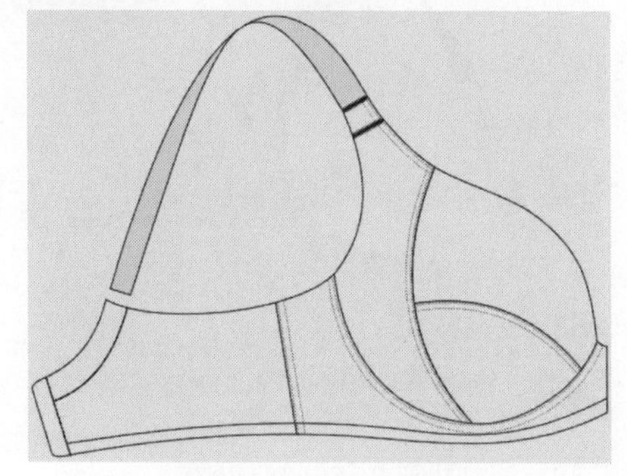

图 5-3-5　添加车缝虚线

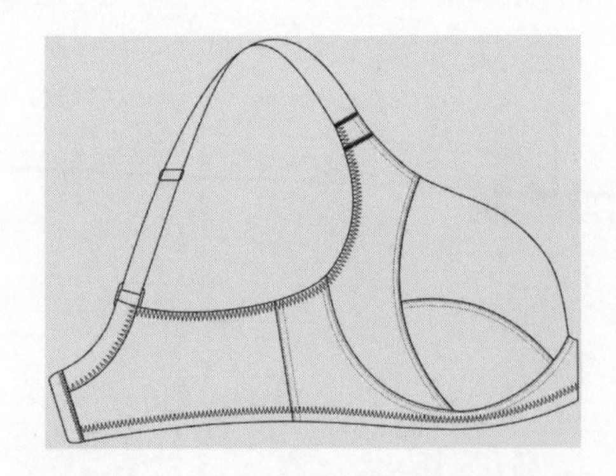

图 5-3-6 添加三针 z 字形车缝线

7. 添加肩带和下比花芽（图 5-3-7），操作方法同本章第一节中图 5-1-10。

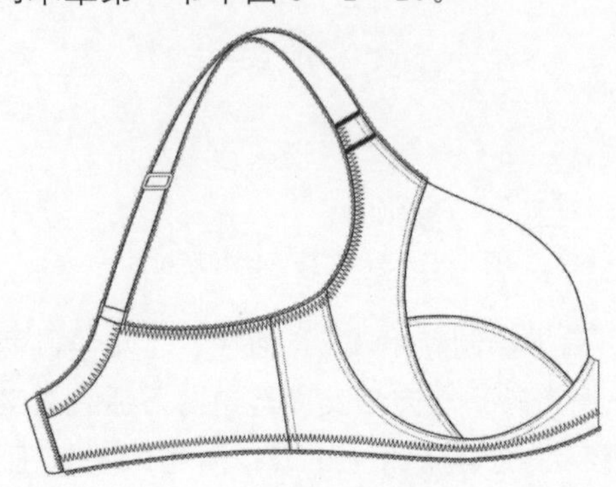

图 5-3-7 完成花芽装饰

8. 填充单色。全选对象，按住【Shift+F11】打开“编辑填充”对话框，选择“RGB”颜色模式，输入数值 R218 G194 B166，单击【确定】按钮。填充轮廓色 R: 79 G: 56 B: 39（图 5-3-8）。

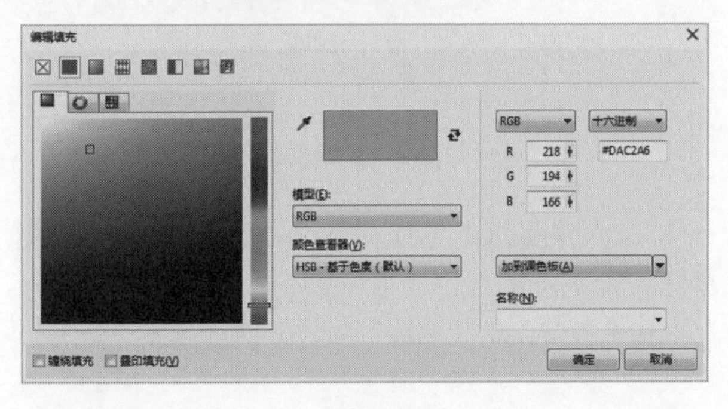

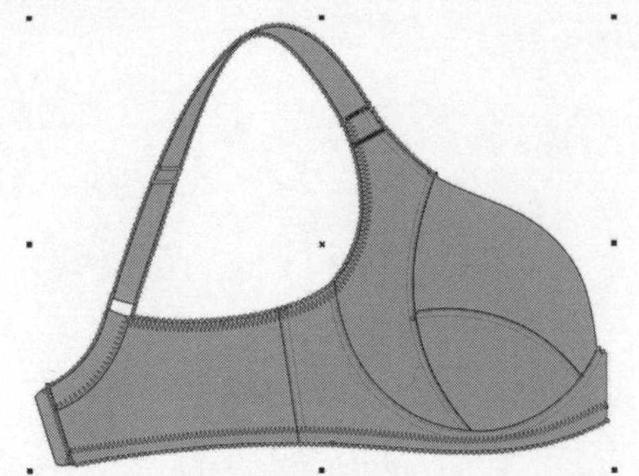

图 5-3-8 单色填充

9. 渐变填充。选中罩杯对象，打开【渐变填充】泊坞窗，选择“椭圆形渐变填充”，根据实际情况调整高光位置（图 5-3-9）。

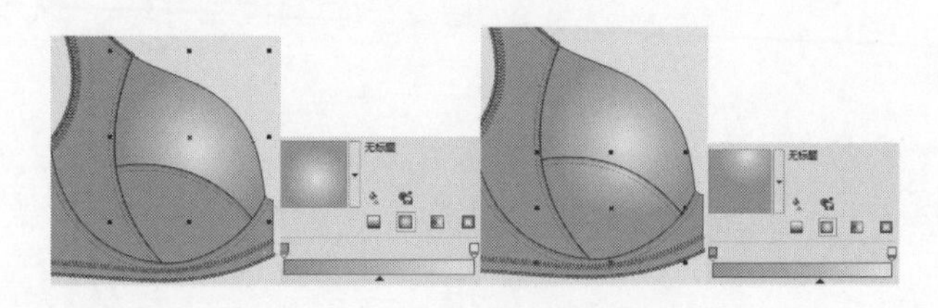

图 5-3-9 渐变填充

10. 导入随书赠送的 jpg 图片文件（图 5-3-10），打开【透明度】泊坞窗，选择“排除”模式，旋转对象以适合罩杯（图 5-3-11）。

11. 选中位图，执行菜单【位图/三维效果/球面】，弹出对话框，设置参数（图 5-3-12）。

12. 选择【形状】工具，单击位图，通过移动节点、双击增加节点和删除节点，以及右键单击执行【到曲线】等命令，调整位图外轮廓造型以适合罩杯外形（图 5-3-13）。

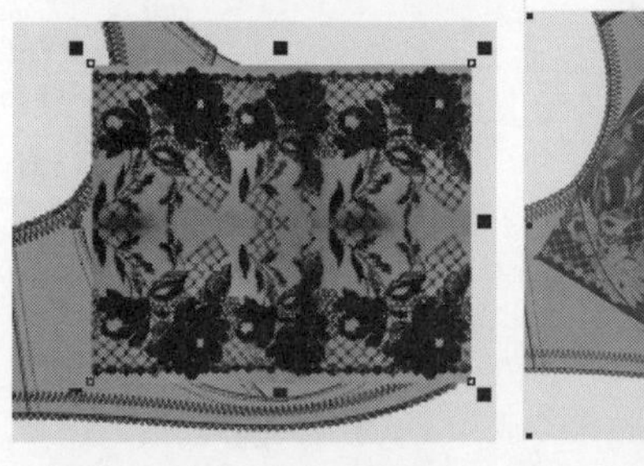

图 5-3-10 导入位图

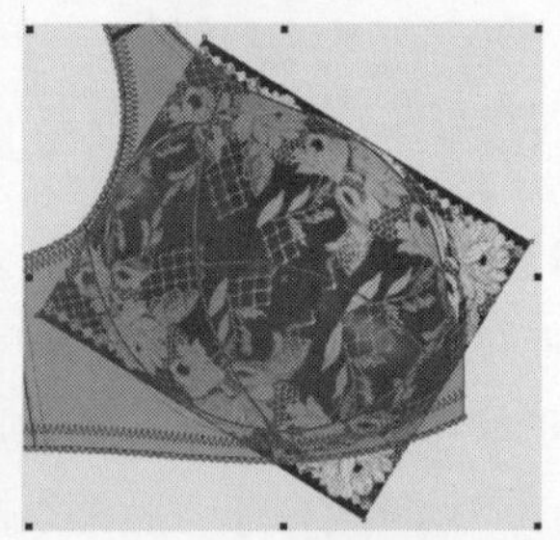

图 5-3-11 排除模式并旋转

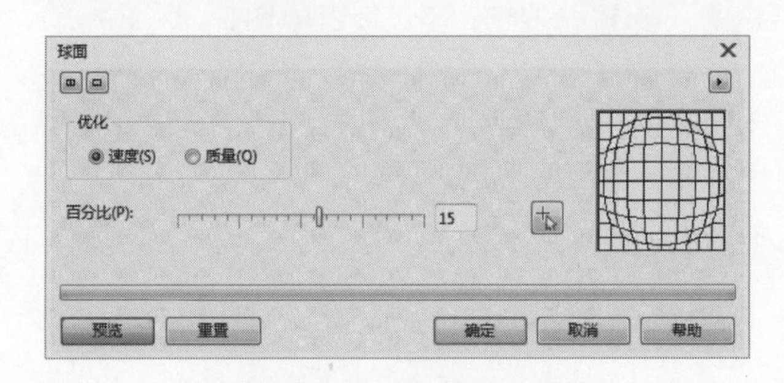

图 5-3-12 球面效果设置

图 5-3-13 调整位图外形

13. 选中调整好的位图（图 5－3－14），打开【透明度】泊坞窗，选择“底纹化”模式，并调整位图顺序，得到效果（图 5－3－15）。

图 5－3－14　调整后外形

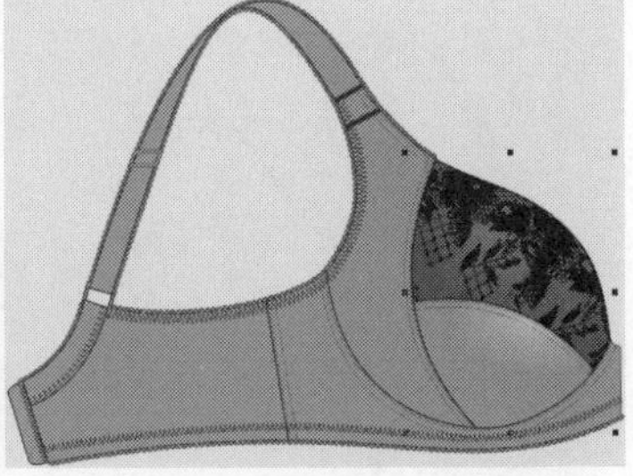

图 5－3－15　调整模式与顺序

14. 全选对象，按住【Ctrl】键，在对象左边延展手柄处按下左键往右边翻转拖动，同时右键单击结束，水平镜像复制对象（图 5－3－16）。

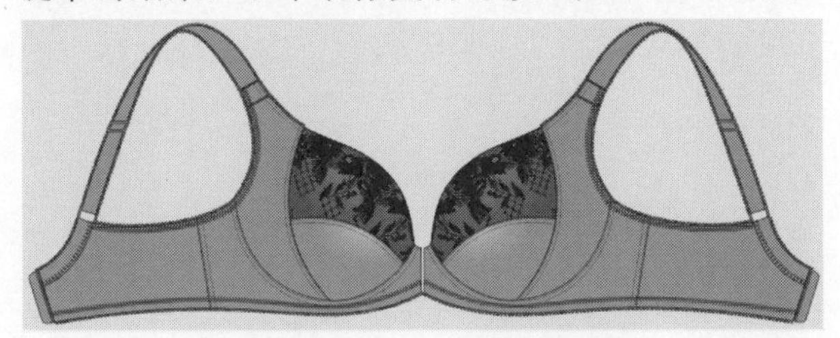

图 5－3－16　水平镜像复制

15. 调整修改前中。用【形状】工具先调整下比位置，选中左右下比对象，单击属性栏【合并】按钮，将其合并成一个对象，调整顺序。选择右边三针 z 字车缝线，打开【艺术笔工具】，单击属性栏【旋转】按钮，在下拉面板的“旋转角度”框中输入数字 180°后单击【Enter】键即可。重复操作，调整花芽的旋转角度（图 5－3－17）。

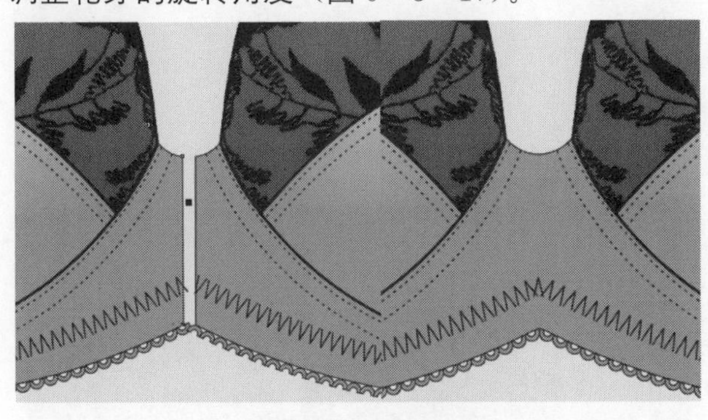

图 5－3－17　调整修改

16. 调整后中搭扣。按下【Shift】键，用【形状】工具选择上下两个节点，往外移动。用【2 点线】工具绘制直线，单击【+】键复制两条并移至合适位置。用【椭圆】工具绘制一个椭圆，设置轮廓宽度，然后将其执行【对象/将轮廓转换为对象】，与直线【修剪】，移除多余部分，并渐变填充，完成（图 5－3－18）。

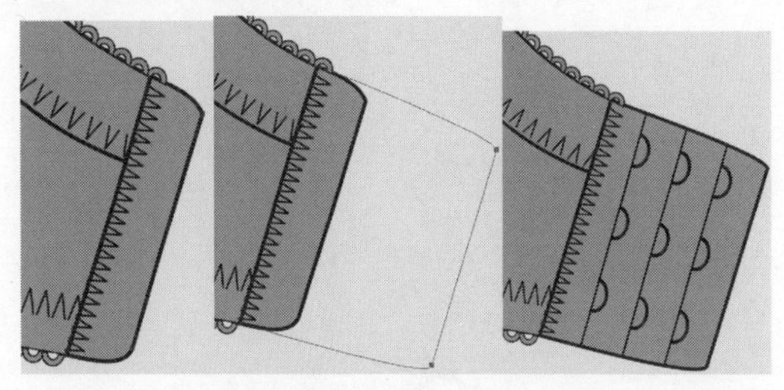

图 5－3－18　后搭扣绘制过程

17. 绘制丝带鱼尾花仔。用【折线】工具绘制两条折线，设置轮廓，然后执行【对象/将轮廓转换为对象】，并填充颜色。用【形状】工具调整外形，用【钢笔】工具在上面绘制一个封闭图形，最后渐变填充，调整完成（图 5－3－19）。

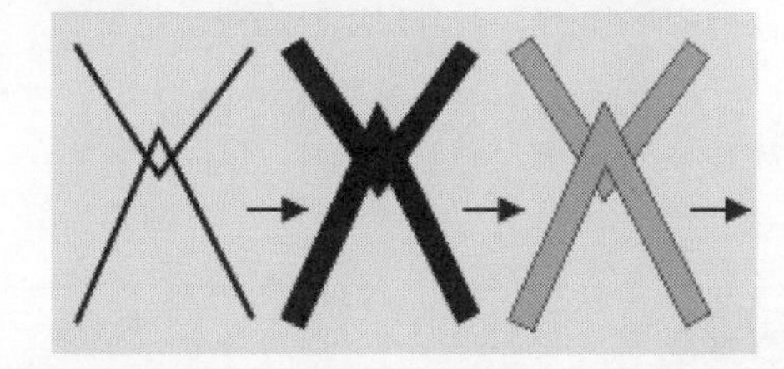

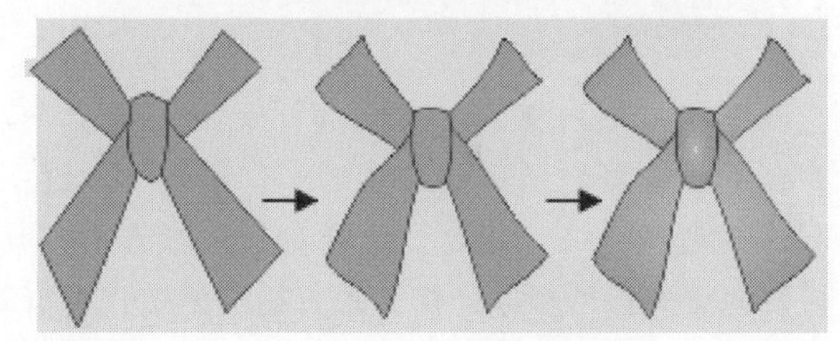

图 5－3－19　花仔绘制过程

18. 根据设计需要，将单色填充适当调整为渐变填充（图 5－3－20）。

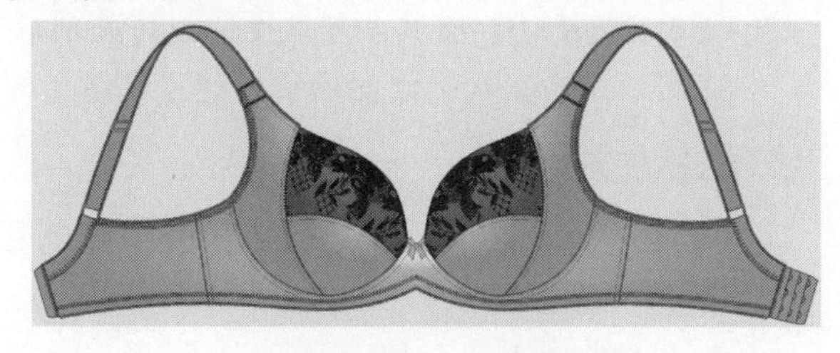

图 5－3－20　完成效果

19. 改变颜色的搭配。选中蕾丝位图对象，在【透明度】泊坞窗口中选择“差异”模式，得到效果（图 5－3－21）。

20. 选择工具箱【颜色滴管】工具，在位图的蓝色上单击，然后单击需要改变颜色的对象（图 5－3－22）。

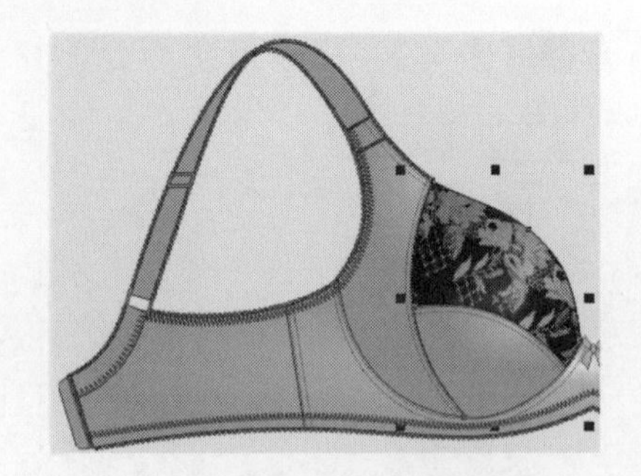

图 5-3-21　差异模式图

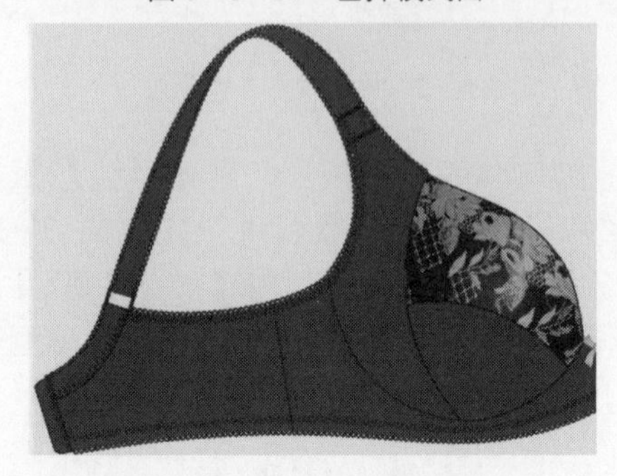

图 5-3-22　颜色滴管填充

21. 将单色填充适当修改为渐变填充，并调整细节完成。重复以上操作，可以获得多种配色效果（图 5-3-23）。

图 5-3-23　多个配色效果

本章小结

本章从女式内裤、男式内裤、女士文胸几个类别进行绘制讲解，应用的主要工具有形状工具、复制、镜像、合并、修剪、创建艺术笔触、位图编辑，透明度模式等。在女式内裤案例中强调了【创建艺术笔触】工具绘制连续型的线迹、花边、纹样对象；在男式内裤案例中强调了【矢量图样或花纹】的绘制与处理以及【位图图样】的填充与处理等；在女式文胸案例综合了前面所讲的工具并强调【位图图样】的填充与处理。

操作技巧提示：

1. 选中对象，按住【Shift】键，拖动角点成比例缩放对象。
2. 【透明度】泊坞窗，可以选择多种模式效果。
3. 【拉链变形】工具可以快速地将直线变成有规律的曲线。
4. 【变换/旋转】泊坞窗可以快速旋转复制对象。
5. 【形状工具】对于位图对象同样可以编辑节点。

思考练习题

1. 如何绘制复杂的缝纫线迹？
2. 如何绘制蕾丝小花边？
3. 完成下面款式的绘制。

第六章

服饰纹样绘制

早期的人类通过不同的图案纹样来装扮自身，从而达到增强自信、警吓敌人、吸引异性等目的。在当今社会，服饰纹样（图案）在服装中不仅仅具有修饰点缀、强调醒目、弥补矫正的功能，还能较为直观地表达设计者与穿着者的思想和情感。本章讲解利用 CorelDRAW X7 软件的钢笔、复制旋转、修整、排列等工具来绘制不同类型与风格的服饰图案。

第一节　单独纹样绘制

单独纹样也称为独立图案，是指没有外轮廓及骨格限制，可单独处理、自由运用的一种装饰纹样。它有对称式和均衡式两种结构。对称式又称均齐式，它的特点是以假设的中心轴或中心点为依据，使纹样左右、上下对翻或四周等翻，图案结构严谨丰满、工整规则。再细分其又可分为绝对对称和相对对称两种组织形式。均衡式又称平衡式，它的特点是不受对称轴或对称点的限制，结构较自由，但要注意保持画面重心的平稳。这种图案主题突出、穿插自如、形象舒展优美、风格灵活多变。单独纹样可以单独用作装饰，也可作为适合纹样和连续纹样的单位纹样。本小节以 T 恤图案为例来进行绘制讲解。

一、单独纹样绘制实例效果

图 6－1－1　T 恤衫图案效果

二、操作步骤

1. 执行菜单【文件 / 新建】或者按住快捷键【Ctrl＋N】新建一个文件，选择工具箱中的【钢笔】工具绘制大象轮廓图形，并填充黑色（图 6－1－2）。

图 6－1－2　绘制大象轮廓

2. 选择工具箱中【椭圆】工具，配合【Ctrl】键绘制一个正圆和椭圆（图 6－1－3）。用【选择】工具选中大圆，中心点出现十字交叉，鼠标放在水平标尺按下左键不松手拖出一条水平辅助线至十字交叉点位置。再次选中大圆，然后鼠标放在垂直标尺上按下左键不松手拖出一条垂直辅助线至十字交叉点，两条辅助线的交点是大圆中心点，选中两个圆，单击属性栏中【修剪】按钮（图 6－1－4）。

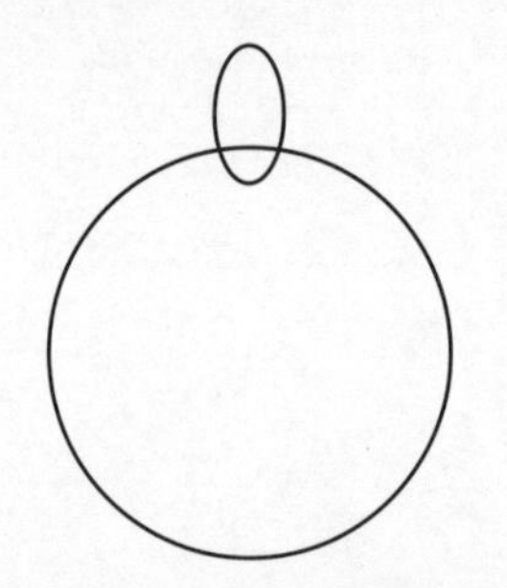

图 6－1－3　绘制圆

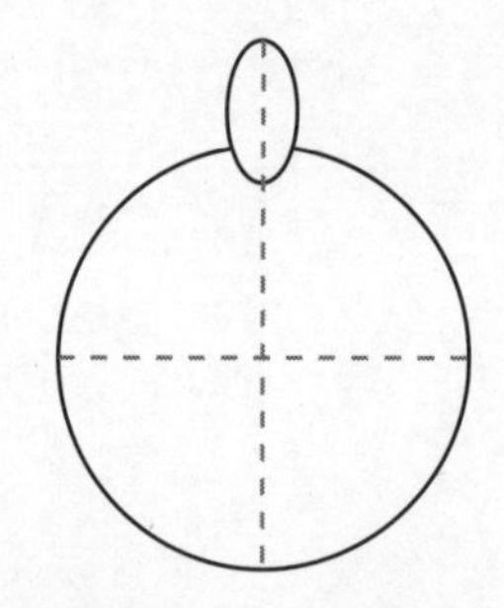

图 6－1－4　修剪对象

3. 选中小椭圆，单击数字键盘【＋】键原位复制，按住【Shift】键拖动对象进行成比例缩放。选中工具箱中【螺纹工具】，上方属性栏设置【回圈】为 1，在合适位置绘制螺纹。选中【基本形状工具】，选择属性栏中【水滴】，绘制形状，按住【Ctrl＋G】组合对象（图 6－1－5）。

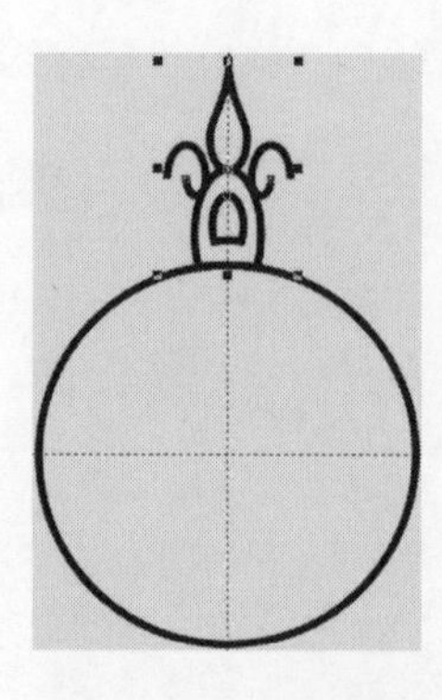

图 6－1－5　绘制图形

图 6－1－6　旋转复制

4. 再次单击组合后的对象，进入旋转状态，将其旋转中心点拖至辅助线的交点，按住【Alt＋F8】打开【旋转】泊坞窗，在“角度”框中输入20，“副本”框输入18，单击【应用】，得到效果（图6－1－6）。

5. 选中【螺纹工具】，绘制一组图形后按住【Ctrl＋G】组合对象（图6－1－7），移至合适位置（图6－1－8）。

图6－1－7　用螺纹工具绘制图形

图6－1－8　移动对象

6. 按住快捷键【Alt＋F8】打开【旋转】泊坞窗，“角度”输入40，“副本”输入9，单击【应用】，得到效果（图6－1－9）。

图6－1－9　旋转复制

7. 选中工具箱中的【基本形状工具】，在属性栏中选中【心形】绘制一个心形，鼠标右键单击执行【转换为曲线】命令，用【形状工具】拖动上方的节点改变形状（图6－1－10）。

8. 将对象移至合适位置（图6－1－11），旋转

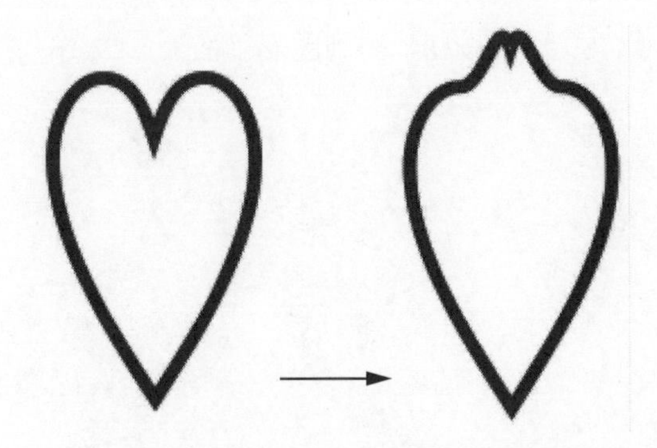

图6－1－10　改变形状

复制，操作方法同上（图6－1－12）。根据设计需要可以继续添加细节（图6－1－13）。

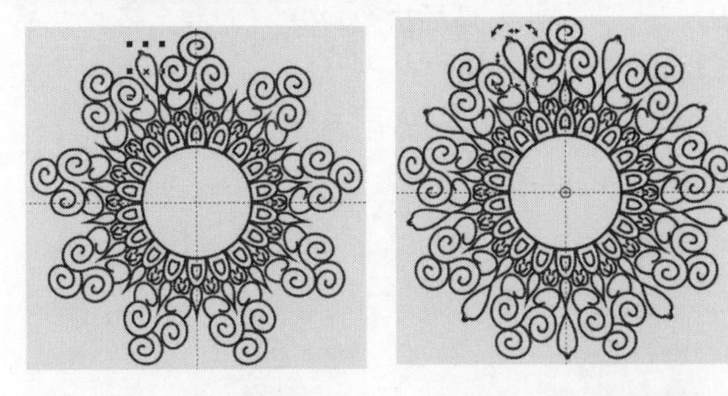

图6－1－11　移动对象　　图6－1－12　旋转复制

9. 绘制佩斯利花纹。选择工具箱中【椭圆】工具，配合【Ctrl】键绘制一个2cm×2cm的正圆，再绘制两个1cm×1cm的正圆，选中大圆和一个小圆按住快捷键【T】执行【顶端对齐】，选中大圆和剩下的小圆按住快捷键【B】执行【底端对齐】，选中大小三个圆按住快捷键【C】执行【垂直居中对齐】（图6－1－14）。

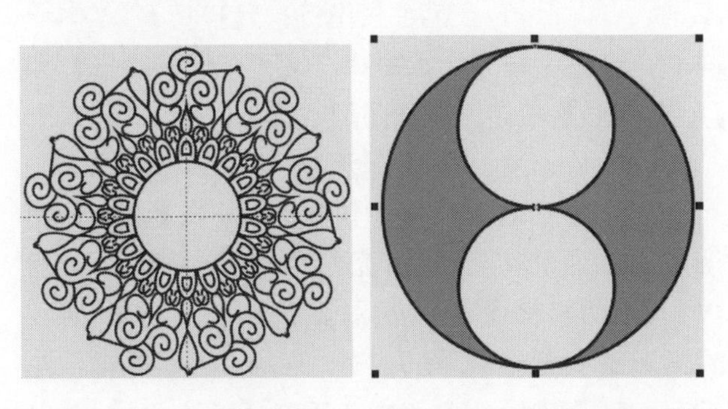

图6－1－13　添加细节　　图6－1－14　绘制并对齐对象

10. 选中大圆和上端的小圆，单击属性栏【修剪】按钮，移开小圆并按住【Delete】删除，选中大圆和下端的小圆，再次执行【修剪】命令。选中大圆，鼠标右键单击执行【拆分曲线】或按住快捷键【Ctrl＋K】，将右边对象移开并删除（图6－1－15）。选中剩余的两个对象，点击属性栏中

的【合并】按钮，得到图形（图 6-1-16）。

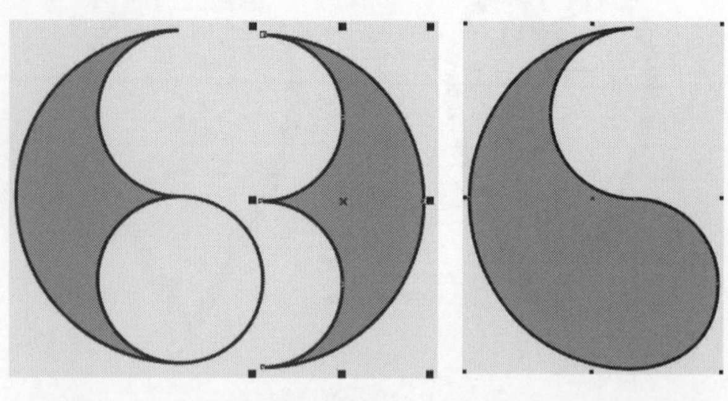

图 6-1-15　修剪并拆分对象　　图 6-1-16　合并对象

11. 选中对象，在属性中将外轮廓宽度调整为 2mm 2.0 mm，然后执行菜单【对象/将轮廓转换为对象】命令（图 6-1-17）。更改对象的填充色和轮廓色，并将轮廓宽度调整为 0.25mm .25 mm（图 6-1-18）。

图 6-1-17　轮廓转换为对象　图 6-1-18　更改对象颜色

12. 选中外围白色对象，打开工具箱中【变形】工具 2.0 mm，在属性栏中选择【拉链】 .25 mm 变形，设置振幅 5，频率 20，按下【随机变形】和【平滑变形】按钮，得到图形（图 6-1-19）。

13. 根据设计需要，添加一些细节（图 6-1-20）。全选对象，按住快捷键【F12】，打开轮廓笔对话框，勾选【填充之后】和【随对象缩放】，然后将其移至背景图案的中央，并根据实际情况进行缩放（图 6-1-21）。继续添加一些细节，丰富内容，全选后并按住【Ctrl+G】组合对象（图 6-1-22）。

14. 选中对线，执行菜单【对象/图框精确剪裁/置于图文框内部】，此时鼠标变成粗箭头，点击大象图形，纹样置于大象图形中。如果填充位置不合适，鼠标右键单击执行【编辑 PowerClip】，进入编辑页面，可以进行自由编辑，效果满意后鼠标点击【停止编辑内容】，然后点击【锁定 PowerClip 的内容】得到效果（图 6-1-23）。

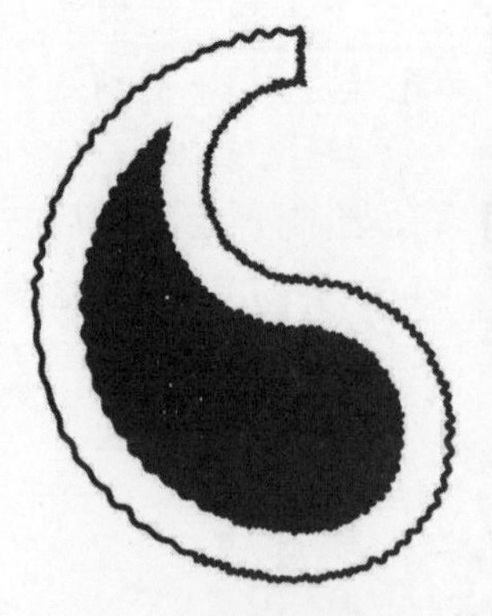

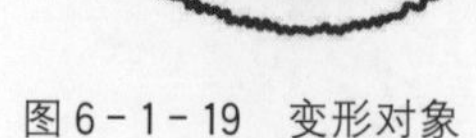

图 6-1-19　变形对象　　图 6-1-20　丰富细节

图 6-1-21　移动对象　　图 6-1-22　完成并组合对象

图 6-1-23　完成效果

15. 打开随书赠送的一款 T 恤款式矢量图，将大象图案移至款式图中，得到效果（图 6-1-24）。

图 6-1-24　应用在服装上的效果

第二节　适合纹样绘制

适合纹样是将纹样限制在一定形状空间内，整体呈某种特定轮廓的一种装饰纹样。其形状有圆形、半圆形、正方形、长方形、三角形、多边形、心形等，当这些形状外轮廓去掉时，纹样仍保留有该形状的特点。适合纹样有对称式、旋转式、放射式和均衡式四种类型，常常独立应用于服饰造型上。本小节以女士丝巾产品为例来进行绘制讲解。

一、适合纹样绘制实例效果

图6-2-1　丝巾绘制实例效果

二、纹样图 A 操作步骤

1. 执行菜单【文件/新建】或者按住快捷键 Ctrl+N 新建一个文件，选择工具箱中的【矩形】工具绘制一个 20cm×20cm 的背景正方形，填充颜色 C100、M100、Y0、K0（图 6-2-2 中 a）。单击键盘上【+】键复制背景正方形，配合【Shift】键比例缩小对象，并填充颜色 C57、M0、Y0、K0（图 6-2-2 中 b）。

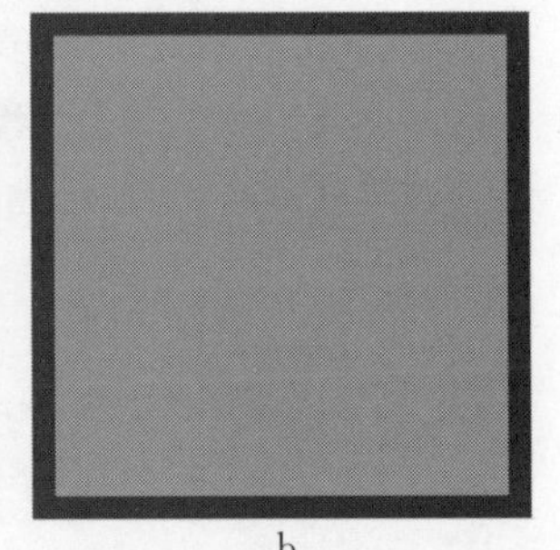

a　　b

图6-2-2　绘制背景，复制并比例缩小

2. 选则中间对象，打开工具箱中的【沾染】工具，在属性栏中设置参数【笔尖半径】为 10mm，10.0 mm　0　90.0°　.0°，然后沿着对象边缘修改轮廓（图 6-2-3），并填充轮廓色 C2、M4、Y2、K0，按下快捷键【F12】打开轮廓笔，弹出对话框（图 6-2-4），设置轮廓宽度为 4mm 或者直接在上方属性栏的【轮廓宽度】按钮中输入 4mm，得到效果（图 6-2-5）。

图6-2-3　修改造型则

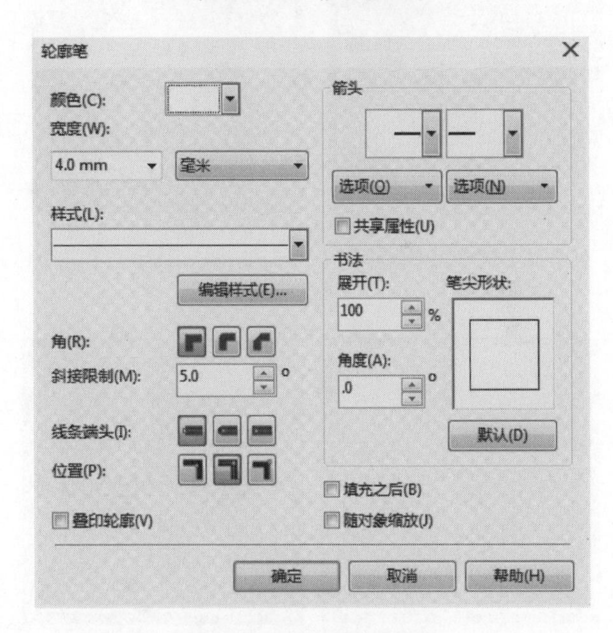

图6-2-4　轮廓笔对话框

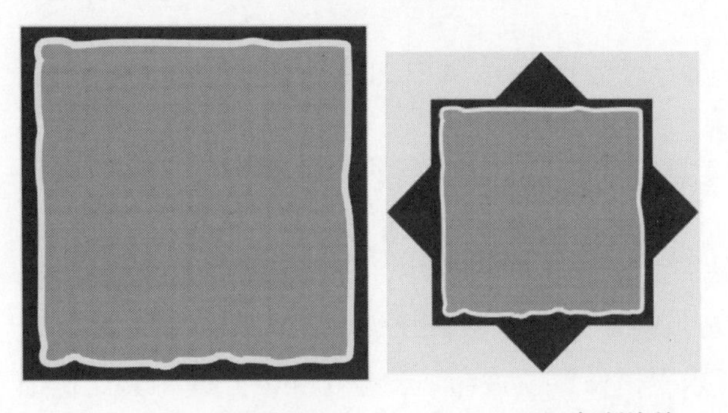

图6-2-5　填充轮廓色　　图6-2-6　复制旋转

3. 选中背景矩形对象，单击键盘上【+】键复制背景正方形，在上方属性栏【旋转角度】中输入 45 45.0 ，单击【回车】（图 6-2-6）。选中菱形对象，点击鼠标右键执行【顺序/到图层前面】，配合【Shift】键鼠标放置在角点按下左键成比例缩小对象（图 6-2-7），然后调整填充色和轮廓色，轮廓宽度为 2mm，得到效果（图 6-2-8）。

4. 选中菱形对象，再次单击键盘上【+】键复制对象，配合【Shift】键成比例缩小并填充颜色 C76、M76、Y18、K0（图 6-2-9）。

5. 鼠标放置在横向标尺处，按住鼠标左键不松手，拖出一条横向辅助线至菱形的中心点，鼠标放置在纵向标尺处，按住鼠标左键不松手，拖出一条纵向辅助线至菱形的中心点（图 6-2-10）。

图 6-2-7 调整顺序并缩放

图 6-2-8 调整填充和轮廓色

图 6-2-9 复制填充对象

图 6-2-10 拖出辅助线

6. 选择工具箱中的【多边形】工具，配合【Ctrl】键绘制正五边形（图 6-2-11 中 a），选择工具箱中的【形状工具】改变造型（图 6-2-11 中 b、c），然后再选择工具箱中的【变形】工具 变形 将其变形（图 6-2-11 中 d）。选择 d 图，单击键盘【+】键将其复制，移开后单击属性栏【水平镜像】按钮，配合【Shift】键将其比例缩小（图 6-2-11 中 e）。

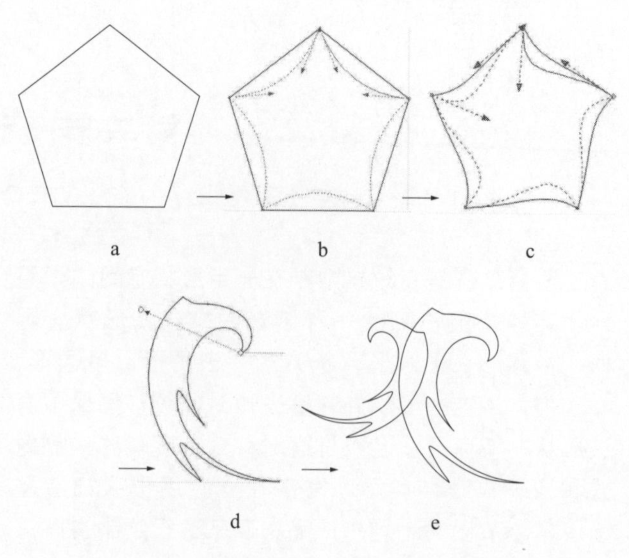

图 6-2-11 变化图形

7. 选择两个对象后，点击属性栏【合并】按钮，并去掉轮廓线填充颜色 C0、M57、Y71、K0（图 6-2-12）。

图 6-2-12 合并

图 6-2-13 弧线

8. 选择工具箱【三点曲线】工具，绘制一条弧线（图 6-2-13），选中两个对象点击属性栏【修剪】按钮，鼠标右键单击执行【拆分曲线】命令或者按住快捷键【Ctrl+K】，填充颜色（图 6-2-14）。选择工具箱中的【复杂星形】，绘制一个十边形，并用【形状工具】调整，完成后选中整个对象，按快捷键【Ctrl+G】组合对象（图 6-2-15）。

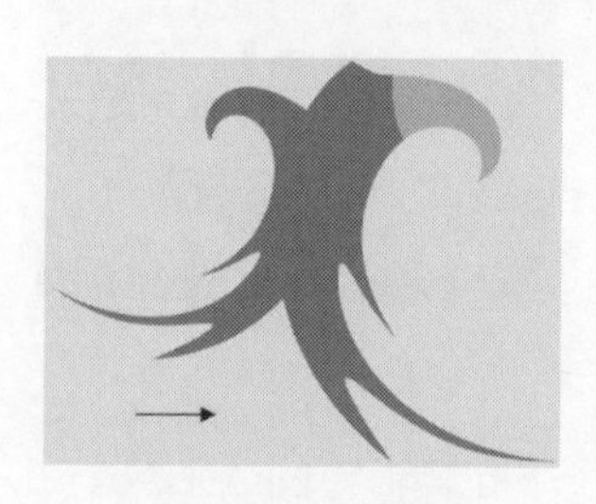

图 6-2-14 修剪

图 6-2-15 组合

9. 选择组合后的对象，复制并移至背景正方形中，适当调整对象大小，合适后再次单击对象使其进入【旋转】状态，出现对象中心点，将中心点移至辅助线的交点（图 6－2－16）。执行菜单【窗口／泊坞窗／变换／旋转】命令，弹出旋转面板，设置参数后（图 6－2－17），点击【应用】按钮，得到效果（图 6－2－18）。

图 6－2－16　移动中心点

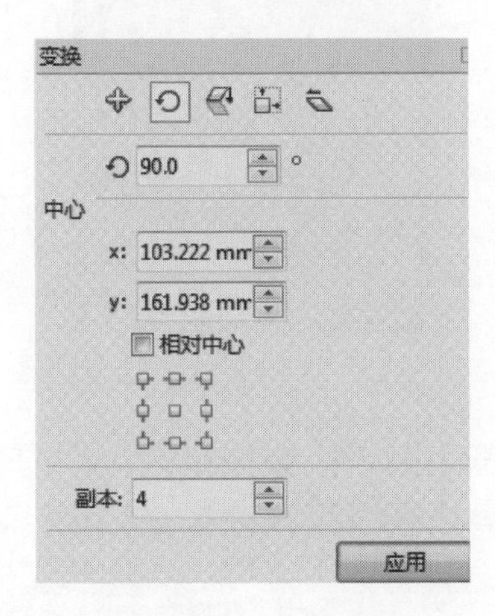

图 6－2－17　旋转面板

图 6－2－18　旋转复制对象　　图 6－2－19　绘制矩形

10. 选择工具箱中【矩形】工具，在组合后的对象上方绘制一个矩形（图 6－2－19），然后选中两个对象，点击属性栏中的【修剪】命令按钮，删除矩形（图 6－2－20），选择新对象后按住【＋】将其复制，先点击【水平镜像】，然后点击【垂直镜像】，选中两个对象后点击属性栏中的【合并】按钮，得到花纹图形（图 6－2－21）。

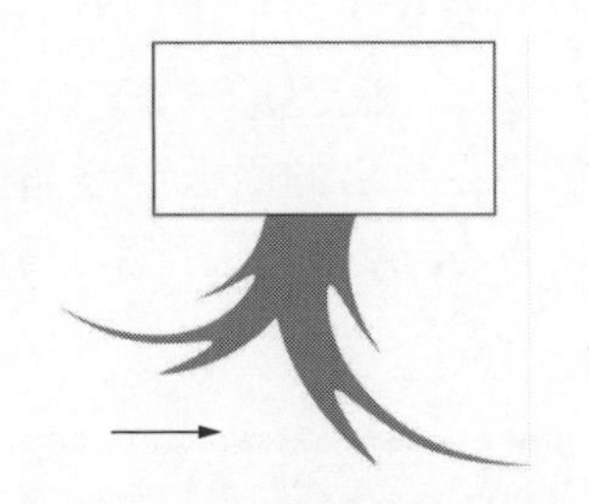

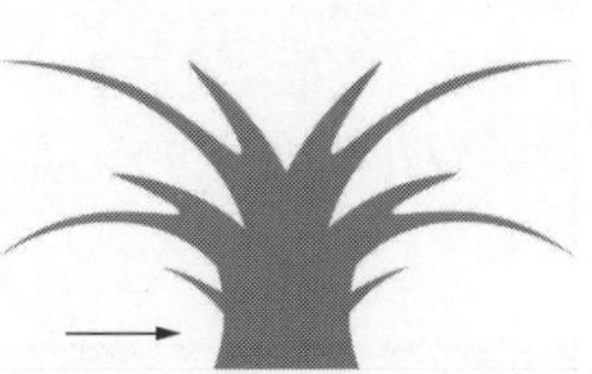

图 6－2－20　修剪并删除矩形　　图 6－2－21　复制并镜像

11. 选中工具箱中【椭圆】工具，绘制一个 16cm×16cm 的正圆，填充颜色 C12、M29、Y21、K0，无轮廓填充。将合并后的花纹图形复制移动至正圆的合适位置（图 6－2－22），并将花纹图形中心点移至正圆的中心点，然后执行【窗口／泊坞窗／变换／旋转】命令，在弹出的面板中设置参数旋转角度为 60°，副本为 6，点击【应用】，得到图形（图 6－2－23）。

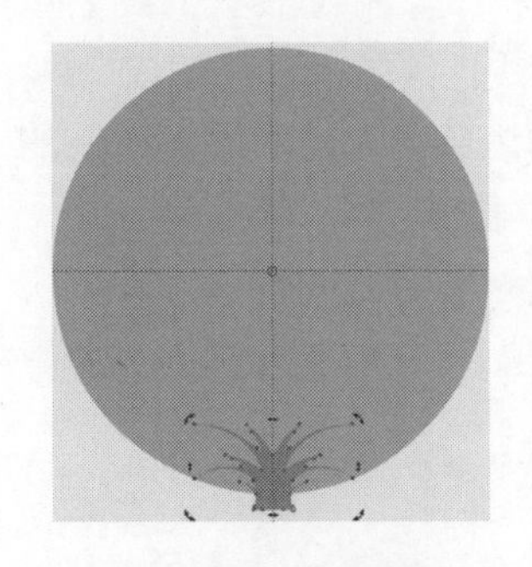

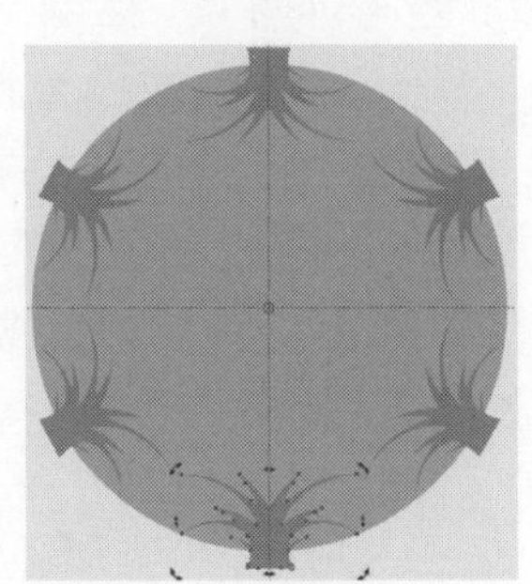

图 6－2－22　绘制正圆　　图 6－2－23　旋转复制对象

12. 选中整个对象，点击属性栏中的【修剪】命令按钮，得到剪缺图形（图 6－2－24）。

13. 将修剪后的对象移至背景正方形中，鼠标右键单击执行【顺序／至于此对象前】命令，鼠标变成黑色粗箭头，在蓝色正方形对象上单击。按住【Shift】键选中菱形对象，执行菜单【对象／对齐和分布／水平居中对齐】，然后执行【垂直居中对齐】（图 6－2－26）。

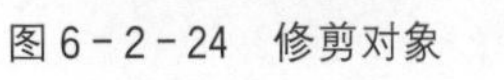

图 6－2－24　修剪对象　　图 6－2－26　对齐并调整顺序

14. 复制花纹图形，移至背景正方形中的合适位置，修改颜色（图 6－2－27），然后执行【窗口/泊坞窗/变换/旋转】命令，在弹出的面板中设置参数旋转角度为 90°，副本为 4，点击【应用】，得到效果（图 6－2－28）。

图 6－2－27　移动对象

图 6－2－28　旋转复制对象

15. 旋转工具箱中的【复杂星形】工具，绘制复杂星形（图 6－2－29 中 a），用【形状工具】修改外形，将直线转换为曲线（图 6－2－29 中 b），分别点击上方属性栏中的边数和锐度（图案绘制的边数和锐度根据喜好自由确定）13　2（图 6－2－29 中 c），复制对象并比例缩小，修改边数和锐度，改变颜色，得到图形（图 6－2－29 中 d）。

图 6－2－29　图形绘制过程

16. 将 d 图形移至背景正方形中合适位置（图 6－2－30），执行【窗口/泊坞窗/变换/旋转】命令，在弹出的面板中设置参数旋转角度为 90°，副本为 4，点击【应用】，得到效果（图 6－2－31）。

图 6－2－30　移动对象

图 6－2－31　旋转复制

17. 复制 d 图形，并修改颜色，将其移至背景正方形的中心点位置，根据需要可以自由设计边数和锐度，会得到意想不到的效果（图 6－2－32）。

图 6－2－32　绘制中心对象

18. 删除辅助线。根据设计需求，可以增加一些细节丰富造型，以及多个配色（图 6－2－33）。

图 6－2－33　丝巾效果图

三、纹样图 B 操作步骤

1. 绘制背景。选择工具箱中的【矩形】工具绘制一个 20cm×20cm 的背景正方形，填充颜色 R186、G9、B38，单击键盘上【+】键复制背景正方形，在属性栏【旋转角度】输入 45° 45.0 ，配合【Shift】同时选中正方形和菱形，点击上方属性栏中【相交】按钮，删除菱形，相交部分填充颜色 R247、G53、B3（图 6－2－34）。

2. 用选择工具选中正方形，按住【F12】调出轮廓笔对话框，设置外轮廓宽度为 10mm，点击【确定】按钮，然后执行菜单【对象/将轮廓转换为对象】命令，选中新对象，鼠标右键单击执行【顺序/到页面前面】命令，并填充颜色 R247、G53、B3，轮廓色 R225、G174、B83（图 6－2－35）。选中新对象，按住【F12】调出轮廓笔，将轮廓宽度设置为 2.5mm，得到效果（图 6－2－36）。

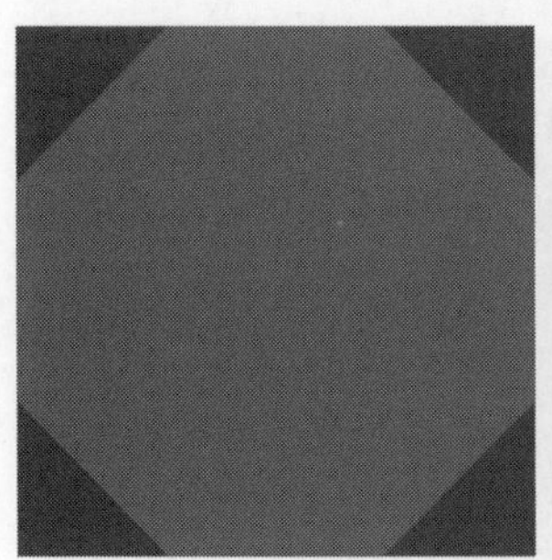

图 6－2－34　对象相交

图 6－2－35　轮廓转换为对象

图 6－2－36　调整轮廓

3. 绘制单元纹样。单击工具箱【螺纹工具】，在属性栏设置参数【螺纹回圈】为 2，【轮廓宽度 10mm】 1　100　10.0 mm ，绘制一螺纹（图 6－2－37 中 a）。选中对象，执行菜单【对象/将轮廓转换为对象】，然后用【形状工具】局部调整，并填充颜色 R192、G31、B99，轮廓色 R73、G45、B67，调整轮廓宽度为 1.5mm（图 6－2－37 中 b）。重复上面操作，添加一个回圈为 1 的新螺纹（图 6－2－37 中 c），用【形状工具】局部调整后选中两个对象，点击属性栏中的【合并】按钮（图 6－2－37 中 d）。

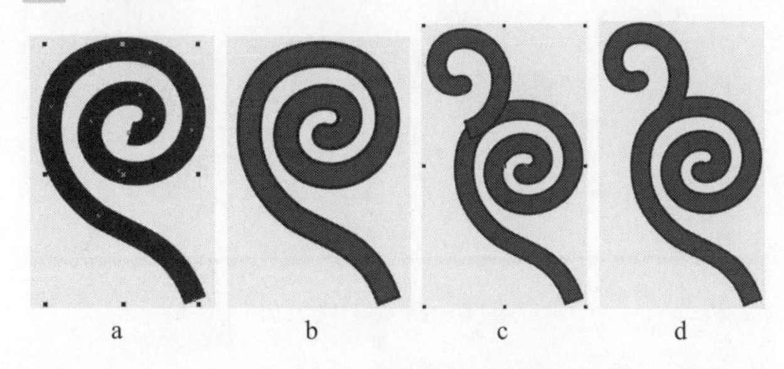

图 6－2－37　螺纹绘制对象

4. 选中图 6－2－37 中 d 图，执行菜单【对象/将轮廓转换为对象】，选中黑色轮廓对象，在属性栏中设置轮廓宽度为 1mm，颜色为 R242、G137、B154，选中虚线 1.0 mm 。选中红色对象，在属性栏设置轮廓宽度为 2.5mm，颜色为 R242、G137、B154，得到效果（图 6－2－38）。

图 6－2－38　丰富外轮廓

5. 选中整个图形按住快捷键【Ctrl+G】组合对象，然后单击键盘上【+】键复制，点击属性栏中【水平镜像】按钮，移至合适位置，框选两个对象按住快捷键键【T】执行【顶端对齐】命令（图 6－2－39）。

图 6－2－39　复制镜像对齐

6. 用椭圆工具绘制多个椭圆，按住快捷键【C】和【E】执行【垂直居中对齐】和【水平居中对齐】命令，设置不同的轮廓宽度，然后执行菜单【对象/将轮廓转换为对象】，填充不同颜色。再绘制两个椭圆，用属性栏中的【修剪】工具修剪对象，得到新图形（图 6-2-40）。

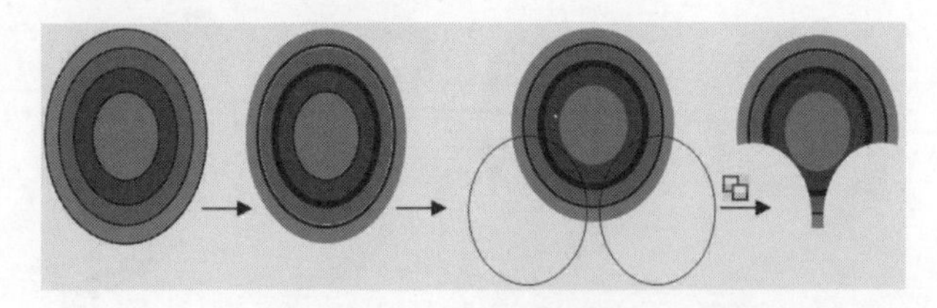

图 6-2-40　修剪

7. 将新图形移至合适位置，全选后按住快捷键【C】执行【垂直居中对齐】命令（图 6-2-41）。

图 6-2-41　移动对齐对象

8. 用工具箱中的【3 点曲线】工具绘制一条弧线，选中弧线单击键盘【+】键复制，点击属性栏中的【水平镜像】按钮，然后移动镜像弧线。选中两条弧线后，单击鼠标右键执行【合并】快捷键【Ctrl+L】，用【形状工具】框选上端两个节点，点击属性栏中的【连接两个节点】按钮，重复操作连接下端两个节点，此时对象是封闭图形（图 6-2-42）。

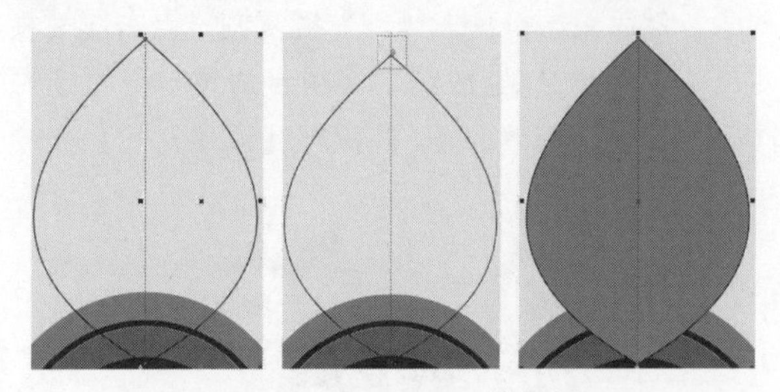

图 6-2-42　3 点曲线绘制封闭图形

9. 单击键盘【+】键复制对象，配合【Shift】按住任意角点缩放对象，填充不同颜色，并移至下方（图 6-2-43）。根据设计需要，添加一些细节，完成单元纹样绘制（图 6-2-44）。

10. 全选单元纹样，按住【Ctrl+G】组合对象，单击对象，使其进入旋转状态，拖动中心点至对象的下方，按住快捷键【Alt+F8】执行【旋转复制】命令，在面板中输入【旋转角度】90，副本为 3，点击【应用】按钮，得到效果（图 6-2-45），按住快捷键【F12】打开轮廓笔对话框，勾选，单击【确定】按钮。

图 6-2-43　复制缩放对象　　图 6-2-44　丰富细节

11. 将对象缩小，移至背景中央，按住快捷键【C】和【E】执行对齐【水平居中对齐】和【垂直居中对齐】命令（图 6-2-46）。

图 6-2-45　旋转复制　　图 6-2-46　对齐对象

12. 选中图 6-2-44 并复制，填充不同颜色，根据需要还可以进行调整与修改，得到图形（图 6-2-47）。执行【垂直镜像】并旋转 45°，然后将其移至背景图形角点合适位置，在背景图形中心点位置分别拖出水平和垂直辅助线，其操作方法参见图 6-2-10（图 6-2-48）。

图 6-2-47　变换对象　　图 6-2-48　移动对象

13. 选中对象并再次单击，使其进入【旋转】状态，将其旋转中心点移至辅助线的交叉点，按住快捷键【Alt+F8】执行【旋转复制】命令，在面板中输入【旋转角度】90，副本为 3 副本: 3，点击【应用】按钮，得到效果（图 6－2－49）。

14. 重复前面的操作，根据设计需要，可以添加一些设计细节，丰富造型效果（图 6－2－50）。

图 6－2－49　旋转复制

图 6－2－50　最后效果

四、纹样图 C 操作步骤

1. 选择工具箱中的【矩形】工具 绘制一个 20cm×20cm 的背景正方形，选择【2 点线工具】，配合【Shift】键绘制一条水平线，与正方形执行【顶端对齐】，按住【＋】键复制水平线移至下方，与正方形执行【底端对齐】，选中两条水平线和正方形，按住【C】执行【垂直居中对齐】命令（图 6－2－51）。

图 6－2－51　垂直居中对齐

2. 选择工具箱中【调和】工具，按住鼠标左键从上端水平线拖动至下端水平线，在属性栏中设置步长为 5 5，右键单击鼠标执行【拆分调和群组】或按住快捷键【Ctrl＋K】，并【Ctlr＋U】取消组合对象（图 6－2－52）。

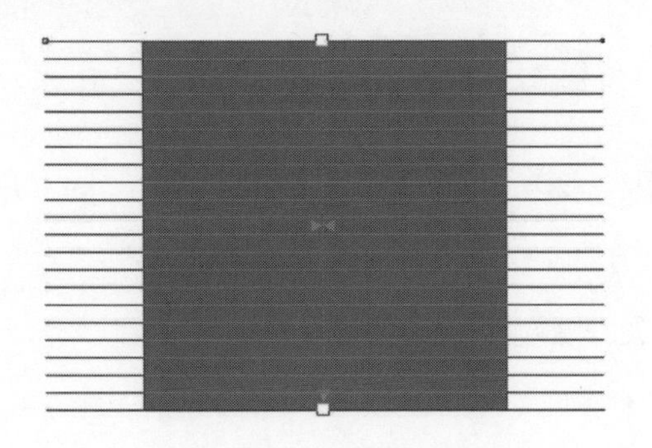

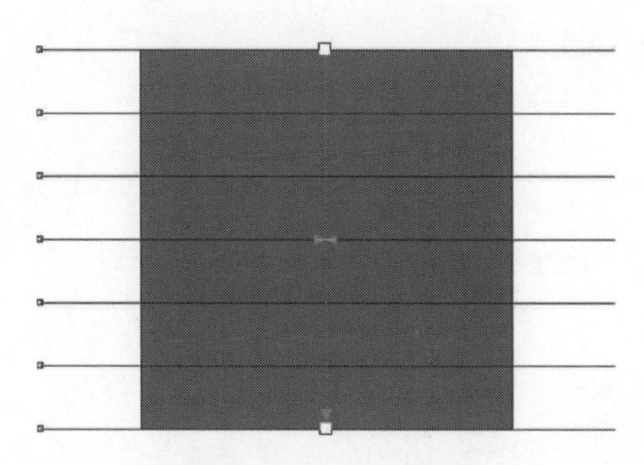
图 6－2－52　线段调和

3. 执行菜单【窗口 / 泊坞窗 / 效果 / 艺术笔】，调出艺术笔面板（图 6－2－53），选择合适笔触后点击【应用】按钮，重复操作，线条被填充不同的颜色而得到效果（图 6－2－54）。

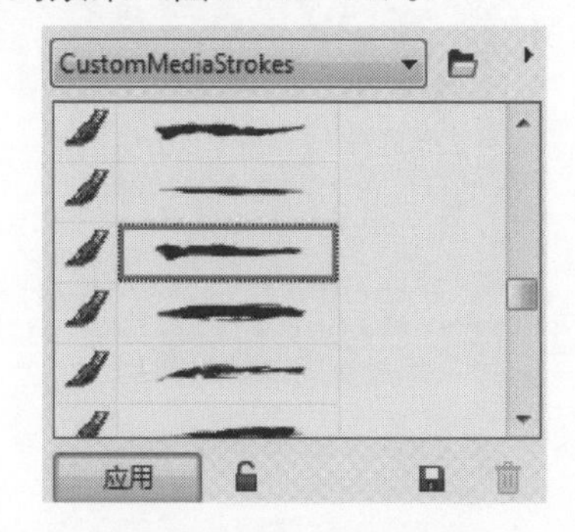

图 6－2－53　艺术笔面板

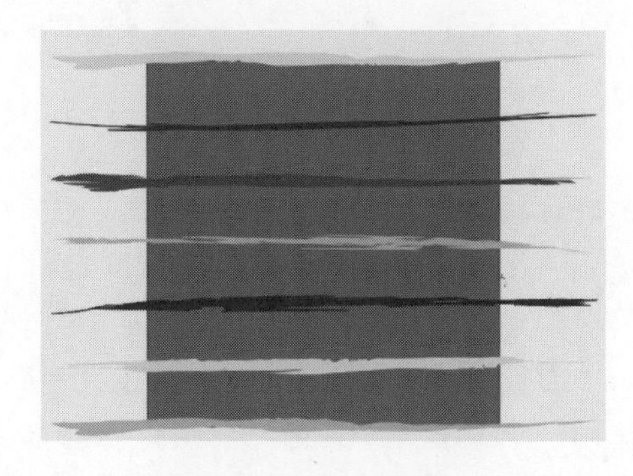
图 6－2－54　改变颜色

4. 配合【Alt】键用触选方式选中所有水平线条，按住【＋】键复制一组，然后在属性栏【旋转】输入 90° 90，点击【Enter】，得到效果（图 6－2－55）。

5. 按住【Ctrl＋A】全选对象，配合【Shift】键单击正方形，去掉正方形对象的选择（此时只剩下水平和垂直线条被选中），执行菜单【对象 / 图框精确裁剪 / 置于图文框内部】命令，鼠标变成黑色粗箭头，单击正方形，线条置于其内（图 6－2－56）。

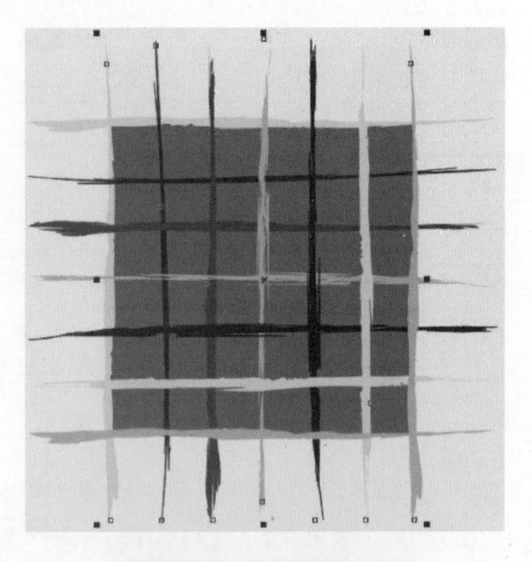

图 6－2－55　旋转对象

图 6－2－56　精确裁剪对象

6. 按住【＋】键复制对象，配合【Shift】键缩小对象并移至左上角，重复操作，复制一个对象且缩小移至右下角。再次复制对象，缩小并旋转，得到效果（图 6－2－57）。

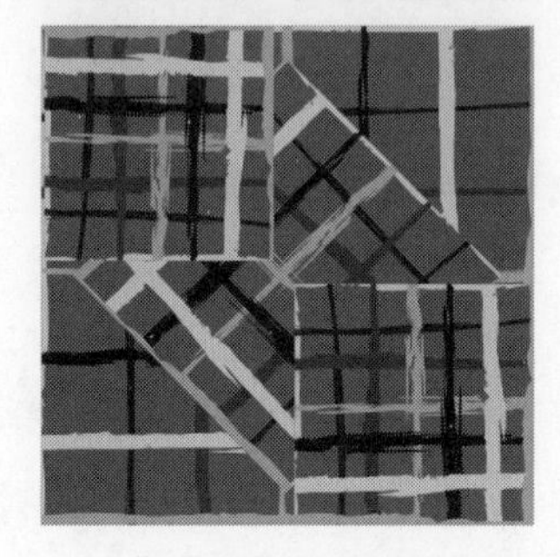

图 6－2－57　复制移动

第三节　连续纹样绘制

连续纹样包括二方连续和四方连续。二方连续是指运用一个或几个单位纹样进行上下（纵向）或左右（横向）两个方向的反复排列而形成带状连续形式，主要被应用于服装的边缘装饰设计。四方连续是运用一个或者几个装饰元素组合成基本单位，在一定空间内，进行上下左右四个方向的反复排列，并可以无限扩展、延续的图案，主要被应用于服装的连续印花。

一、千鸟格图案操作步骤

图 6－3－1　千鸟格应用实例

1. 绘制千鸟格基础图形。按住快捷键【Ctrl＋N】新建一个文件，然后鼠标右键单击界面左下角的【页 1/重命名页面】（图 6－3－2），弹出对话框，输入千鸟格，点击【确定】按钮（图 6－3－3）。

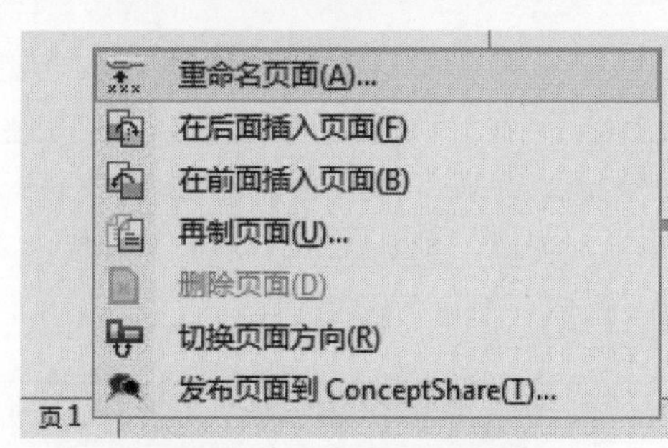

图 6－3－2　打开重命名页面

2. 选择工具箱中的【图纸】工具（图 6－3－4），在上方属性栏中输入行数 9，列数 8 9 8，按住【Ctrl】键，拖动鼠标绘制图纸（图 6－3－5）。

图 6－3－3　重命名页面

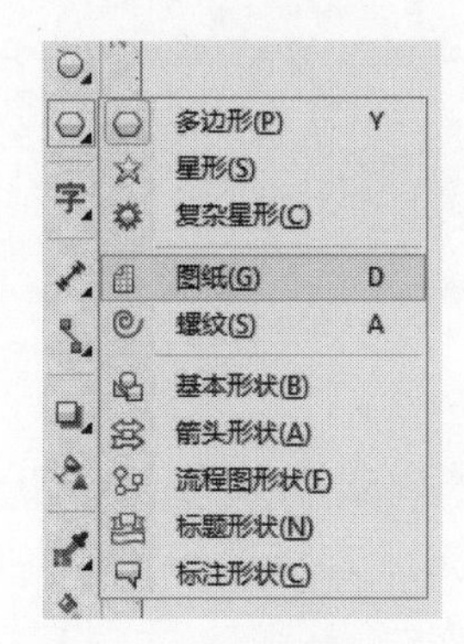

图 6－3－4　选择图纸工具

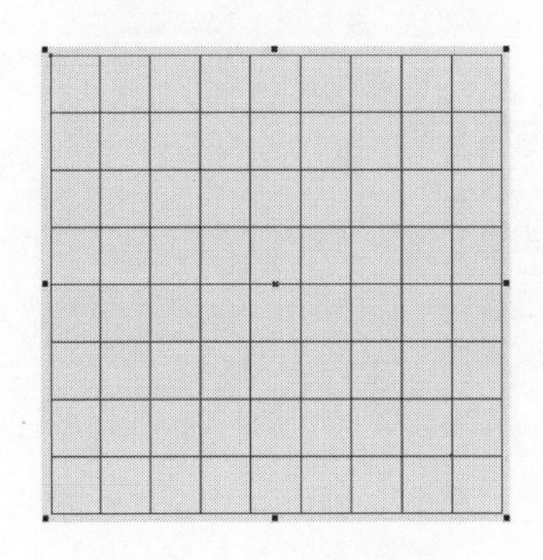

图 6－3－5　绘制图纸

3. 用【选择工具】选中对象，鼠标右键单击【取消组合对象】或者按住快捷键【Ctrl＋U】将对象取消群组。选中上方的一个小方块，并左键单击右侧调色板中的黑色块，将其填充黑色（图 6－3－6）。选择工具箱中的【颜色滴管工具】，在黑色小方块上面单击，然后根据千鸟格图形单击目标方块，得到效果（图 6－3－7）。

4. 用【选择工具】选中白色区域各个方块，然后单击键盘上【Delete】将其删除，得到千鸟格单个图形，框选整个千鸟格图形并按住【Ctrl＋G】组合对象（图 6－3－8）。（技巧：按住 Alt 键，用框选的方法，只要是虚线框所触及的对象都会被选中）

5. 打开一幅款式矢量图，并复制到千鸟格文件中（图 6－3－9）。

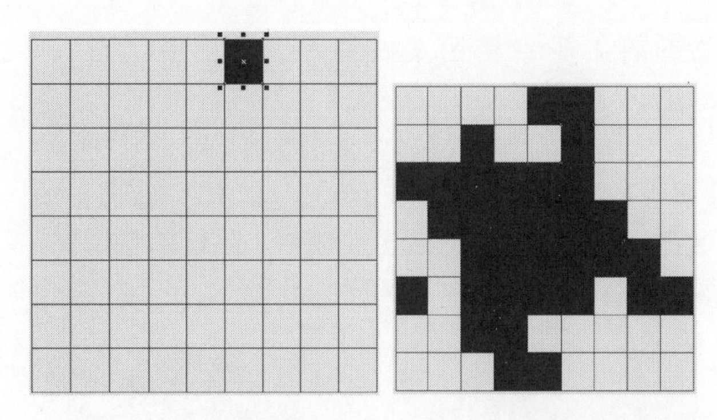

图 6－3－6　方块填充黑色　　图 6－3－7　黑色填充图

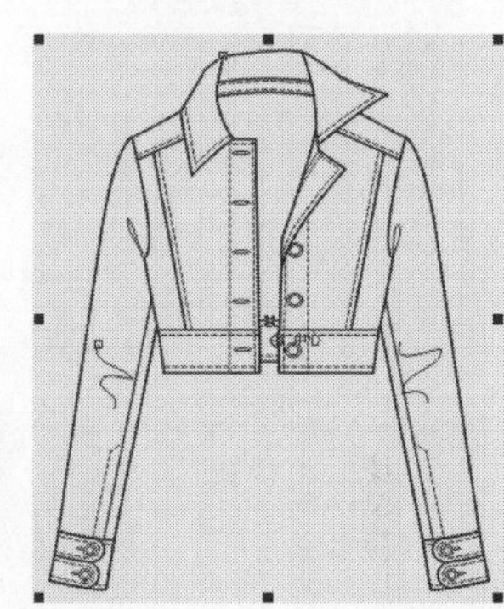

图 6－3－8　完成基础图形　　图 6－3－9　打开款式矢量图

6. 矢量图填充。选中千鸟格，执行菜单【窗口/泊坞窗/对象属性】命令，打开属性泊坞窗，可以对图样的大小、镜像、旋转以及横列偏移进行设置（图 6－3－10）。

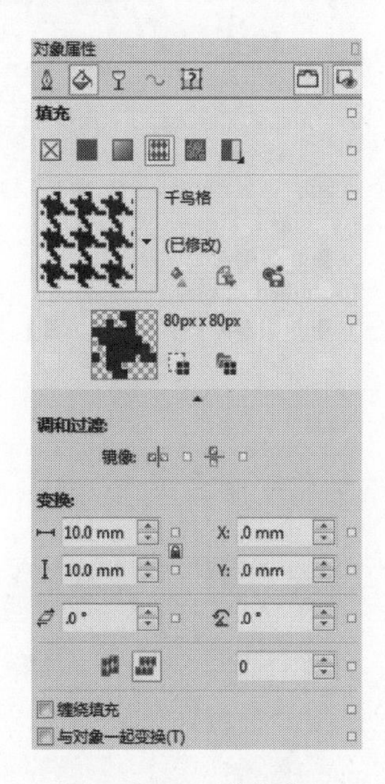

图 6－3－10　泊坞窗口

7. 选中衣袖，单击【向量图样填充】按钮，然后单击【从文档新建】按钮，回到页面中，框选千鸟格图案，单击页面中【接受】

按钮，千鸟格图案被置入到衣袖中（图 6-3-11）。

8. 单击工具箱【属性滴管】工具，在属性栏【属性】下拉菜单中选择“填充”单击【确定】，然后鼠标单击衣身其他部分。领口、袖口单色填充，得到效果（图 6-3-12）。

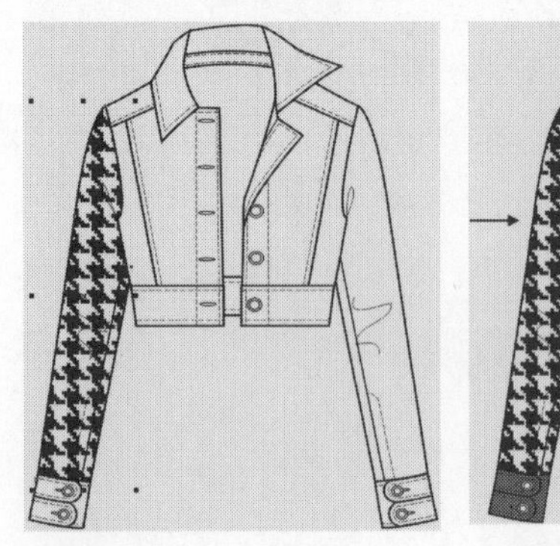

图 6-3-11 对象置入

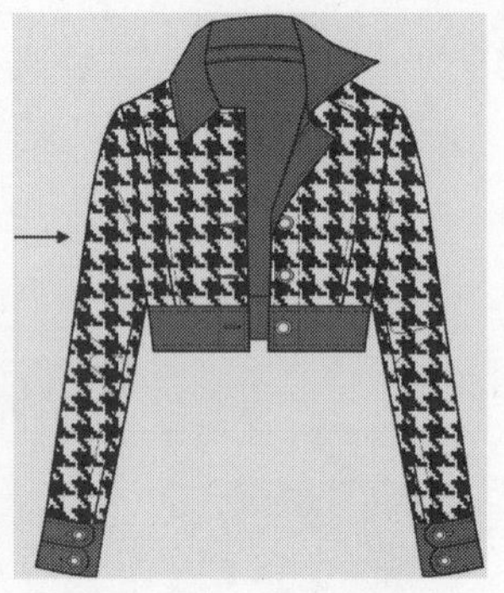

图 6-3-12 属性滴管填充

9. 在泊坞窗口可以设置填充图样的大小、镜像、倾斜和旋转操作（图 6-3-13）。

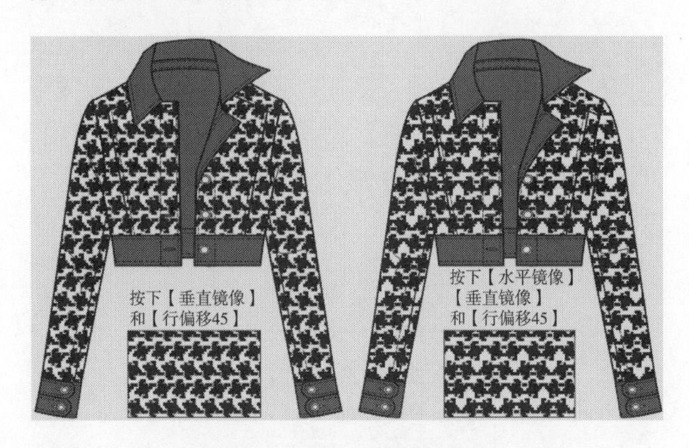

图 6-3-13 完成效果

10. 点击面板中的【另存为新】按钮，弹出对话框，将千鸟格图样保存，方便以后再次调用。

二、苏格兰格子图案操作步骤

图 6-3-14 苏格兰格子应用实例

1. 选择【矩形】工具，绘制一个 150mm×150mm 的背景正方形。填充颜色 C15、M25、Y34、K0（图 6-3-15），去掉外轮廓颜色填充（图 6-3-16）。

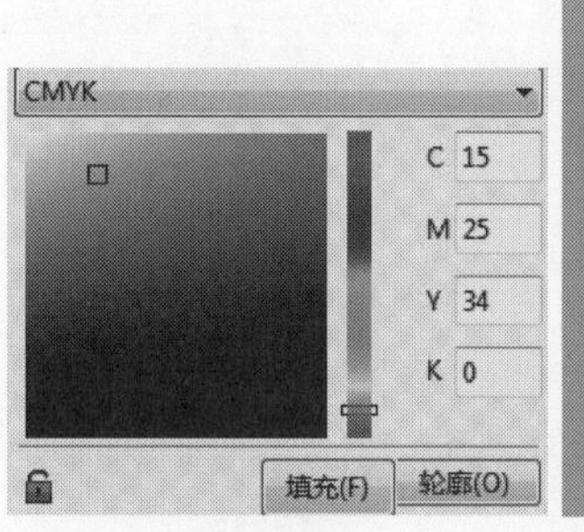

图 6-3-15 打开颜色泊坞窗

图 6-3-16 矩形填充

2. 用矩形工具，绘制一个 150mm×12mm 的长方形，并填充颜色 C72、M76、Y67、K35，去掉外轮廓颜色填充，然后选中两个对象，执行菜单【对象/对齐和分布/水平居中对齐】或按快捷键【E】键，然后再执行【对象/对齐和分布/垂直居中对齐】或按快捷键是【C】键（图 6-3-17）。

3. 选中长方形，执行菜单【窗口/泊坞窗/变换/位置】命令，在位置面板（图 6-3-18）中输入 x 为 0，y 为 22mm，副本为 1，然后点击【应用】按钮，移动复制一个长方形；再次选中原来的长方形对象，在位置面板输入 x 为 0，y 为 22mm，然后点击【应用】按钮，得到效果（图 6-3-19）。

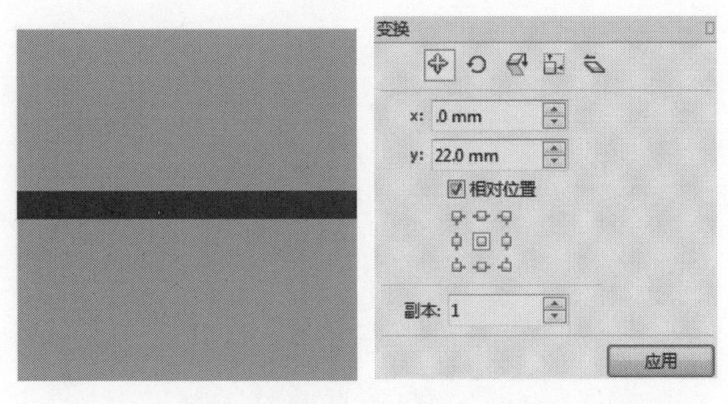

图 6－3－17　对齐对象　　　图 6－3－18　位置面板

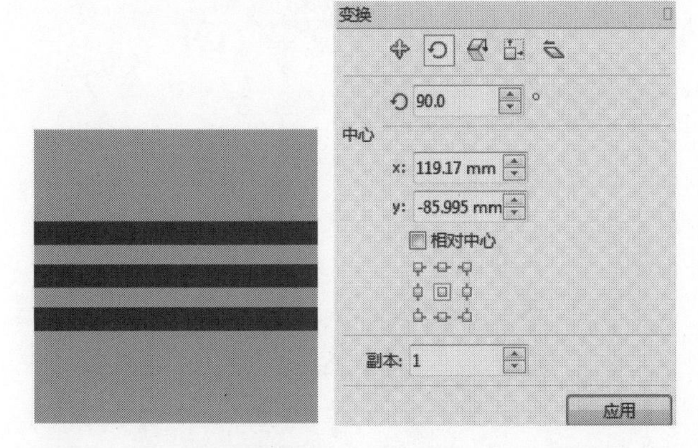

图 6－3－19　移动复制对象　　　图 6－3－20　旋转面板

4. 配合键盘上【shift】键，选中 3 个长方形对象，打开工具箱中的透明工具，输入透明度值为 30，回车。执行菜单【窗口/泊坞窗/变换/选择】命令，在旋转面板（5－3－20）中输入角度为 90°，副本为 1，然后点击【应用】按钮，得到效果（图 6－3－21）。

5. 用矩形工具，沿着交叉点绘制一个正方形，填充颜色 C49、M56、Y42、K0（图 6－3－22），右键单击执行【顺序/至于此对象之前】，鼠标变成黑色的粗箭头，然后在底色正方形上单击得到效果图（图 6－3－23）。

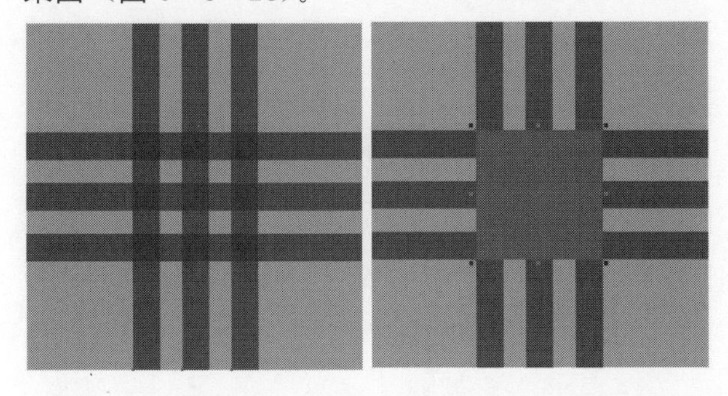

图 6－3－21　旋转复制对象　　　图 6－3－22　绘制正方形

6. 选中 150mm×150mm 正方形背景对象，按住键盘上的【+】键复制一个对象，然后在属性栏【对象大小】中输入数值，并填充颜色 C53、M100、Y88、K40，并将新对象位于最下层（图 6－3－24）。

图 6－3－23　调整顺序　　　图 6－3－24　复制并填充对象

7. 选中整个对象，执行菜单【文件/保存】，设置文件名为“苏格兰格子”。执行菜单【文件/打开】命令，打开一副款式矢量图（图 6－3－25）。

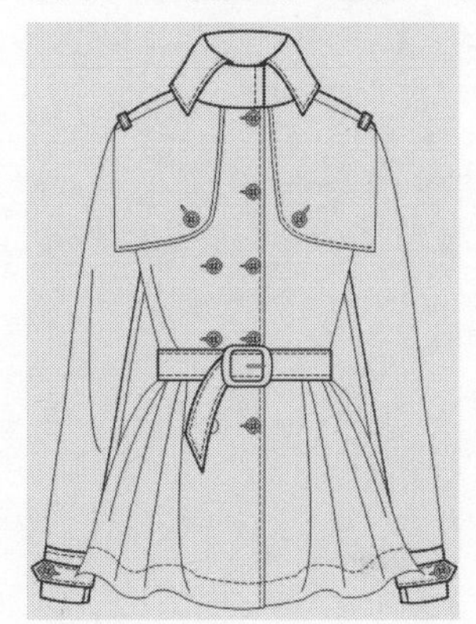

图 6－3－25　矢量款式图

8. 用【选择】工具选中两个袖子，打开工具箱中【交互式填充】工具，在上方属性栏中点击【向量图样填充】按钮，接着点击【填充挑选器】按钮，弹出下拉菜单（图 6－3－26），点击【浏览】按钮，打开刚刚保存的“苏格兰格子”文件，袖子即被填充（图 6－3－27）。

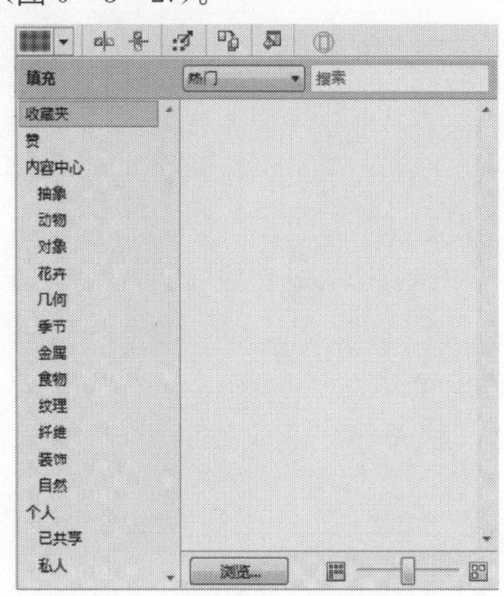

图 6－3－26　填充挑选器

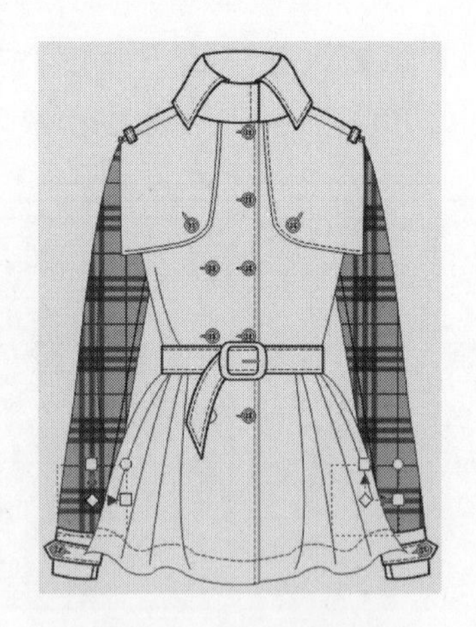

图 6-3-27　图样填充

9. 如果所填充的图样大小不合适，可以通过属性栏中的【编辑填充】按钮来修改（图 6-3-28），将大小调整为 200mm×200mm，旋转角度为 45°，点击【确定】按钮，得到效果图（6-3-29）。

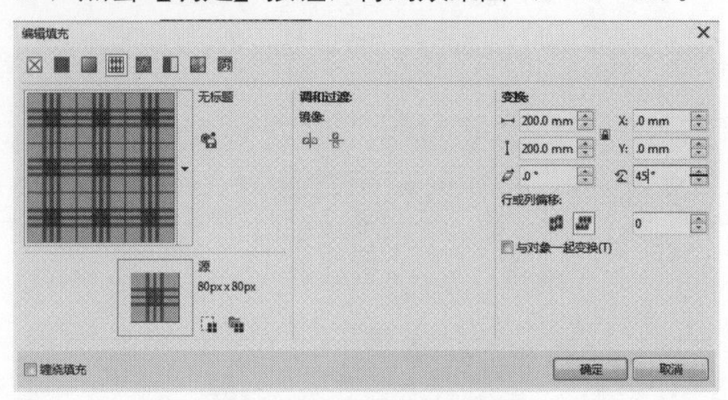

图 6-3-28　编辑填充面板

10. 用【选择】工具选中前胸搭片，打开工具箱中的【属性滴管】 属性滴管 ，在袖子上点击，鼠标由吸管形状变成颜料桶形状，然后点击前胸搭片对象，图案被复制过来（图 6-3-30）。

图 6-3-29　袖子填充

图 6-3-30　复制属性填充

11. 选中剩余对象，进行单色填充，得到最后效果图（图 6-3-31）。

图 6-3-31　最后效果

三、佩斯利重复循环图案操作步骤

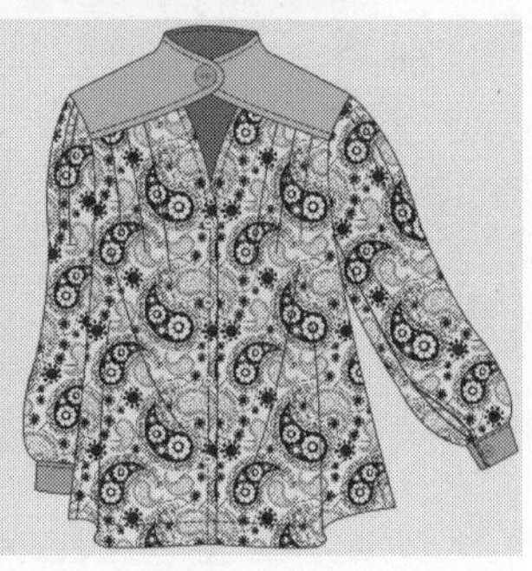

图 6-3-32　佩斯利图案应用效果

1. 选择工具箱中的【矩形】工具，绘制一个6cm×6cm的背景正方形，打开第一节中的佩斯利图形，移至在背景正方形的左上角（图 6-3-33）。

2. 选择花纹图形，按住快捷键【Alt+F7】执行【位置】命令，弹出位置面板（图 6-3-34），在水平位置设置数值 60mm，副本为 1，点击【应用】按钮，得到效果（图 6-3-35）。

图 6-3-33　移动对象

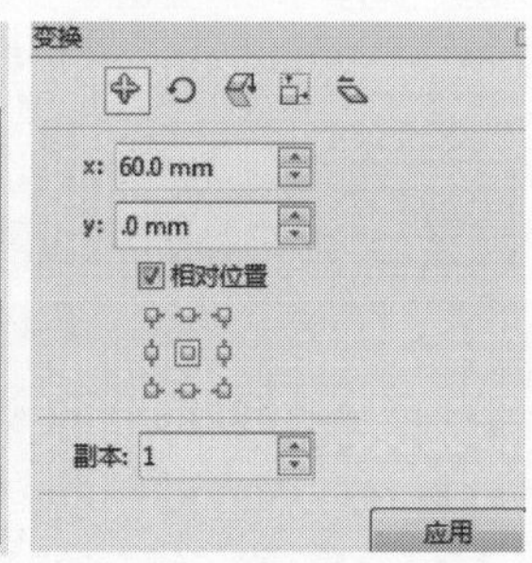

图 6-3-34　位置面板

3. 选中两个花纹，再次执行【位置】命令，在水平位置设置数值 0mm，垂直位置设置数值-60mm，副本为 1，点击【应用】按钮，选择四个花纹对象按住【Ctrl+G】组合，得到效果（图6-3-36）。

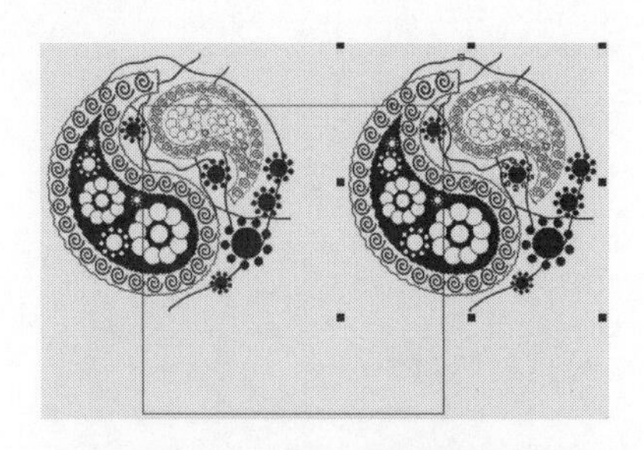

图6-3-35　移动复制

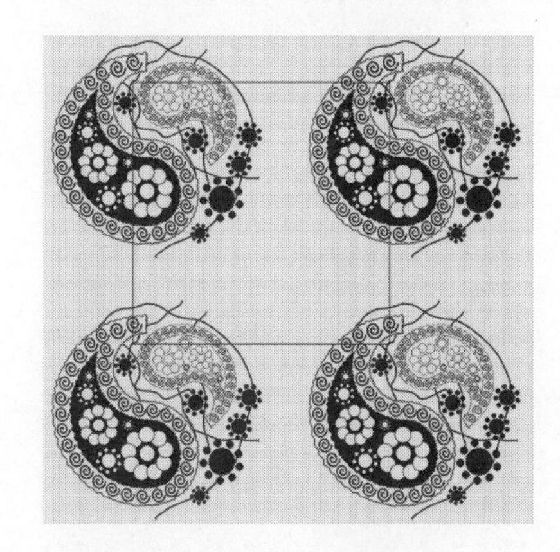

图6-3-36　移动复制

4. 全选花纹和背景矩形，先后按住快捷键【C】和【E】执行【水平居中】和【垂直居中】对齐，在正方形内部添加细节（注意：细节元素如果超越了背景矩形的边框，则要继续通过【位置】命令进行对应位置的移动复制），丰富造型（图6-3-37）。

5. 按住快捷键【Ctrl+A】全选对象，然后按下【Shift】键，鼠标点击背景正方形，减选背景矩形，按住【Ctrl+G】组合所有花纹对象，执行菜单【对象/图框精确剪裁/至于图文框内部】，鼠标点击背景矩形，图案被置于对象中，去掉外轮廓颜色填充（图6-3-38）。

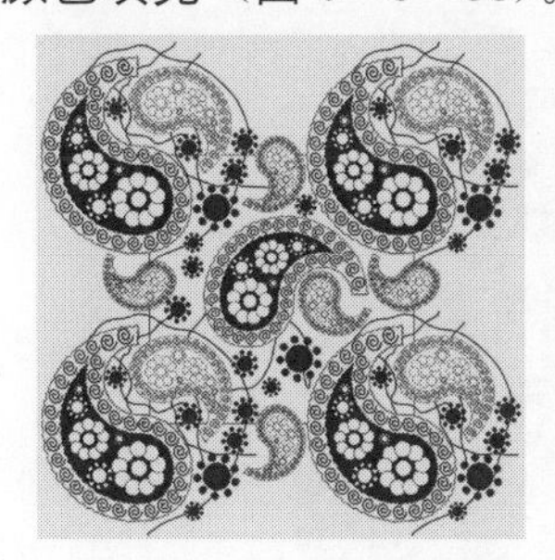

图6-3-37　对齐并丰富造型

图6-3-38　精确剪裁

6. 选中图形，执行菜单【文件/导出】或者按住快捷键【Ctrl+E】，弹出对话框，设置文件名为“佩斯利图案”，类型为“jpg”，勾选【只是选定的】，点击【导出】按钮（图6-3-39）。

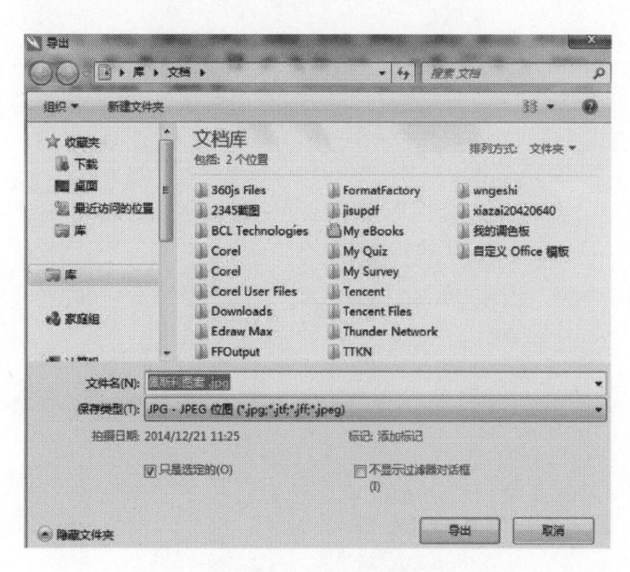

图6-3-39　导出图形

7. 打开随书赠送的款式文件，在上方属性栏中按下【锁定比例】，将衣长设置为65cm，要求款式图尺寸接近实物衣服的尺寸 638.833 mm 100.0 % 650.0 mm 100.0 %（图6-3-40）。

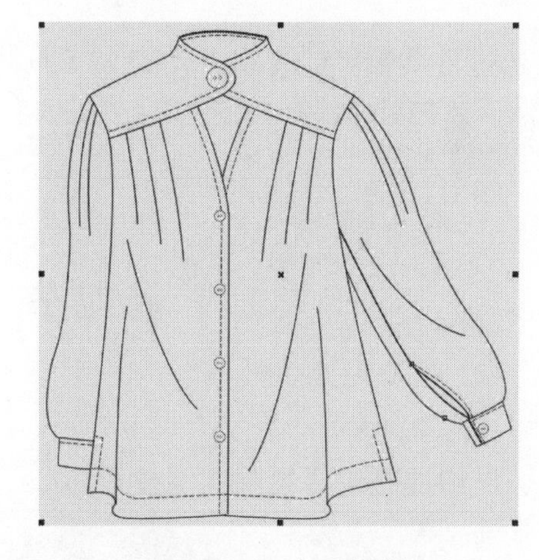

图6-3-40　打开款式图

8. 选中前衣片，打开工具箱中的【交互式填充】工具，点击上方属性栏中的【位图图样填充】按钮，点击【填充挑选器】按钮，在下拉面板中点击【浏览】按钮，找到刚刚导出的文件并打开，图案被填充（图6-3-41）。如果对填充的图案大小不满意，点击属性栏中的【编辑填充】调整，弹出对话框，在对话框中设置大小为150mm×150mm，点击【确定】按钮（图6-3-42）。

图 6－3－41　位图填充

图 6－3－42　编辑填充

9. 选择工具箱中的【属性滴管】工具，点击印花，然后点击目标填充区域（图 6－3－43）。

10. 补充完善，得到最后效果（图 6－3－44）。

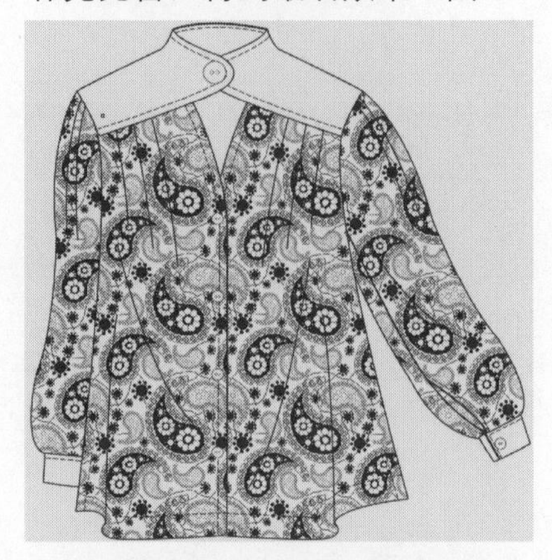

图 6－3－43　属性滴管填充

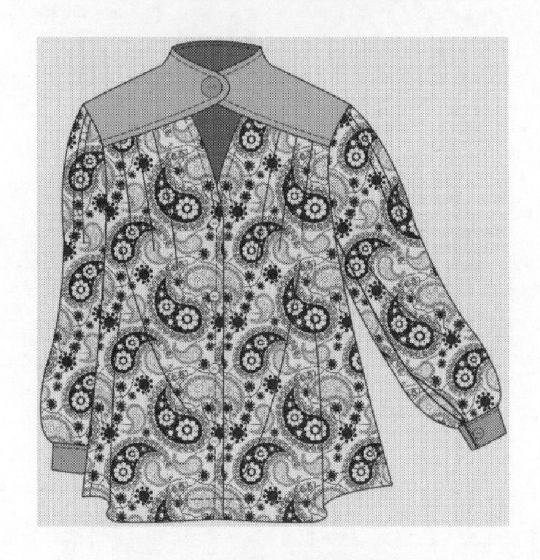

图 6－3－44　调整完善

第四节　针织提花纹样绘制

一、针织提花纹样绘制实例效果

A

B

图 6－4－1　针织提花绘制实例效果

二、实例图 A 操作步骤

1. 按住快捷键【Ctrl+N】新建一个文件。选择【钢笔】工具绘制一个人字形对象或者直接打开第三章第四节中图 3-4-26 的对象（图 6-4-2），打开【艺术笔】泊坞窗，将其保存为新笔触。

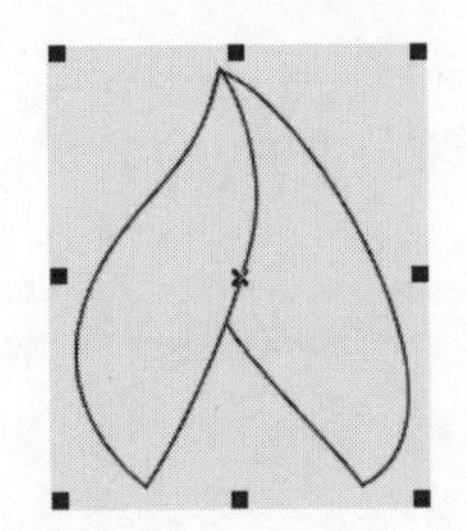

图6-4-2　基础图形

2. 用【2 点线】工具绘制一条垂直线，选择【喷涂列表】中的新笔触，单击【应用】。在属性栏调整"图样大小""顺序为按方向""间距"以及"相对于路径"。按住【Ctrl+K】拆分艺术笔组，按住【Ctrl+U】取消组合，然后移除垂直线。

3. 全选对象，在属性栏【图样大小】中查看对象的宽度 2.311 mm 。打开【变换/位置】泊坞窗，在【水平轴】框中输入数值 2.311mm（查看对象宽度是多少值，在此处就输入多少值），【副本】框中输入 19，单击应用（图 6-4-3）。

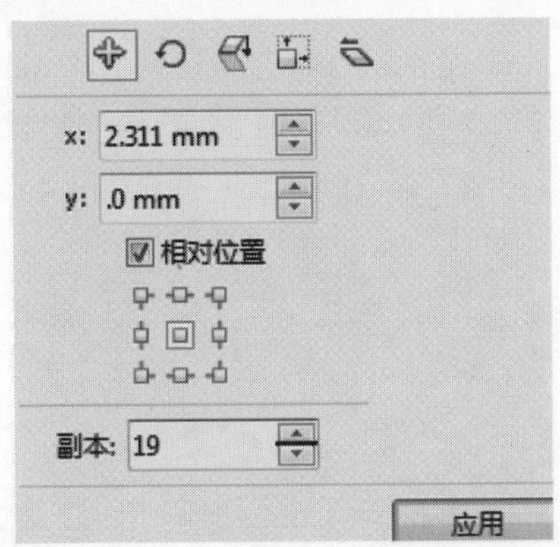

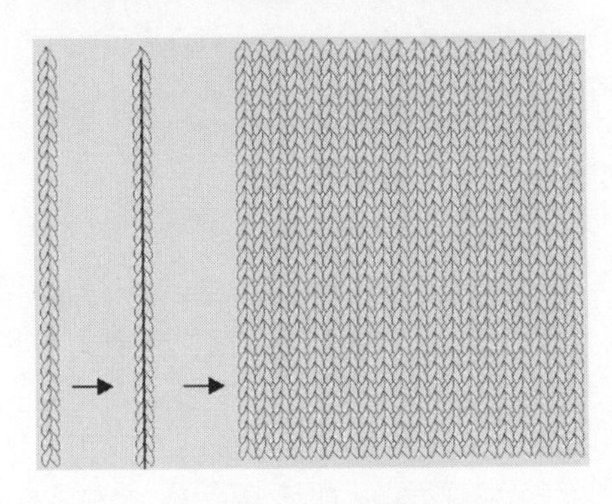

图6-4-3　应用笔触

4. 填充纹样的颜色。选择颜色后单击一个基础图形进行填充，然后用【颜色滴管】工具进行复制颜色填充（图 6-4-4）。

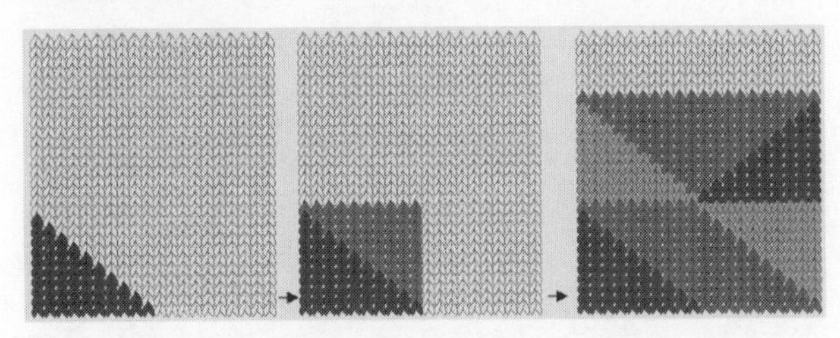

图6-4-4　颜色填充

5. 删除多余的基础图形，然后全选对象，按住【Ctrl+G】群组对象，查看属性栏【对象大小】的宽度 46.219 mm，高度 41.67 mm。打开【变换/位置】泊坞窗，在【水平轴】框中输入数值 46.219mm，【垂直轴】框中输入 0，【副本】框输入 1，单击应用。重复操作，在【水平轴】框中输入数值 0，【垂直轴】框中输入 41.67mm，【副本】框输入 1，单击应用。然后用键盘上的下方向键微调对位（图 6-4-5）。

图6-4-5　复制并精确移动

6. 打开随书赠送的矢量款式图，选中衣身，打开【向量图样填充】泊坞窗，单击【从文档新建】按钮，在页面对象中框选出一个循环图，单击【接受】按钮，然后调整图样的大小，填充即可（图 6-4-6）。

图6-4-6　矢量图样填充

7. 选择【属性滴管】工具，复制填充其袖子部分，用【颜色滴管】工具复制填充领口、袖口和下摆的单色罗纹，完成效果（图 6－4－7）。

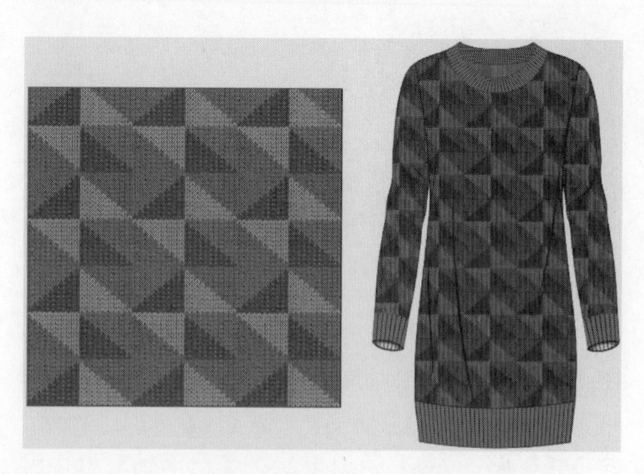

图 6－4－7　最后效果

三、实例图 B 操作步骤

1. 用所学的工具绘制几个独立的图形（图 6－4－8），将箭头执行【对象／将轮廓转换成曲线】，根据设计，进行图案组合（图 6－4－9）。

图 6－4－8　绘制基本图形

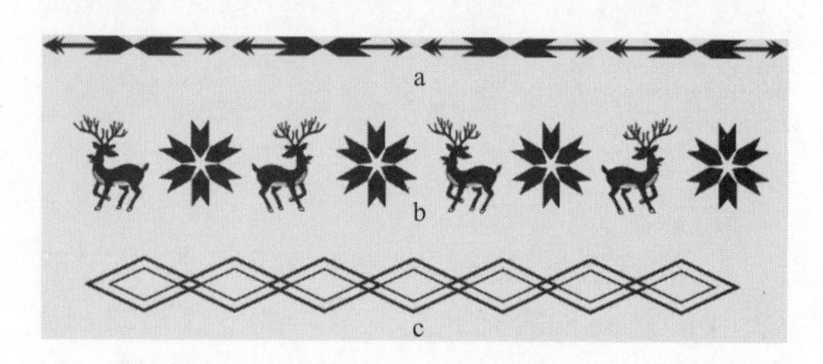

图 6－4－9　组合图形

1. 获取图 6－4－9 中 a 的一个循环单元。用【矩形】工具绘制两个矩形，位于循环单元的边界，选中矩形与图 6－4－9 中 a，单击属性栏【修剪】按钮，将图 6－4－9 中 a 裁剪，剩下的对象正好是一个循环单元（图 6－4－10）。

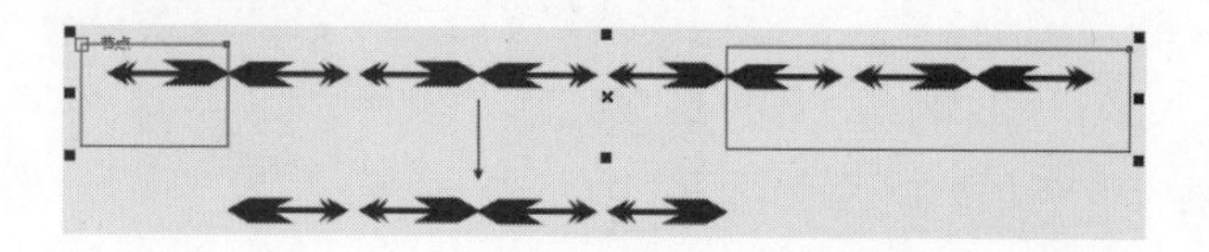

图 6－4－10　图 6－4－9 中 a 的循环单元

2. 重复上面的方法，将图 6－4－9 中 b 和 c 也修剪出一个循环单元（图 6－4－11）。

图 6－4－11　图 6－4－9 中图 b、图 c 的循环单元

3. 选中图图 6－4－9 中 a，在属性栏中按下【锁定比例】按钮，查看“宽度”数值是 850mm（850.0 mm　91.4 %　47.236 mm　100.0 %）。选中图 6－4－9 中 b，在属性栏“宽度”中输入数值 850mm，重复操作将图 6－4－9 中 c 也调整为宽度为 850mm 的大小。同时选中图 a、图 b、图 c，按住【C】键执行垂直居中对齐，并按住（Ctrl＋G）群组，执行【对象／锁定对象】命令，将其锁定（图 6－4－12）。

图 6－4－12　组合后的循环单元

4. 选择工具箱【图纸】工具，在属性栏【行数】框输入 99，【列数】框输入 99，配合【Ctrl】键绘制图纸（图 6－4－13）。

5. 选中图纸对象，按住【Ctrl＋U】取消对象组合。根据下面可见的图形，填充方格，删除多余的小方格，将轮廓色调整为白色，填充色为黑色（图 6－4－14）。

6. 选中款式图衣身对象，填充单色，单击【＋】键原位复制。打开【向量图样填充】泊坞窗，单击【从文档新建】按钮，框选页面中的对象，单击【接受】按钮，然后调整图样的大小，填充即可（图 6-4-15）。

图 6-4-13

图 6-4-14 完成图案效果

图 6-4-15 完成图案效果

本章小结

本章从单独纹样、适合纹样、连续纹样和针织提花纹样几个方面进行绘制讲解，应用的主要工具有钢笔、旋转复制、螺纹、修剪、精确裁剪、轮廓笔、变形、顺序、将轮廓转换为对象等。在单独纹样案例中强调了【旋转复制】和【修剪】，在适合纹样案例中强调了【将轮廓转换为对象】和【艺术笔】，在连续纹样案例中强调了“千鸟格图案”“苏格兰格子图案”以及“佩斯利纹样”的绘制方法，在针织提花纹样中强调了【向量图样】的填充和处理。

操作技巧提示：

1. 按住【Alt+F8】打开【旋转】泊坞窗，可以快速旋转复制对象。
2. 【拉链】变形工具，不同属性操作会得到不同的变形效果。
3. 【将轮廓转换为对象】工具可以快速地绘制较为复杂的图形。
4. 【属性滴管】工具可以将一个对象的属性快速地复制到另外的对象中。
5. 通过【透明度】不同值的设定，可以丰富颜色的层次效果。

思考练习题

1. 如何运用【螺纹】工具和【将轮廓转换为对象】工具绘制云纹图案？
2. 如何快速绘制毛呢格子纹样？
3. 完成右边纹样的绘制并填充在服装款式图中。

第七章

服装画绘制

服装画承担的是服装设计效果图的角色，是设计师用以记录创作思维过程的一种方法，为服装设计、制板、生产提供明晰的依据。

第一节 人物头像绘制

一、头像画效果

图 7-1-1 头像画效果

二、操作步骤

1. 绘制脸型。用【椭圆】工具绘制一个椭圆（图 7-1-2 中 a），单击右键执行【转换为曲线】，单击【F10】打开形状工具，调整节点至合适状态。单击【F5】打开手绘工具，绘制耳朵轮廓并置于对象最底层，单击【F6】打开矩形工具绘制矩形（图 7-1-2 中 b）。选中矩形和圆形，单击属性栏【修剪】按钮，得到图 7-1-2 中 c。全选对象，水平镜像复制图形（图 7-1-2 中 d）。

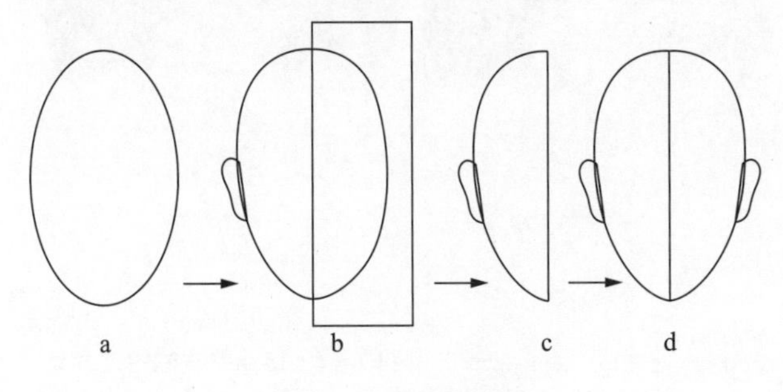

图 7-1-2 绘制脸型

2. 选中左右脸部对象，单击属性栏【合并】按钮（图 7-1-3 中 e）。填充肤色 C0 M10 Y10 K3（图 7-1-3 中 f）。全选对象，去掉对象描边（图 7-1-3 中 g）。单击数字键盘【+】键原位复制对象，执行【泊坞窗/效果/艺术笔】打开艺术笔泊坞窗，然后选中脸部和耳朵对象，在【喷涂列表中】选择一种艺术笔，单击【应用】按钮（图 7-1-3 中 h）。

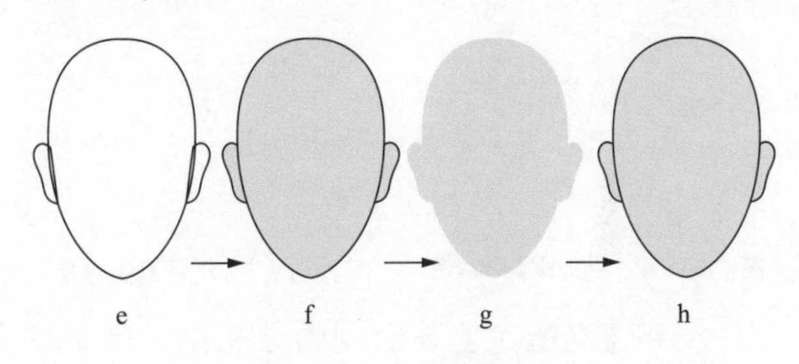

图 7-1-3 填充颜色

3. 绘制眼睛。用【钢笔】或者【贝塞尔】工具绘制眼睛轮廓，然后径向渐变填充眼白部分，添加眼角阴影。绘制眼球，用【椭圆工具】绘制多个椭圆叠加并渐变填充（图 7-1-4）。

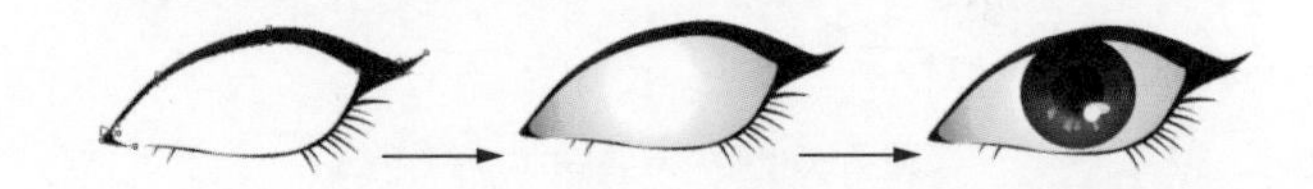

图 7-1-4 绘制眼睛轮廓

4. 用【钢笔】工具绘制上下眼皮，并线性渐变填充。用【3 点曲线】工具绘制睫毛，然后执行【对象/将轮廓转换为对象】，修改睫毛为尖角造型。用【手绘工具】围绕眼睛绘制一个封闭区域并填充肤色，单击工具箱【网状填充工具】，根据眼影造型添加一些网格点（图 7-1-5）。

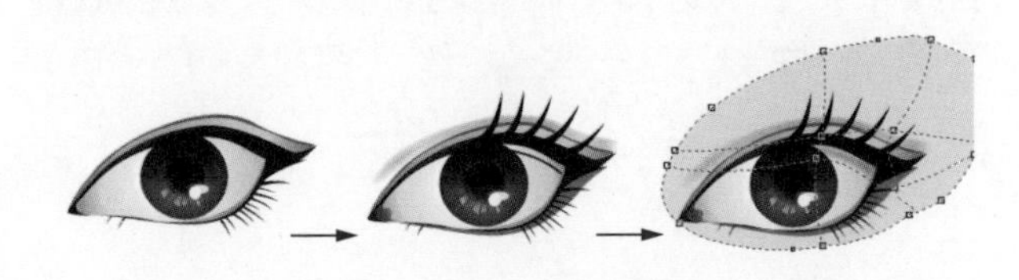

图 7-1-5 丰富眼睛造型

5. 将整个眼睛造型移至脸部，大小调整至合适比例。单击【网状填充工具】，在眼影适当位置添加深色，用【艺术笔工具】绘制眉毛形状（图7－1－6）。

6. 用【选择工具】全选眼睛和眉毛，单击数字键盘【+】键原位复制，单击属性栏【水平镜像】按钮，配合【Shift】将其水平移开至合适位置，然后适当调整眼球的位置，不要形成对眼（图 7－1－7）。

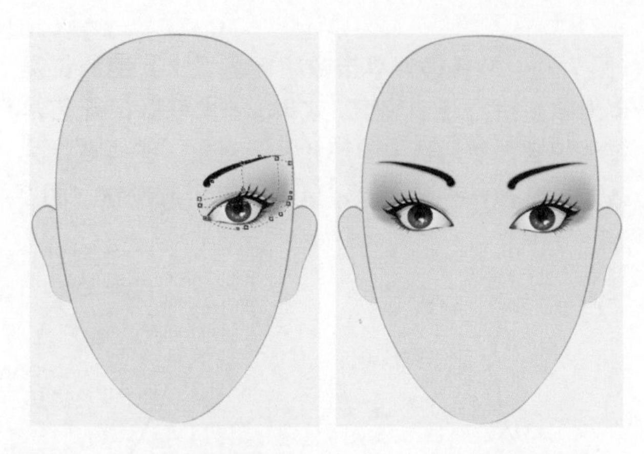

图 7－1－6　添加眼影和眉毛　　图 7－1－7　水平镜像对象

7. 用【钢笔工具】绘制嘴唇轮廓，填充颜色，根据设计单击数字键盘【+】键复制嘴唇并缩放，多次运用渐变和透明工具，使嘴唇具有光泽感（图 7－1－8）。

图 7－1－8　嘴唇绘制过程

8. 用【钢笔工具】绘制鼻头和鼻梁部分，并适当添加高光，完成脸部绘画（图 7－1－9）。用【钢笔工具】绘制头发轮廓（图 7－1－10）。选中头发单击【网状填充工具】，根据头发走向添加网格（图 7－1－11）。

9. 在网格节点上填充颜色，使头发具有明暗感觉（图 7－1－12）。打开【艺术笔工具】，在【书法】中选择一种笔刷，根据头发走向在受光部位绘制一些发丝（图 7－1－13）书法。

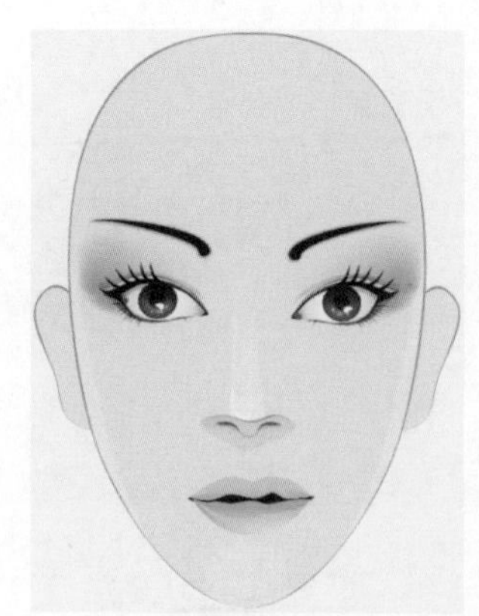

图 7－1－9　脸部效果

图 7－1－10　绘制头发轮廓

图 7－1－11　添加网格

图 7－1－12　网状填充　　图 7－1－13　书法笔绘制发丝

第二节　服装效果图绘制

一、服装画效果

图 7-2-1　服装画效果

二、效果图 A 操作步骤

1. 绘制人体。用【2 点线】工具绘制两条水平线（图 7-2-2 中 a），单击【调和】工具，调和线段，在属性栏设置【步长】为 9，并用【2 点线】工具绘制一条垂直线（图 7-2-2 中 b）。

2. 选择【椭圆工具】绘制一个椭圆，选择【矩形工具】绘制上下两个矩形，右键单击执行【转换为曲线】，根据胸腔和腹腔的造型调整节点位置。重复操作完成四肢图形绘制（图 7-2-2 中 c）。

3. 用【钢笔工具】沿着图 7-2-2 中 c 绘制人体封闭轮廓，并鼠标右键单击【调色板】中的红色，轮廓色为红色（图 7-2-3 中 d）。

4. 按住【F10】打开形状工具，然后根据人体结构在关节处调整轮廓造型至合适状态，移除下方的几何图形，鼠标左键单击【调色板】中的白色，将对象填充为白色（图 7-2-3 中 e）。用【3 点曲线工具】在人体转折处添加弧线，然后填充肤色

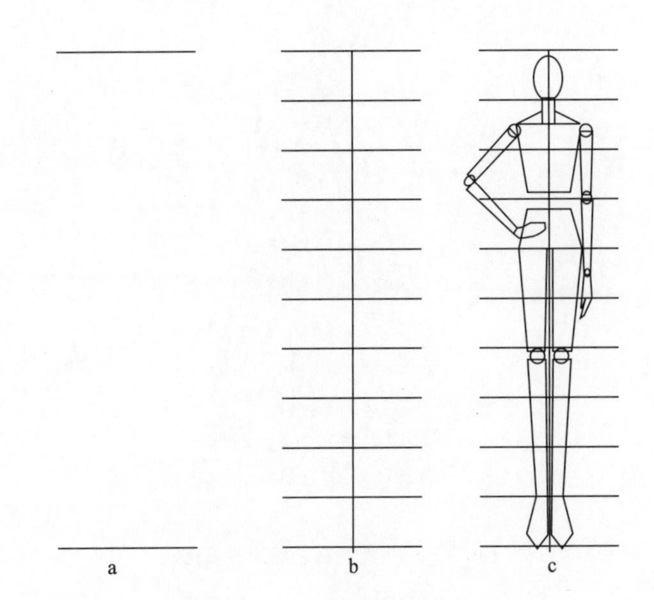

图 7-2-2　人体绘画过程（一）

C0、M10、Y10、K3（图 7-2-3 中 f）。

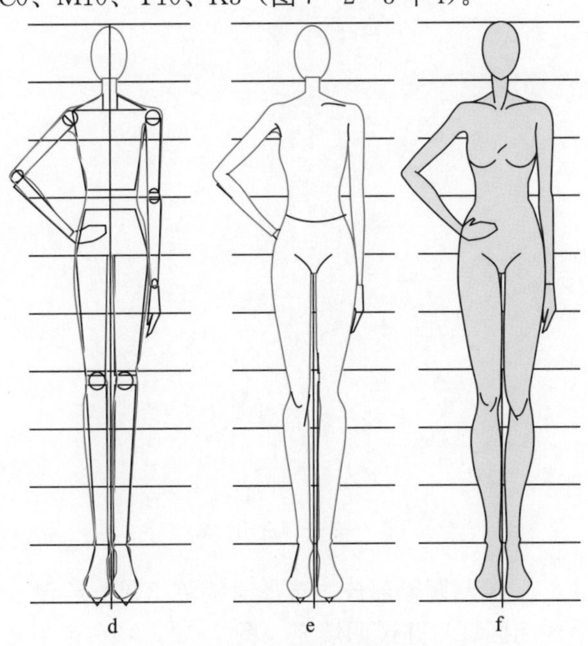

图 7-2-3　人体绘画过程（二）

5. 绘制服装。选择【钢笔工具】绘制服装轮廓，用【3 点曲线】绘制褶皱线，然后填充颜色 R: 193 G: 211 B: 213（图 7-2-4）。

6. 将第一节绘制的头部移至对象中，根据实际情况适当调整脖子与头的连接。选中裙子对象，

单击工具箱中【透明度工具】，将裙子透明（图 7－2－5）

图 7-2-4　绘制服装轮廓并填色

图 7-2-5　透明对象

7. 绘制阴影部分。选择【钢笔工具】绘制一个封闭区域，并透明填充（图 7－2－6）。选中封闭区域拖动至裙子其他部位后右键单击，与原来的封闭区域适当交叠。按住【F10】打开形状工具，根据裙子的褶皱调整封闭区域的造型，重复操作，可以添加多个有交叠部分的封闭区域（图 7－2－7）。

图 7-2-6　绘制暗部阴影

图 7-2-7　移动复制阴影

8. 重复上面步骤的操作，将阴影铺满整个裙身，在移动复制过程中一定注意要有疏密和大小的差异，使层叠效果更加自然。根据设计需求，移除下方的褶皱弧线及轮廓线（图 7－2－8）。

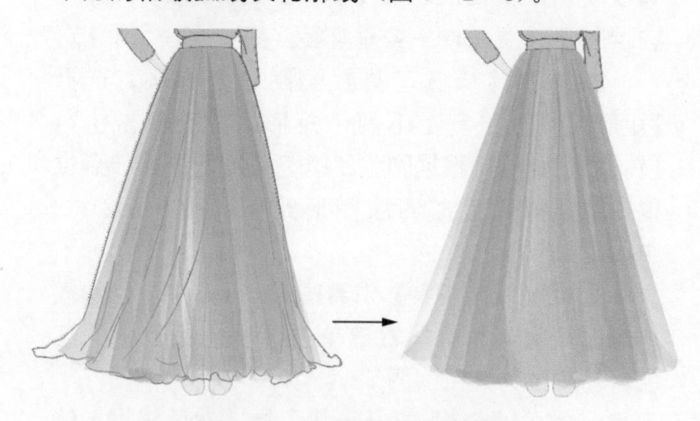

图 7-2-8　轻薄纱质层叠效果

9. 添加高光。用【钢笔工具】绘制封闭的区域，浅色填充并透明。然后通过移动复制并旋转等命令添加多个高光（图 7－2－9）。

图 7－2－9　添加高光后的效果

10. 绘制上衣图案。用【2 点线工具】绘制一条垂直线，轮廓宽度为 2.0mm。打开工具箱【变形工具】，在属性栏中选择【拉链变形】，设置“拉链振幅”为 50，“拉链频率”为 3。执行菜单【对象／将轮廓转换为对象】，按住【F10】打开形状工具，拖动凹处节点（图 7－2－10）。

11. 根据设计需求，组合图案。首先绘制一个矩形背景，填充颜色 R: 193 G: 211 B: 213。选中曲线造型对象，镜像水平复制，并填充白色。用【椭圆工具】绘制大小椭圆，通过【变换／旋转】命令复制出中心图案。继续用复制移动等命令添加多个对象，得到图形（图 7－2－11）。

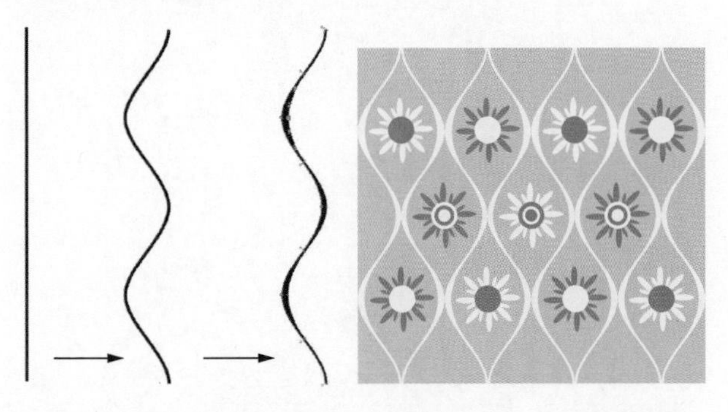

图 7－2－10　变形对象　　图 7－2－11　组合图案

12. 全选图案，执行菜单【位图／转换为位图】，弹出对话框，单击【确定】。选中上衣，打开【填充】面板，选择【位图填充】，单击【从文新建】按钮，在位图对象中拖出一个循环单元后，单击【接受】按钮，对象被填充在所选对象中（图 7－2－12）。

图 7－2－12　图案填充　　图 7－2－13　调整图案

13. 根据需要调整填充图案的大小，在【填充宽度】框中输入数值即可以调整图案大小 30.0 mm。

14. 图案大小调整合适后，单击工具箱中【属性滴管】工具，然后单击衣身图案，鼠标变成“油漆桶”后分别单击袖子和衣身下摆。

15. 如果要旋转填充的图案，比如袖子上的图案，在【变换】泊坞窗口中的【旋转】框中输入角度 30.0° 即可（图 7－2－13）。

16. 添加上衣暗部阴影。用【钢笔工具】绘制暗部封闭图形，填充颜色并透明 C: 20 M: 0 Y: 0 K: 60（图 7－2－14）。

图 7－2－14　添加上衣暗部阴影

17. 选中衣身，单击数字键盘【＋】键原位复制对象，去掉黑色轮廓，然后执行【对象／转换为位图】，弹出对话框，单击【确定】按钮。执行【位图／扭曲／网孔扭曲】，弹出对话框（图 7－2－15），根据胸部起伏造型调整曲线，合适后单击【确定】按钮。

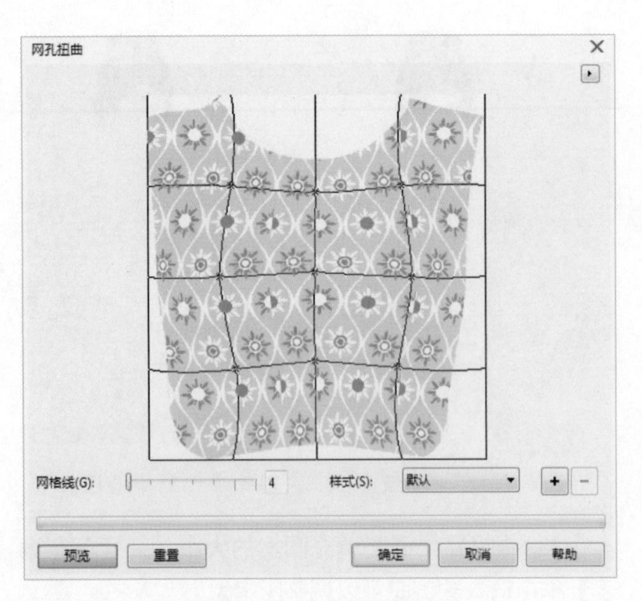

图 7－2－15　扭曲对象

18. 选中扭曲后的位图对象，执行【位图 / 编辑位图】，跳转到 Corel PHOTO-PAINT 操作界面（图 7－2－16）。

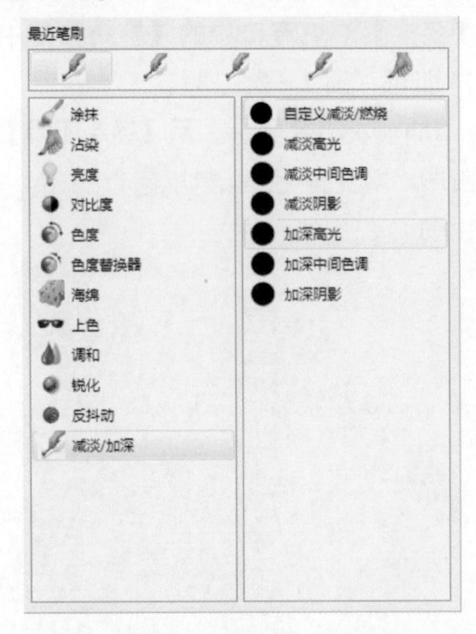

图 7－2－16　减淡 / 加深画笔设置

19. 单击工具箱中的【效果工具】，单击属性栏中【笔刷】，单击【减淡 / 加深】，分别单击【加深高光】和【减淡高光】。根据需要在属性栏中设置【笔尖形状】和【笔尖半径】，然后在衣身上绘制阴影部分和亮部（图 7－2－17）。

20. 完成操作后单击【完成编辑】按钮，回到 CorelDRAW 界面（图 7－2－18）。

21. 重复以上步骤操作，将袖子转换成位图并减淡和加深，得到效果（图 7－2－19）。

图 7－2－17　减淡 / 加深后效果

图 7－2－18

图 7－2－19

22. 最后调整细节，绘制耳坠和鞋子（图 7－2－20）。

图 7-2-20　最后完成效果

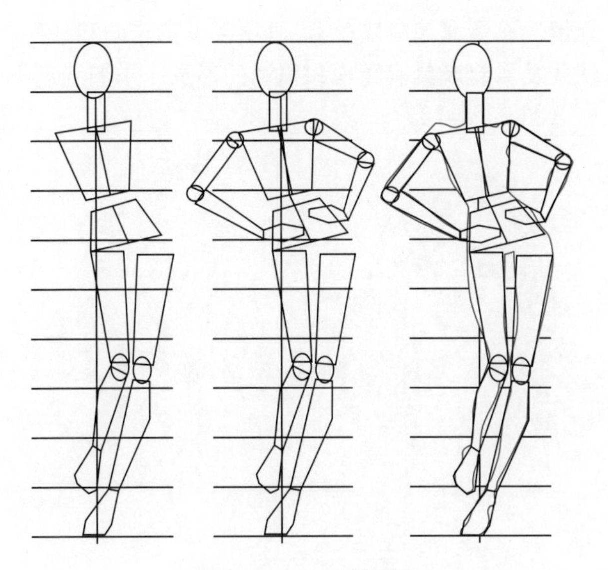

图 7-2-21　绘制人体

图 7-2-22　调整对象

三、效果图 B 操作步骤

1. 绘制人体。用【椭圆】和【矩形工具】绘制几何形状。右键单击执行【转换为曲线】，按住【F10】打开形状工具，依据人体的动势调整几何形状的节点至合适位置。用【钢笔工具】沿着几何形状绘制人体轮廓线，完成后删除辅助线和几何形状（图 7-2-21）。

2. 用【3 点曲线】工具绘制人体关节部位的转折线，使人体造型更加自然和优美（图 7-2-22）。

3. 用【钢笔工具】绘制封闭图形作为头发的外轮廓，填充颜色 R: 195 G: 164 B: 138（图 7-2-23）。

4. 填充肤色 R: 247 G: 230 B: 218。选中头发轮廓，单击工具箱中【网状填充工具】，对头发进行填充，根据设计需要可以移动网格位置、增加或者删除网格（图 7-2-24）。

图 7-2-23　绘制头发外轮廓

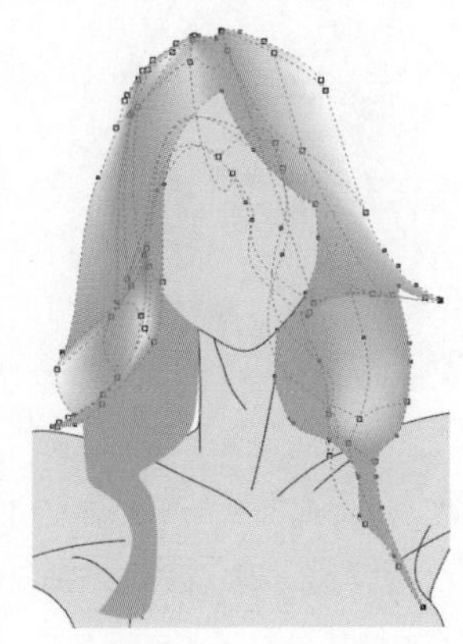

图 7-2-24　网状填充

5. 单击工具箱中的【艺术笔工具】，在属性栏中【预设笔触】选择笔触 ～，然后根据实际情况设置【笔触宽度】，画出头发的走向和纹路，使头发看起来具有蓬松和飘逸的感觉，添加绘制五官（图 7 - 2 - 25）。

图 7 - 2 - 25　艺术笔触

图 7 - 2 - 26　填充腮红

6. 添加腮红。用【椭圆工具】在脸颊处绘制一个椭圆，填充颜色 R227 G166 B143（图 7 - 2 - 26）。

7. 选中椭圆，执行【位图 / 转换为位图】，弹出对话框，单击【确定】按钮。执行【位图 / 模糊 / 高斯模糊】，弹出对话框，设置【模糊半径】为 28 像素（图 7 - 2 - 27）。根据需要按住【F10】打开形状工具，移动节点，修改腮红的外形。单击数字键盘【+】键原位复制腮红，然后将其移至右边脸部合适位置（图 7 - 2 - 28）。

8. 重复上面步骤的操作可以添加眼部阴影（图 7 - 2 - 29）。添加脸部阴影和高光部分，使肤色更加通透（图 7 - 2 - 30）。

图 7 - 2 - 27　高斯模糊

图 7 - 2 - 28　移动复制

9. 用【钢笔工具】绘制服装轮廓并填充白色，绘制服装时要注意，如果需要单独填充的对象一定是封闭的图形（图 7 - 2 - 31）。

10. 选中服装轮廓，单击数字键盘【+】键原位复制，然后打开【艺术笔】泊坞窗，在列表中选择 笔触，单击【应用】按钮，改变轮廓线的粗细，完成后右键单击执行【顺序 / 向后一层】使其位于原服装轮廓的后面。重复操作，改变整个服装的外轮廓粗细（图 7 - 2 - 32）。

图 7 - 2 - 29　添加眼影

图 7 - 2 - 30　添加脸部阴影和高光

图 7 - 2 - 31　绘制服装轮廓

图 7 - 2 - 32　调整服装轮廓线粗细

11. 绘制格子图案。用【矩形工具】绘制一个

10mm×30mm 矩形，然后垂直移动复制两个矩形，分别填充颜色 R: 211 G: 41 B: 8 、 R: 211 G: 178 B: 28 、 R: 16 G: 21 B: 128 （图 7－2－33）。

图 7－2－33　绘制矩形　　　图 7－2－34　复制并旋转

12. 全选矩形，单击数字键盘【+】键原位复制对象，在属性栏【旋转】框中输入 90°，单击【Enter】键，得到图形（图 7－2－34）。

13. 选中顶端矩形，单击工具箱【透明度工具】，设置透明值为 40（图 7－2－35）。重复操作，选中中间矩形，设置透明值为 45，底端矩形的透明值为 30，得到图形（图 7－2－36）。

图 7－2－35　顶端对象透明　　　图 7－2－36　透明后效果

14. 全选对象，执行【位图 / 转换为位图】，弹出对话框，单击【确定】按钮。执行【位图 / 杂点 / 添加杂点】命令，弹出对话框（图 7－2－37）。设置参数后单击【确定】按钮，得到效果（图 7－2－38）。

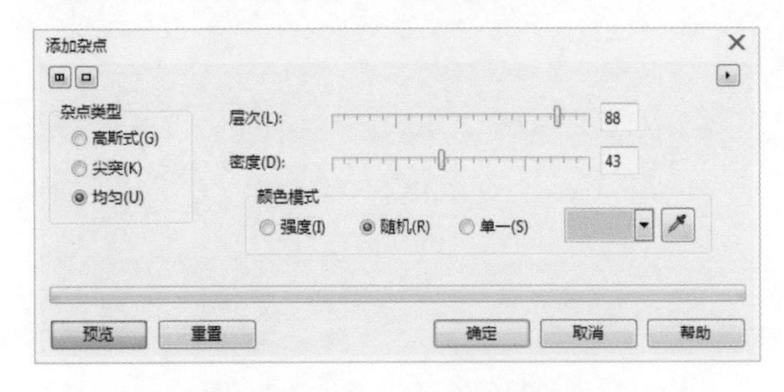

图 7－2－37　杂点参数设置

图 7－2－38　添加杂点效果

15. 选中对象，执行【位图 / 模糊 / 锯齿模糊】，在对话框中设置【宽度】为 2，【高度】为 2，单击【确定】按钮。

16. 选中对象，执行【位图 / 创造性 / 织物 / 刺绣】，弹出对话框（图 7－2－39），设置参数后单击【确定】按钮，得到效果（图 7－2－40）。

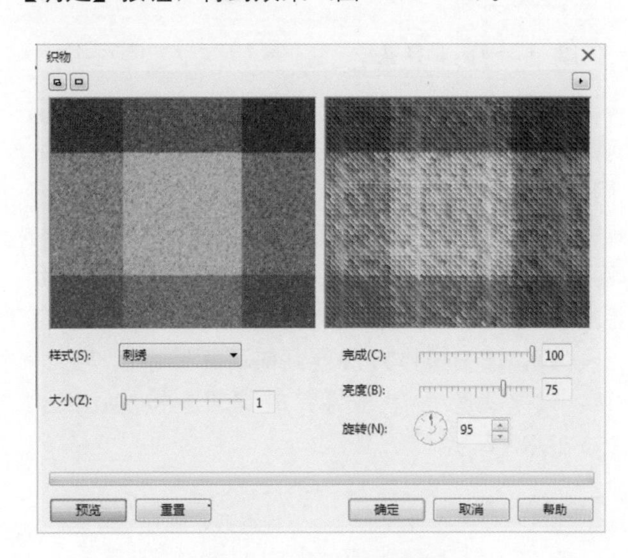

图 7－2－39　参数设置

图 7－2－40　图案效果

17. 选中裙身对象，打开【填充】泊坞窗，单击【位图图样填充】，单击【从文档新建】按钮，回到页面，在图案上拖出一个循环图形，调整边缘后单击【接受】按钮，图案被填充（图 7－2－41）。

18. 在【变换】泊坞窗口中的【旋转】框中输入数值 12 12.0° 后单击【Enter】键，调整图样倾斜度（图 7－2－42）。

图 7－2－41　图样填充　　图 7－2－42　旋转图样

19. 选中裙身，执行【位图 / 转换为位图】，弹出对话框，单击【确定】。执行【位图 / 扭曲 / 网孔扭曲】，弹出对话框（图 7－2－43），设置参数后单击【确定】按钮。执行【位图 / 编辑位图】，进入 Corel PHOTO-PAINT 操作界面。用【减淡 / 加深】工具添加服装阴影和亮部（图 7－2－44），详细操作方法参见前面章节中图 7－2－17，效果满意后单击【完成编辑】按钮，回到 CorelDRAW 界面。

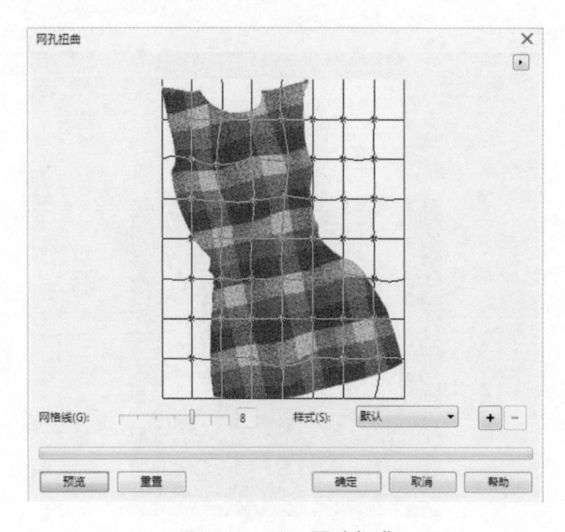

图 7－2－43　网孔扭曲

图 7－2－44　减淡 / 加深

20. 重复上面的步骤，将裙摆进行图样填充并旋转 45°，转换成位图后添加阴影和高光部分（图 7－2－45）。

21. 单色填充外套袖子 R: 213 G: 39 B: 45，渐变填充前片（图 7－2－46）。

图 7－2－45　裙摆图样填充　　图 7－2－46　外套单色填充

22. 选中外套前片，执行【位图 / 转换为位图】，弹出对话框，单击【确定】按钮，执行【位图 / 杂点 / 添加杂点】命令，执行【位图 / 艺术笔触 / 印象派】，弹出对话框（图 7－2－47），根据需求设置参数，完成后单击【确定】按钮。重复操作，处理整个外套对象（图 7－2－48）。

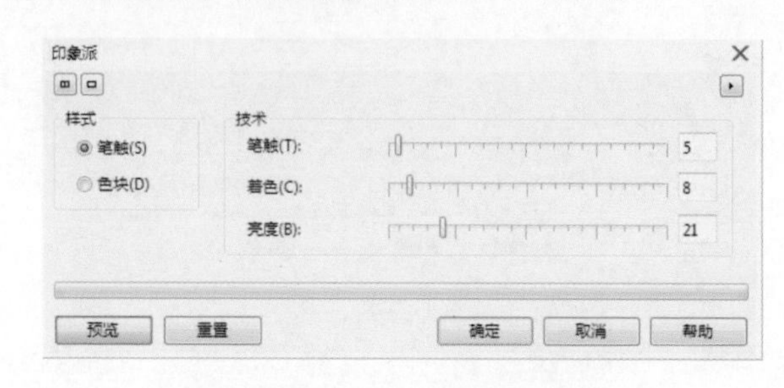

图 7－2－47　参数设置

图7-2-48 艺术笔触效果

23. 绘制鞋子和袜子并填充，最后得到效果（图7-2-49）。

图7-2-49 完成效果

本章小结

本章从五官头像画、服装画两个方面进行绘制讲解，应用的主要工具有线条、调和、矩形、钢笔、形状、合并、透明、填充和位图处理等。在绘制头像画的案例中强调了【渐变填充】【网格填充】和【透明】工具表现五官和头发质感；在服装画案例中强调了透明纱质面料、格子面料质感的表现技法，同时，通过对位图加深、减淡和扭曲的处理，突出衣纹褶皱的立体表现。

操作技巧提示：

1. 多次应用【渐变】和【透明】工具可以表现五官和肤色的丰富层次。
2. 对象反复【透明】后相互交叠可以绘制纱质质感的面料效果
3. 【位图填充】泊坞窗口中的【填充宽度】数值可以调整填充对象的大小。
4. 位图的【扭曲】、加深和减淡可以绘制立体的着装效果。
5. 【网状填充工具】可以绘制头发的蓬松质感。【高斯模糊】可以快速添加腮红。

思考练习题

1. 利用所学工具绘制一款服装画人体图。
2. 完成一款头像画的绘制。
3. 完成一款服装画的绘制。

附录：学生优秀作品欣赏

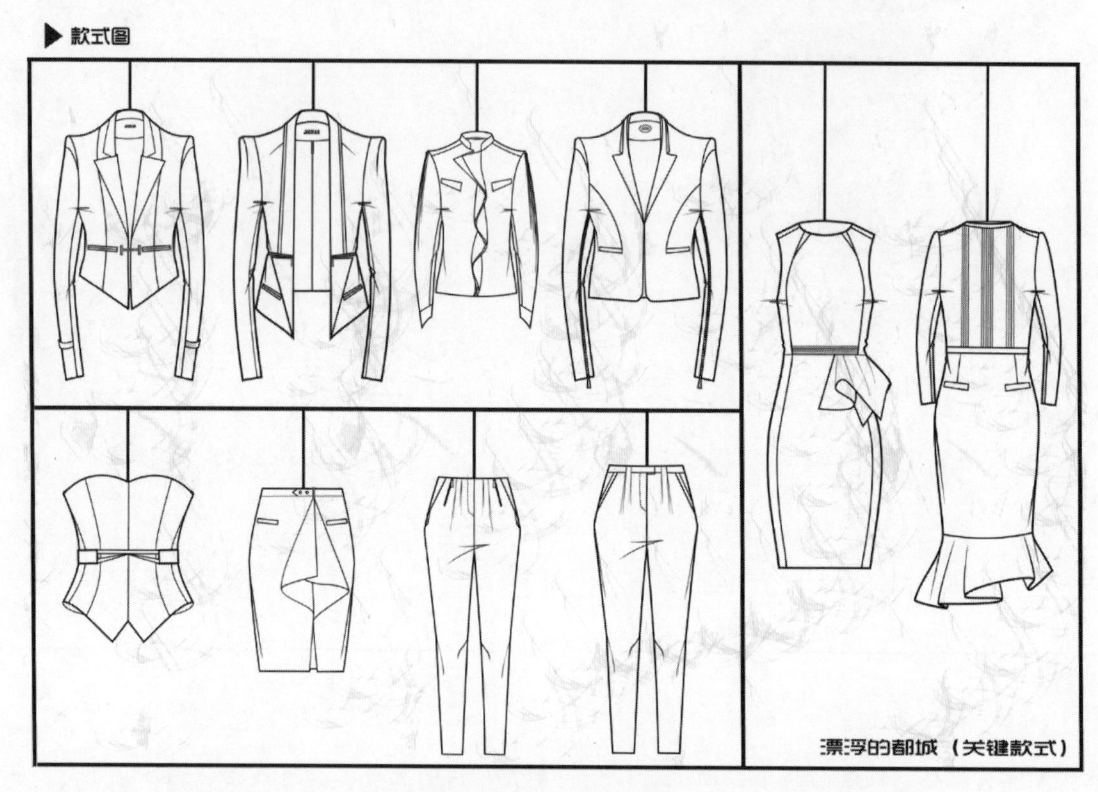

款式系列线稿（作者：罗海军）

系列产品组合预案（作者：江汝南）

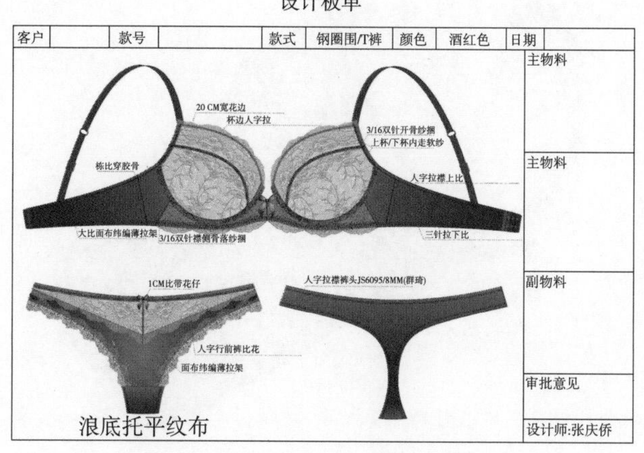

设计板单

客户		款号		款式	钢圈围/T裤	颜色	酒红色	日期	

主物料
主物料
副物料
审批意见
设计师:张庆侨

内衣产品设计板单（作者：张庆桥）

产品款式

内衣产品款式（作者：张庆桥）

服饰图案（作者：黄小祺）　服饰图案（作者：陈水娣）

服饰图案：（作者：江汝南）

包袋（作者：黄小祺）

服饰图案（作者：江汝南）

腕表（作者：周毅锋）

服饰图案（作者：刘慧樱）

服装画（作者：黎晓珊）

服装画（作者：张勇）

服装画（作者：张勇）

参考文献

[1] 徐丽，吴丹. CorelDRAW 服装设计完美表现技法 [M]. 北京：化学工业出版社，2013.
[2] 江汝南. 服装电脑绘画教程 [M]. 北京：中国纺织出版计，2013.
[3] Corel 公司北京代表处. CorelDRAW 服装设计标准教程 [M]. 北京：人民邮电出版社，2008.
[4] Corel 公司. CorelDRAW 使用手册.
[5] 数字艺术教育研究室. CorelDRAW 基础培训教程 [M]. 北京：人民邮电出版社，2015.